# 浙江省建设工程施工机械台班费用定额

（2018 版）

中 国 计 划 出 版 社

2018 北 京

图书在版编目（CIP）数据

浙江省建设工程施工机械台班费用定额 : 2018版 / 浙江省建设工程造价管理总站主编. -- 北京 : 中国计划出版社, 2018.12（2021.8重印）
ISBN 978-7-5182-0935-4

Ⅰ. ①浙… Ⅱ. ①浙… Ⅲ. ①建筑机械－费用－工时定额－浙江－2018 Ⅳ. ①TU723.3

中国版本图书馆CIP数据核字(2018)第239289号

**浙江省建设工程施工机械台班费用定额**
（2018版）
浙江省建设工程造价管理总站 主编

中国计划出版社出版发行
网址：www. jhpress. com
地址：北京市西城区木樨地北里甲11号国宏大厦C座3层
邮政编码：100038 电话：(010) 63906433（发行部）
北京市科星印刷有限责任公司印刷

880mm×1230mm 1/16 21.75印张 632千字
2018年12月第1版 2021年8月第4次印刷
印数 14001—17000册

ISBN 978-7-5182-0935-4
定价：100.00元

**主编单位：**浙江省建设工程造价管理总站

**批准部门：**浙江省住房和城乡建设厅

浙江省发展和改革委员会

浙　江　省　财　政　厅

**施行日期：**二〇一九年一月一日

# 浙江省建设工程施工机械台班费用定额

# （2018 版）


**主编单位**：浙江省建设工程造价管理总站

**参编单位**：湖州市建设工程造价管理站

杭州市地铁集团有限责任公司

杭州市地下空间建设发展中心

浙江省建科院特种技术工程公司

万邦工程管理咨询有限公司

浙江方圆工程咨询有限公司

浙江伊麦克斯基础工程有限公司

杭州市建设工程质量安全管理协会施工机械安全分会

浙江鼎峰工程咨询有限公司

**主　　编**：陈俊宇　沈晓敏

**副 主 编**：吴　昕　应一可　蒲　韡

**参　　编**：谈勇勇　俞　柳　马巧兰　徐俊杰　廖寿亮　朱智勇　赵　勇

**软件生成**：成都鹏业软件股份有限公司　杜彬

**数据输入**：杭州品茗安控信息技术股份有限公司　廖蓓蕾

## 审　核：浙江省建设工程计价依据(2018版)编制工作专家组

组　长：邓文华　浙江省建设工程造价管理总站站长

副组长：赵智敏　浙江省发展和改革委员会基综办副主任
马　勇　浙江省财政厅经济建设处副处长
贾利松　浙江省住房和城乡建设厅综合计划与财务处副处长
韩　英　浙江省建设工程造价管理总站副站长
汪亚峰　浙江省建设工程造价管理总站副站长
季　挺　浙江省建设工程造价管理总站副站长

成　员：李仲尧　浙江省公共资源交易中心主任
俞富桥　浙江省财政项目预算评审中心副主任
李　锋　浙江省建筑业管理局市场监管处处长
张实现　浙江省建设工程造价管理协会原会长
陆开林　杭州市建设工程造价和投资管理办公室原主任
傅立群　宁波市建设工程造价管理处处长
季胜杰　温州市建设工程造价管理处主任
胡建明　浙江省建设工程造价管理总站副总工程师
田忠玉　浙江省建设工程造价管理总站定额管理处处长
蔡临申　浙江省建设工程造价管理总站造价信息处处长
毛红卫　浙江省建设投资集团股份有限公司副总经济师
单国良　歌山建设集团有限公司总裁助理
陈建华　万邦工程管理咨询有限公司总经理
黄志挺　建经投资咨询有限公司董事长
华钟鑫　浙江中达工程造价事务所有限公司董事长
蒋　磊　浙江耀信工程咨询有限公司董事长
史文军　浙江省建工集团有限责任公司原总经济师

## 审　定：浙江省建设工程计价依据(2018版)编制工作领导小组

组　长：项永丹　浙江省住房和城乡建设厅厅长

副组长：朱永斌　浙江省住房和城乡建设厅党组成员、浙江省建筑业管理局局长
周华富　浙江省发展和改革委员会副主任
邢自霞　浙江省财政厅副厅长

成　员：方建新　浙江省发展和改革委员会基综办调研员
倪学军　浙江省财政厅经济建设处处长
叶军献　浙江省建筑业管理局副局长
施卫忠　浙江省住房和城乡建设厅综合与计划财务处处长
吴伟民　浙江省建筑业管理局副局长
邓文华　浙江省建设工程造价管理总站站长

# 关于颁发浙江省建设工程计价依据(2018版)的通知

浙建建〔2018〕61号

各市建委(建设局)、发展改革委、财政局:

为深化工程造价管理改革,完善工程计价依据体系,健全市场起决定性作用的工程造价管理机制,合理确定和有效控制工程造价,根据省住房城乡建设厅、省发展改革委、省财政厅联合印发的《关于组织编制〈浙江省建设工程计价依据(2018版)〉的通知》(建建发〔2017〕166号)要求,由省建设工程造价管理总站负责组织编制的《浙江省建设工程计价规则》(2018版)、《浙江省房屋建筑与装饰工程预算定额》(2018版)、《浙江省通用安装工程预算定额》(2018版)、《浙江省市政工程预算定额》(2018版)、《浙江省园林绿化及仿古建筑工程预算定额》(2018版)、《浙江省建设工程施工机械台班费用定额》(2018版)、《浙江省建筑安装材料基期价格》(2018版)、《浙江省城市轨道交通工程预算定额》(2018版)等8项工程计价成果(以下简称"2018版计价依据")通过审定,现予颁发,并就有关事项通知如下,请一并贯彻执行。

一、2018版计价依据是指导投资估算、设计概算、施工图预算、招标控制价、投标报价的编制以及工程合同价约定、竣工结算办理、工程计价纠纷调解处理、工程造价鉴定等的依据。规费取费标准是投资概算和招标控制价的编制依据,投标人根据国家法律法规及自身缴纳规费的实际情况,自主确定其投标费率,但在规费政策平稳过渡期内不得低于标准费率的30%。当规费相关政策发生变化时,再另行发文规定。

二、2018版计价依据自2019年1月1日起施行。《浙江省建设工程计价规则》(2010版)、《浙江省建筑工程预算定额》(2010版)、《浙江省安装工程预算定额》(2010版)、《浙江省市政工程预算定额》(2010版)、《浙江省园林绿化及仿古建筑工程预算定额》(2010版)、《浙江省建设工程施工费用定额》(2010版)、《浙江省施工机械台班费用定额》(2010版)、《浙江省建筑安装材料基期价格》(2010版)同时停止使用。

三、凡2018年12月31日前签订工程发承包合同的项目,或者虽然工程合同在2019年1月1日以后签订,但工程招投标的开标在2018年12月31日前完成的项目,除工程合同或招标文件有特别约定外,仍按2010版计价依据规定执行。涉及后续人工费动态调整的,统一采用人工综合价格指数进行调整。

四、各级建设、发展改革、财政等部门要高度重视2018版计价依据的贯彻实施工作,造价管理机构在2018版计价依据贯彻实施中要加强管理，有效地开展监督检查工作，确保2018版计价依据的正确执行。

2018版计价依据由省建设工程造价管理总站负责解释与管理。

**浙江省住房和城乡建设厅**

**浙江省发展和改革委员会**

**浙 江 省 财 政 厅**

**2018年11月9日**

# 总 说 明

一、《浙江省建设工程施工机械台班费用定额》(2018 版)(增值税版)(以下简称本定额)是根据《建设工程施工机械台班费用编制规则》(2015 版)、《全国统一施工机械保养修理技术经济定额》和《浙江省施工机械台班费用定额》(2010 版)进行编制的。

二、本定额是指导设计概算、施工图预算、投标报价的编制以及工程合同价约定、竣工结算办理、工程计价纠纷调解处理、工程造价鉴定等的依据。全部使用国有资金或国有资金投资为主的工程建设项目,编制招标控制价应执行本定额。

三、本定额包括施工机械台班单价、施工机械台班基础数据和附录三部分内容。

机械台班单价包括土石方及筑路机械、桩工机械、起重机械、水平运输机械、垂直运输机械、混凝土及砂浆机械、加工机械、泵类机械、焊接机械、动力机械、地下工程机械、其他机械和单独计算的费用共十三章 1037 个子目。

机械台班基础数据整理了土石方及筑路机械、桩工机械、起重机械、水平运输机械、垂直运输机械、混凝土及砂浆机械、加工机械、泵类机械、焊接机械、动力机械、地下工程机械、其他机械等十二类机械的折旧年限、预算价格、残值率、年工作台班、耐用总台班、检修次数、一次安拆费及场外运输费用、年平均安拆次数以及 K 值系数。

附录内容包括机械台班费用定额编制规则以及《机动车交通事故责任强制保险条例》《浙江省物价局关于机动车安全技术检验收费的通知》《浙江省人民政府关于贯彻执行中华人民共和国车船税法的通知》等文件。

四、本定额所列机械台班单价由折旧费、检修费、维护费、安拆及场外运输费、人工费、燃料动力费和其他费用等内容组成。

五、本定额所用的基础数据是根据《建设工程施工机械台班费用编制规则》(2015 版)、《浙江省施工机械台班费用定额》(2010 版)并结合本省市场实际情况确定的。

六、本定额机械台班单价所用的基础数据根据编制规则和有关数据资料确定,各项费用均不包含增值税可抵扣进项税额的价格。

1. 机械预算价格根据机械工业出版社出版的《机电产品报价手册》(2017 版),结合全国有关机械生产厂家的函件询价、施工企业提供的机械购入账面实际价格、各参编单位提供的基础材料,以及中国机械网、中国挖掘机网、筑路工程机械网、阿里巴巴工程机械网等网站报价,按照 2017 年 3 季度的市场价格水平综合确定。

2. 折旧年限是按照《建设工程施工机械台班费用编制规则》(2015 版)规定的折旧年限范围,结合工程施工机械实际使用情况确定。

3. 一次检修费中的工时费、配件费、辅料费、油燃料费及送修运杂费按 2017 年 3 季度市场价格确定。

4. 计入台班的安拆费及场外运费是根据不同机械型号、重量、体积进行分类,并按测定的人工、材料、机械的消耗量计算。

5. 机械的检修费为不含税价格,自行检修比例、委外检修比例按照施工机械自行检修(维护)及委外检修(维护)比例表相应数据(见下表),税率按 16% 计算。

**施工机械自行检修(维护)及委外检修(维护)比例表**

| 机型 | 检修(维护)费 | |
|---|---|---|
| | 自行检修(维护)比例(%) | 委外检修(维护)比例(%) |
| 特型 | 10 | 90 |
| 大型 | 20 | 80 |
| 中小型 | 60 | 40 |

6. 机械的维护费为不含税价格。

(1)按本定额附录编制规则第5.3.1条计算维护费,自行维护比例和委外维护比例按照施工机械自行检修(维护)及委外检修(维护)比例表相应数据,税率按16%计算。

(2)按编制规则第5.3.8条计算维护费的,检修费按本说明第六条第5款数据计算。

七、本定额每台班按8小时工作制计算,人工单价按二类人工单价135元/工日计取。

八、本定额的燃料动力单价为不含税价格,相应税率参见材料税率表。

不含税材料价格 = 含税材料价格 ÷ (1 + 税率)

**材料税率表**

| 序号 | 名　　称 | 单位 | 不含税价格(元) | 税率(%) |
|---|---|---|---|---|
| 1 | 汽油(92#) | kg | 6.12 | 16 |
| 2 | 柴油(0#) | kg | 5.09 | |
| 3 | 水泥 42.5 | kg | 0.34 | |
| 4 | 枕木 | $m^3$ | 2457.00 | |
| 5 | 热轧光圆钢筋 综合 | t | 3966.00 | |
| 6 | 镀锌铁丝 综合 | kg | 5.40 | |
| 7 | 镀锌六角螺栓 | 个 | 0.46 | |
| 8 | 橡胶板 δ3 | $m^2$ | 19.31 | |
| 9 | 煤 | kg | 0.60 | |
| 10 | 电 | kW·h | 0.78 | |
| 11 | 木柴 | kg | 0.16 | |
| 12 | 草袋 | 个 | 3.62 | |
| 13 | 钢模板 | kg | 6.91 | |
| 14 | 木模板 | $m^3$ | 1676.50 | |
| 15 | 水 | $m^3$ | 4.274 | 3 |
| 16 | 黄砂 净砂(中粗砂) | t | 102.00 | |
| 17 | 块石 | t | 77.67 | |
| 18 | 非泵送商品混凝土 C30 | $m^3$ | 438.00 | |

九、本定额的盾构掘进机械台班单价中未包括安拆费及场外运费、燃料动力费和人工费。

十、本定额的顶管设备台班单价中未包括人工费、安拆费及场外运费。

十一、油料损耗包括加油及油料过滤损耗,电力损失包括由变电所或配电车间至机械之间的线路电力损失。其损耗、损失均已包括在本单价内。

十二、有关单独计算费用的说明:

1. 自升式塔式起重机、施工电梯基础费用。

(1)固定式基础未考虑打桩,发生时可另行计算;

(2)高速卷扬机组合井架固定基础按固定式基础乘以系数0.2计算;

(3)不带配重的自升塔式起重机固定式基础、混凝土搅拌站的基础按实际计算。

2. 特、大型机械安装拆卸费用。

(1)安装、拆卸费中已包括机械安装后的试运转费用;

(2)自升式塔式起重机安装、拆卸费定额按塔高 60m 确定,如塔高超过 60m,每增加 15m,安装、拆卸费用(扣除试车台班后)增加 10%;

(3)柴油打桩机安装、拆卸费中的试车台班是按 1.8t 轨道式柴油打桩机考虑的,实际打桩机规格不同,试车台班费按实进行调整;

(4)步履式柴油打桩机按相应规格柴油打桩机计算;多功能压桩机按相应规格静力压桩机计算;双头搅拌桩机按 1.8t 轨道式柴油打桩机乘以系数 0.7,单头搅拌桩机按 1.8t 轨道式柴油打桩机乘以系数 0.4,振动沉拔桩机、静压振拔桩机、转盘式钻孔桩机、冲击成孔机、旋喷桩机按 1.8t 轨道式柴油打桩机计算。

3. 特、大型机械场外运输费用。

(1)场外运输费用中已包括机械的回程费用;

(2)场外运输费用为运距 25km 以内的机械进出场费用;

(3)凡利用自身行走装置转移的特、大型机械场外运输费用,按实际发生台班计算,不足 0.5 台班的按0.5台班计算,超过 0.5 台班不足 1 台班的按 1 台班计算;

(4)特、大型机械在同一施工点内、不同单位工程之间的转移,定额按 100m 以内综合考虑,如转移距离超过 100m:在 300m 以内的,按相应场外运输费用乘以系数 0.3,在 500m 以内的,按相应场外运输费用乘以系数 0.6,如机械为自行移运者,按"利用自身行走装置转移的特、大型机械场外运输费用"的有关规定进行计算,需解体或铺设轨道转移的,其费用另行计算;

(5)步履式柴油打桩机按相应规格柴油打桩机计算;多功能压桩机按相应规格静力压桩机计算;双头搅拌桩机按 5t 以内轨道式柴油打桩机乘以系数 0.7,单头搅拌桩机按 5t 以内轨道式柴油打桩机乘以系数 0.4,振动沉拔桩机、静压振拔桩机、旋喷桩机按 5t 以内轨道式柴油打桩机计算。

# 目　　录

# 第一章
# 施工机械台班单价

# 一、土石方及筑路机械

| 定额编号 | | | | 01001 | 01002 | 01003 | 01004 | 01005 | 01006 |
|---|---|---|---|---|---|---|---|---|---|
| 项目 | | | | 履带式推土机 | | | | | |
| | | | | 功率(kW) | | | | | |
| | | | | 50 | 60 | 75 | 90 | 105 | 120 |
| 机型 | | | | 中 | 中 | 大 | 大 | 大 | 大 |
| **台班单价　(元)** | | | | **384.23** | **432.39** | **625.55** | **717.68** | **798.23** | **879.65** |
| 费用组成 | 折旧费　(元) | | | 26.06 | 29.52 | 72.80 | 109.92 | 156.51 | 163.79 |
| | 检修费　(元) | | | 11.66 | 13.19 | 36.16 | 47.89 | 54.79 | 69.87 |
| | 维护费　(元) | | | 30.31 | 34.28 | 94.00 | 124.51 | 142.46 | 181.67 |
| | 安拆及场外运输费　(元) | | | — | — | — | — | — | — |
| | 人工费　(元) | | | 135.00 | 135.00 | 135.00 | 135.00 | 135.00 | 135.00 |
| | 燃料动力费　(元) | | | 181.20 | 220.40 | 287.59 | 300.36 | 309.47 | 329.32 |
| | 其他费用　(元) | | | — | — | — | — | — | — |
| 名称 | | 单位 | 单价 | 用量 | | | | | |
| 人工及燃油动力 | 人工 | 工日 | 135.00 | 1.000 | 1.000 | 1.000 | 1.000 | 1.000 | 1.000 |
| | 汽油 综合 | kg | 6.12 | — | — | — | — | — | — |
| | 柴油 0# | kg | 5.09 | 35.600 | 43.300 | 56.500 | 59.010 | 60.800 | 64.700 |
| | 电 | kW·h | 0.78 | — | — | — | — | — | — |
| | 煤 | kg | 0.60 | — | — | — | — | — | — |
| | 木柴 | kg | 0.16 | — | — | — | — | — | — |
| | 水 | $m^3$ | 4.27 | — | — | — | — | — | — |

| 定额编号 | | | | 01007 | 01008 | 01009 | 01010 | 01011 | 01012 | 01013 | 01014 |
|---|---|---|---|---|---|---|---|---|---|---|---|
| 项目 | | | | 履带式推土机 | | | | | 湿地推土机 | | |
| | | | | 功率(kW) | | | | | | | |
| | | | | 135 | 165 | 180 | 240 | 320 | 105 | 135 | 165 |
| 机型 | | | | 大 | 大 | 大 | 特 | 特 | 大 | 大 | 大 |
| **台班单价 (元)** | | | | **927.41** | **1192.39** | **1248.48** | **1678.69** | **2021.98** | **762.98** | **997.23** | **1191.41** |
| 费用组成 | 折旧费 (元) | | | 173.40 | 242.38 | 298.47 | 345.79 | 407.88 | 138.35 | 234.77 | 274.26 |
| | 检修费 (元) | | | 77.50 | 108.33 | 108.33 | 147.66 | 182.29 | 52.07 | 83.08 | 103.22 |
| | 维护费 (元) | | | 201.50 | 281.66 | 281.66 | 296.80 | 337.23 | 128.09 | 204.37 | 253.91 |
| | 安拆及场外运输费 (元) | | | — | — | — | — | — | — | — | — |
| | 人工费 (元) | | | 135.00 | 135.00 | 135.00 | 270.00 | 270.00 | 135.00 | 135.00 | 135.00 |
| | 燃料动力费 (元) | | | 340.01 | 425.02 | 425.02 | 618.44 | 824.58 | 309.47 | 340.01 | 425.02 |
| | 其他费用 (元) | | | — | — | — | — | — | — | — | — |
| 名称 | | 单位 | 单价 | 用量 | | | | | | | |
| 人工及燃油动力 | 人工 | 工日 | 135.00 | 1.000 | 1.000 | 1.000 | 2.000 | 2.000 | 1.000 | 1.000 | 1.000 |
| | 汽油 综合 | kg | 6.12 | — | — | — | — | — | — | — | — |
| | 柴油 0# | kg | 5.09 | 66.800 | 83.500 | 83.500 | 121.500 | 162.000 | 60.800 | 66.800 | 83.500 |
| | 电 | kW·h | 0.78 | — | — | — | — | — | — | — | — |
| | 煤 | kg | 0.60 | — | — | — | — | — | — | — | — |
| | 木柴 | kg | 0.16 | — | — | — | — | — | — | — | — |
| | 水 | $m^3$ | 4.27 | — | — | — | — | — | — | — | — |

| 定额编号 | | | | 01015 | 01016 | 01017 | 01018 | 01019 |
|---|---|---|---|---|---|---|---|---|
| 项目 | | | | 自行式铲运机 | | | | |
| | | | | 堆装斗容量($m^3$) | | | | |
| | | | | 3 | 4 | 6 | 7 | 8 |
| 机型 | | | | 大 | 大 | 大 | 大 | 大 |
| **台班单价　(元)** | | | | **602.69** | **731.84** | **782.76** | **811.03** | **838.73** |
| 费用组成 | 折旧费　(元) | | | 111.20 | 159.51 | 169.25 | 174.06 | 178.38 |
| | 检修费　(元) | | | 38.78 | 55.63 | 58.76 | 60.43 | 61.94 |
| | 维护费　(元) | | | 103.93 | 149.09 | 157.46 | 161.95 | 166.00 |
| | 安拆及场外运输费　(元) | | | — | — | — | — | — |
| | 人工费　(元) | | | 135.00 | 135.00 | 135.00 | 135.00 | 135.00 |
| | 燃料动力费　(元) | | | 213.78 | 232.61 | 262.29 | 279.59 | 297.41 |
| | 其他费用　(元) | | | — | — | — | — | — |
| 名称 | | 单位 | 单价 | 用量 | | | | |
| 人工及燃油动力 | 人工 | 工日 | 135.00 | 1.000 | 1.000 | 1.000 | 1.000 | 1.000 |
| | 汽油 综合 | kg | 6.12 | — | — | — | — | — |
| | 柴油 0# | kg | 5.09 | 42.000 | 45.700 | 51.530 | 54.930 | 58.430 |
| | 电 | kW·h | 0.78 | — | — | — | — | — |
| | 煤 | kg | 0.60 | — | — | — | — | — |
| | 木柴 | kg | 0.16 | — | — | — | — | — |
| | 水 | $m^3$ | 4.27 | — | — | — | — | — |

| 定额编号 | | | | 01020 | 01021 | 01022 | 01023 | 01024 | 01025 | 01026 | 01027 |
|---|---|---|---|---|---|---|---|---|---|---|---|
| 项目 | | | | 自行式铲运机 | | | | 拖式铲运机 | | | |
| | | | | 堆装斗容量($m^3$) | | | | | | | |
| | | | | 10 | 12 | 16 | 23 | 3 | 7 | 10 | 12 |
| 机型 | | | | 大 | 大 | 大 | 大 | 大 | 大 | 大 | 大 |
| **台班单价 (元)** | | | | **888.00** | **990.97** | **1182.67** | **1484.35** | **377.62** | **641.58** | **738.47** | **808.71** |
| 费用组成 | 折旧费(元) | | | 182.92 | 218.48 | 262.07 | 563.75 | 19.66 | 61.15 | 74.25 | 87.36 |
| | 检修费(元) | | | 64.55 | 77.09 | 92.59 | 92.59 | 10.35 | 33.78 | 41.55 | 47.88 |
| | 维护费(元) | | | 173.00 | 206.59 | 248.14 | 248.14 | 34.05 | 111.14 | 136.71 | 157.53 |
| | 安拆及场外运输费(元) | | | — | — | — | — | — | — | — | — |
| | 人工费(元) | | | 135.00 | 135.00 | 135.00 | 135.00 | 135.00 | 135.00 | 135.00 | 135.00 |
| | 燃料动力费(元) | | | 332.53 | 353.81 | 444.87 | 444.87 | 178.56 | 300.51 | 350.96 | 380.94 |
| | 其他费用(元) | | | — | — | — | — | — | — | — | — |
| 名称 | | 单位 | 单价 | 用量 | | | | | | | |
| 人工及燃油动力 | 人工 | 工日 | 135.00 | 1.000 | 1.000 | 1.000 | 1.000 | 1.000 | 1.000 | 1.000 | 1.000 |
| | 汽油 综合 | kg | 6.12 | — | — | — | — | — | — | — | — |
| | 柴油 0# | kg | 5.09 | 65.330 | 69.510 | 87.400 | 87.400 | 35.080 | 59.040 | 68.950 | 74.840 |
| | 电 | kW·h | 0.78 | — | — | — | — | — | — | — | — |
| | 煤 | kg | 0.60 | — | — | — | — | — | — | — | — |
| | 木柴 | kg | 0.16 | — | — | — | — | — | — | — | — |
| | 水 | $m^3$ | 4.27 | — | — | — | — | — | — | — | — |

| 定额编号 | | | | 01028 | 01029 | 01030 | 01031 | 01032 | 01033 | 01034 |
|---|---|---|---|---|---|---|---|---|---|---|
| 项目 | | | | 平地机 | | | | | | |
| | | | | 功率(kW) | | | | | | |
| | | | | 75 | 90 | 120 | 132 | 150 | 180 | 220 |
| 机型 | | | | 大 | 大 | 大 | 大 | 大 | 大 | 大 |
| **台班单价　(元)** | | | | **492.28** | **565.91** | **747.25** | **840.03** | **920.93** | **1089.26** | **1296.50** |
| 费用组成 | 折旧费（元） | | | 92.20 | 97.48 | 129.36 | 167.43 | 171.15 | 209.44 | 258.68 |
| | 检修费（元） | | | 32.53 | 34.39 | 45.64 | 51.46 | 60.38 | 73.89 | 91.27 |
| | 维护费（元） | | | 112.22 | 118.65 | 157.45 | 177.53 | 208.33 | 254.92 | 314.87 |
| | 安拆及场外运输费（元） | | | — | — | — | — | — | — | — |
| | 人工费（元） | | | 135.00 | 135.00 | 135.00 | 135.00 | 135.00 | 135.00 | 135.00 |
| | 燃料动力费（元） | | | 120.33 | 180.39 | 279.80 | 308.61 | 346.07 | 416.01 | 496.68 |
| | 其他费用（元） | | | — | — | — | — | — | — | — |
| 名称 | | 单位 | 单价 | 用量 | | | | | | |
| 人工及燃油动力 | 人工 | 工日 | 135.00 | 1.000 | 1.000 | 1.000 | 1.000 | 1.000 | 1.000 | 1.000 |
| | 汽油 综合 | kg | 6.12 | — | — | — | — | — | — | — |
| | 柴油 0# | kg | 5.09 | 23.640 | 35.440 | 54.970 | 60.630 | 67.990 | 81.730 | 97.580 |
| | 电 | kW·h | 0.78 | — | — | — | — | — | — | — |
| | 煤 | kg | 0.60 | — | — | — | — | — | — | — |
| | 木柴 | kg | 0.16 | — | — | — | — | — | — | — |
| | 水 | $m^3$ | 4.27 | — | — | — | — | — | — | — |

| 定额编号 | | | | 01035 | 01036 | 01037 | 01038 | 01039 | 01040 | 01041 | 01042 |
|---|---|---|---|---|---|---|---|---|---|---|---|
| 项目 | | | | 轮胎式装载机 | | | | | | | |
| | | | | 斗容量($m^3$) | | | | | | | |
| | | | | 0.5 | 1 | 1.5 | 2 | 2.5 | 3 | 3.5 | 5 |
| 机型 | | | | 中 | 中 | 大 | 大 | 大 | 大 | 大 | 大 |
| **台班单价 (元)** | | | | **460.83** | **496.96** | **594.01** | **665.62** | **737.11** | **850.27** | **936.72** | **1231.52** |
| 费用组成 | 折旧费 (元) | | | 29.54 | 31.49 | 56.75 | 64.46 | 79.45 | 91.68 | 121.65 | 143.74 |
| | 检修费 (元) | | | 10.42 | 11.11 | 20.05 | 26.76 | 28.03 | 40.78 | 42.92 | 50.70 |
| | 维护费 (元) | | | 37.08 | 39.54 | 71.38 | 95.26 | 99.78 | 145.18 | 152.78 | 180.49 |
| | 安拆及场外运输费 (元) | | | — | — | — | — | — | — | — | — |
| | 人工费 (元) | | | 135.00 | 135.00 | 135.00 | 135.00 | 135.00 | 135.00 | 135.00 | 270.00 |
| | 燃料动力费 (元) | | | 237.75 | 268.40 | 299.04 | 331.97 | 382.31 | 424.71 | 471.08 | 572.17 |
| | 其他费用 (元) | | | 11.04 | 11.42 | 11.79 | 12.17 | 12.54 | 12.92 | 13.29 | 14.42 |
| 名称 | | 单位 | 单价 | 用量 | | | | | | | |
| 人工及燃油动力 | 人工 | 工日 | 135.00 | 1.000 | 1.000 | 1.000 | 1.000 | 1.000 | 1.000 | 1.000 | 2.000 |
| | 汽油 综合 | kg | 6.12 | — | — | — | — | — | — | — | — |
| | 柴油 0# | kg | 5.09 | 46.710 | 52.730 | 58.750 | 65.220 | 75.110 | 83.440 | 92.550 | 112.410 |
| | 电 | kW·h | 0.78 | — | — | — | — | — | — | — | — |
| | 煤 | kg | 0.60 | — | — | — | — | — | — | — | — |
| | 木柴 | kg | 0.16 | — | — | — | — | — | — | — | — |
| | 水 | $m^3$ | 4.27 | — | — | — | — | — | — | — | — |

| 定额编号 | | | | 01043 | 01044 | 01045 | 01046 | 01047 | 01048 | 01049 | 01050 |
|---|---|---|---|---|---|---|---|---|---|---|---|
| 项目 | | | | 履带式拖拉机 | | | | | | | |
| | | | | 功率(kW) | | | | | | | |
| | | | | 50 | 60 | 75 | 90 | 105 | 120 | 135 | 165 |
| 机型 | | | | 中 | 中 | 大 | 大 | 大 | 大 | 大 | 大 |
| **台班单价　(元)** | | | | **374.08** | **412.71** | **582.61** | **697.82** | **753.09** | **841.08** | **879.07** | **1061.03** |
| 费用组成 | 折旧费（元） | | | 22.93 | 24.53 | 58.24 | 91.00 | 103.74 | 115.09 | 118.26 | 181.99 |
| | 检修费（元） | | | 7.56 | 8.08 | 30.65 | 46.59 | 49.17 | 56.86 | 58.41 | 82.54 |
| | 维护费（元） | | | 20.26 | 21.65 | 82.13 | 124.87 | 131.78 | 152.38 | 156.54 | 221.21 |
| | 安拆及场外运输费（元） | | | — | — | — | — | — | — | — | — |
| | 人工费（元） | | | 135.00 | 135.00 | 135.00 | 135.00 | 135.00 | 135.00 | 135.00 | 135.00 |
| | 燃料动力费（元） | | | 188.33 | 223.45 | 276.59 | 300.36 | 333.40 | 381.75 | 410.86 | 440.29 |
| | 其他费用（元） | | | — | — | — | — | — | — | — | — |
| 名称 | | 单位 | 单价 | 用量 | | | | | | | |
| 人工及燃油动力 | 人工 | 工日 | 135.00 | 1.000 | 1.000 | 1.000 | 1.000 | 1.000 | 1.000 | 1.000 | 1.000 |
| | 汽油 综合 | kg | 6.12 | — | — | — | — | — | — | — | — |
| | 柴油 0# | kg | 5.09 | 37.000 | 43.900 | 54.340 | 59.010 | 65.500 | 75.000 | 80.720 | 86.500 |
| | 电 | kW·h | 0.78 | — | — | — | — | — | — | — | — |
| | 煤 | kg | 0.60 | — | — | — | — | — | — | — | — |
| | 木柴 | kg | 0.16 | — | — | — | — | — | — | — | — |
| | 水 | $m^3$ | 4.27 | — | — | — | — | — | — | — | — |

| 定额编号 | | | | 01051 | 01052 | 01053 |
|---|---|---|---|---|---|---|
| 项目 | | | | 轮胎式拖拉机 | | |
| | | | | 功率(kW) | | |
| | | | | 21 | 41 | 75 |
| 机型 | | | | 中 | 中 | 大 |
| **台班单价 (元)** | | | | **252.34** | **367.48** | **503.13** |
| 费用组成 | 折旧费(元) | | | 11.94 | 29.01 | 48.34 |
| | 检修费(元) | | | 5.25 | 9.45 | 17.05 |
| | 维护费(元) | | | 11.07 | 19.94 | 35.97 |
| | 安拆及场外运输费(元) | | | — | — | — |
| | 人工费(元) | | | 135.00 | 135.00 | 135.00 |
| | 燃料动力费(元) | | | 89.08 | 174.08 | 266.77 |
| | 其他费用(元) | | | — | — | — |
| 名称 | | 单位 | 单价 | 用量 | | |
| 人工及燃油动力 | 人工 | 工日 | 135.00 | 1.000 | 1.000 | 1.000 |
| | 汽油 综合 | kg | 6.12 | — | — | — |
| | 柴油 0# | kg | 5.09 | 17.500 | 34.200 | 52.410 |
| | 电 | kW·h | 0.78 | — | — | — |
| | 煤 | kg | 0.60 | — | — | — |
| | 木柴 | kg | 0.16 | — | — | — |
| | 水 | $m^3$ | 4.27 | — | — | — |

| 定额编号 | | | | 01054 | 01055 | 01056 | 01057 | 01058 |
|---|---|---|---|---|---|---|---|---|
| 项目 | | | | 履带式单斗挖掘机 | | | | |
| | | | | 液压 | | | | |
| | | | | 斗容量($m^3$) | | | | |
| | | | | 0.2 | 0.3 | 0.6 | 0.8 | 1 |
| 机型 | | | | 大 | 大 | 大 | 大 | 大 |
| **台班单价　(元)** | | | | **538.15** | **544.71** | **624.26** | **815.93** | **914.79** |
| 费用组成 | 折旧费（元） | | | 80.80 | 87.36 | 166.91 | 174.09 | 196.55 |
| | 检修费（元） | | | 46.58 | 46.58 | 46.58 | 80.76 | 84.43 |
| | 维护费（元） | | | 104.34 | 104.34 | 104.34 | 170.41 | 178.14 |
| | 安拆及场外运输费（元） | | | — | — | — | — | — |
| | 人工费（元） | | | 135.00 | 135.00 | 135.00 | 135.00 | 135.00 |
| | 燃料动力费（元） | | | 171.43 | 171.43 | 171.43 | 255.67 | 320.67 |
| | 其他费用（元） | | | — | — | — | — | — |
| 名称 | | 单位 | 单价 | 用量 | | | | |
| 人工及燃油动力 | 人工 | 工日 | 135.00 | 1.000 | 1.000 | 1.000 | 1.000 | 1.000 |
| | 汽油 综合 | kg | 6.12 | — | — | — | — | — |
| | 柴油 0# | kg | 5.09 | 33.680 | 33.680 | 33.680 | 50.230 | 63.000 |
| | 电 | kW·h | 0.78 | — | — | — | — | — |
| | 煤 | kg | 0.60 | — | — | — | — | — |
| | 木柴 | kg | 0.16 | — | — | — | — | — |
| | 水 | $m^3$ | 4.27 | — | — | — | — | — |

| 定额编号 | | | | 01059 | 01060 | 01061 | 01062 | 01063 | 01064 |
|---|---|---|---|---|---|---|---|---|---|
| 项目 | | | | 履带式单斗挖掘机 | | | | | |
| | | | | 液压 | | | | | |
| | | | | 斗容量($m^3$) | | | | | |
| | | | | 1.25 | 1.6 | 1.8 | 2 | 2.5 | 3 |
| 机型 | | | | 大 | 大 | 大 | 大 | 大 | 大 |
| **台班单价 (元)** | | | | **1115.18** | **1180.04** | **1226.77** | **1320.23** | **1517.76** | **1827.77** |
| 费用组成 | 折旧费(元) | | | 267.68 | 281.19 | 298.04 | 377.60 | 499.18 | 717.57 |
| | 检修费(元) | | | 101.05 | 112.44 | 119.18 | 120.10 | 126.27 | 150.98 |
| | 维护费(元) | | | 213.21 | 237.24 | 251.47 | 253.40 | 266.43 | 318.58 |
| | 安拆及场外运输费(元) | | | — | — | — | — | — | — |
| | 人工费(元) | | | 135.00 | 135.00 | 135.00 | 135.00 | 135.00 | 135.00 |
| | 燃料动力费(元) | | | 398.24 | 414.17 | 423.08 | 434.13 | 490.88 | 505.64 |
| | 其他费用(元) | | | — | — | — | — | — | — |
| 名称 | | 单位 | 单价 | 用量 | | | | | |
| 人工及燃油动力 | 人工 | 工日 | 135.00 | 1.000 | 1.000 | 1.000 | 1.000 | 1.000 | 1.000 |
| | 汽油 综合 | kg | 6.12 | — | — | — | — | — | — |
| | 柴油 0# | kg | 5.09 | 78.240 | 81.370 | 83.120 | 85.290 | 96.440 | 99.340 |
| | 电 | kW·h | 0.78 | — | — | — | — | — | — |
| | 煤 | kg | 0.60 | — | — | — | — | — | — |
| | 木柴 | kg | 0.16 | — | — | — | — | — | — |
| | 水 | $m^3$ | 4.27 | — | — | — | — | — | — |

| 定额编号 | | | | 01065 | 01066 | 01067 |
|---|---|---|---|---|---|---|
| 项目 | | | | 履带式单斗挖掘机 | | |
| | | | | 机械 | | |
| | | | | 斗容量($m^3$) | | |
| | | | | 1 | 1.5 | 2.5 |
| 机型 | | | | 大 | 大 | 大 |
| **台班单价（元）** | | | | **888.71** | **1118.15** | **1202.38** |
| 费用组成 | 折旧费（元） | | | 214.65 | 274.55 | 358.78 |
| | 检修费（元） | | | 76.59 | 89.57 | 89.57 |
| | 维护费（元） | | | 212.91 | 248.99 | 248.99 |
| | 安拆及场外运输费（元） | | | — | — | — |
| | 人工费（元） | | | 135.00 | 135.00 | 135.00 |
| | 燃料动力费（元） | | | 249.56 | 370.04 | 370.04 |
| | 其他费用（元） | | | — | — | — |
| 名称 | | 单位 | 单价 | 用量 | | |
| 人工及燃油动力 | 人工 | 工日 | 135.00 | 1.000 | 1.000 | 1.000 |
| | 汽油 综合 | kg | 6.12 | — | — | — |
| | 柴油 0# | kg | 5.09 | 49.030 | 72.700 | 72.700 |
| | 电 | kW·h | 0.78 | — | — | — |
| | 煤 | kg | 0.60 | — | — | — |
| | 木柴 | kg | 0.16 | — | — | — |
| | 水 | $m^3$ | 4.27 | — | — | — |

| 定额编号 | | | | 01068 | 01069 | 01070 | 01071 | 01072 | 01073 | 01074 | 01075 | 01076 |
|---|---|---|---|---|---|---|---|---|---|---|---|---|
| 项目 | | | | 轮胎式单斗液压挖掘机 | | | 抓铲挖掘机 | | 长臂挖掘机 270 型 | | 长臂挖掘机 360 型 | |
| | | | | 斗容量($m^3$) | | | | | 臂长(m) | | | |
| | | | | 0.2 | 0.4 | 0.6 | 0.3 | 0.5 | 13 | 16 | 18 | 25 |
| 机型 | | | | 大 | 大 | 大 | 大 | 大 | 大 | 大 | 大 | 大 |
| **台班单价 (元)** | | | | **394.34** | **433.68** | **456.10** | **565.24** | **649.22** | **1088.60** | **1112.71** | **1187.23** | **1220.35** |
| 费用组成 | 折旧费 (元) | | | 21.25 | 43.65 | 58.21 | 93.91 | 191.87 | 240.95 | 247.19 | 277.76 | 287.12 |
| | 检修费 (元) | | | 19.96 | 23.53 | 24.99 | 46.58 | 46.58 | 97.84 | 100.41 | 112.82 | 116.80 |
| | 维护费 (元) | | | 53.09 | 62.59 | 66.47 | 118.32 | 104.34 | 206.44 | 211.86 | 238.06 | 246.44 |
| | 安拆及场外运输费 (元) | | | — | — | — | — | — | — | — | — | — |
| | 人工费 (元) | | | 135.00 | 135.00 | 135.00 | 135.00 | 135.00 | 135.00 | 135.00 | 135.00 | 135.00 |
| | 燃料动力费 (元) | | | 153.87 | 156.87 | 159.01 | 171.43 | 171.43 | 408.37 | 418.25 | 423.59 | 434.99 |
| | 其他费用 (元) | | | 11.17 | 12.04 | 12.42 | — | — | — | — | — | — |
| 名称 | | 单位 | 单价 | 用量 | | | | | | | | |
| 人工及燃油动力 | 人工 | 工日 | 135.00 | 1.000 | 1.000 | 1.000 | 1.000 | 1.000 | 1.000 | 1.000 | 1.000 | 1.000 |
| | 汽油 综合 | kg | 6.12 | — | — | — | — | — | — | — | — | — |
| | 柴油 0# | kg | 5.09 | 30.230 | 30.820 | 31.240 | 33.680 | 33.680 | 80.230 | 82.170 | 83.220 | 85.460 |
| | 电 | kW·h | 0.78 | — | — | — | — | — | — | — | — | — |
| | 煤 | kg | 0.60 | — | — | — | — | — | — | — | — | — |
| | 木柴 | kg | 0.16 | — | — | — | — | — | — | — | — | — |
| | 水 | $m^3$ | 4.27 | — | — | — | — | — | — | — | — | — |

| 定额编号 | | | | 01077 | 01078 |
|---|---|---|---|---|---|
| 项目 | | | | 拖式羊角碾 | |
| | | | | 单筒 | 双筒 |
| | | | | 工作质量(t) | |
| | | | | 3 | 6 |
| 机型 | | | | 小 | 小 |
| **台班单价（元）** | | | | **18.73** | **31.12** |
| 费用组成 | 折旧费（元） | | | 4.23 | 7.67 |
| | 检修费（元） | | | 0.72 | 1.04 |
| | 维护费（元） | | | 4.22 | 6.07 |
| | 安拆及场外运输费（元） | | | 9.56 | 16.34 |
| | 人工费（元） | | | — | — |
| | 燃料动力费（元） | | | — | — |
| | 其他费用（元） | | | — | — |
| 名称 | | 单位 | 单价 | 用量 | |
| 人工及燃油动力 | 人工 | 工日 | 135.00 | — | — |
| | 汽油 综合 | kg | 6.12 | — | — |
| | 柴油 0# | kg | 5.09 | — | — |
| | 电 | kW·h | 0.78 | — | — |
| | 煤 | kg | 0.60 | — | — |
| | 木柴 | kg | 0.16 | — | — |
| | 水 | $m^3$ | 4.27 | — | — |

| 定额编号 | | | | 01079 | 01080 | 01081 | 01082 | 01083 | 01084 | 01085 |
|---|---|---|---|---|---|---|---|---|---|---|
| 项目 | | | | 钢轮内燃压路机 | | | | | | |
| | | | | 工作质量(t) | | | | | | |
| | | | | 6 | 8 | 12 | 15 | 18 | 20 | 25 |
| 机型 | | | | 大 | 大 | 大 | 大 | 大 | 大 | 大 |
| **台班单价 (元)** | | | | **307.86** | **353.82** | **455.44** | **537.56** | **748.90** | **855.20** | **957.87** |
| 费用组成 | 折旧费 (元) | | | 45.50 | 49.50 | 65.84 | 77.09 | 85.06 | 104.57 | 132.89 |
| | 检修费 (元) | | | 15.50 | 16.29 | 21.68 | 25.38 | 28.01 | 34.43 | 43.76 |
| | 维护费 (元) | | | 49.76 | 52.30 | 69.58 | 81.47 | 89.91 | 110.53 | 140.48 |
| | 安拆及场外运输费 (元) | | | — | — | — | — | — | — | — |
| | 人工费 (元) | | | 135.00 | 135.00 | 135.00 | 135.00 | 135.00 | 135.00 | 135.00 |
| | 燃料动力费 (元) | | | 62.10 | 100.73 | 163.34 | 218.62 | 410.92 | 470.67 | 505.74 |
| | 其他费用 (元) | | | — | — | — | — | — | — | — |
| 名称 | | 单位 | 单价 | 用量 | | | | | | |
| 人工及燃油动力 | 人工 | 工日 | 135.00 | 1.000 | 1.000 | 1.000 | 1.000 | 1.000 | 1.000 | 1.000 |
| | 汽油 综合 | kg | 6.12 | — | — | — | — | — | — | — |
| | 柴油 0# | kg | 5.09 | 12.200 | 19.790 | 32.090 | 42.950 | 80.730 | 92.470 | 99.360 |
| | 电 | kW·h | 0.78 | — | — | — | — | — | — | — |
| | 煤 | kg | 0.60 | — | — | — | — | — | — | — |
| | 木柴 | kg | 0.16 | — | — | — | — | — | — | — |
| | 水 | $m^3$ | 4.27 | — | — | — | — | — | — | — |

| 定额编号 | | | | 01086 | 01087 | 01088 | 01089 | 01090 | 01091 | 01092 | 01093 |
|---|---|---|---|---|---|---|---|---|---|---|---|
| 项目 | | | | 钢轮振动压路机 | | | | | | | |
| | | | | 工作质量(t) | | | | | | | |
| | | | | 6 | 8 | 10 | 12 | 15 | 18 | 20 | 25 |
| 机型 | | | | 大 | 大 | 大 | 大 | 大 | 大 | 大 | 大 |
| **台班单价 (元)** | | | | **366.04** | **488.35** | **573.86** | **692.85** | **907.60** | **1041.25** | **1105.41** | **1368.73** |
| 费用组成 | 折旧费 (元) | | | 46.80 | 62.40 | 70.20 | 85.80 | 109.20 | 124.79 | 188.95 | 259.18 |
| | 检修费 (元) | | | 22.35 | 31.58 | 33.68 | 42.09 | 54.93 | 58.47 | 58.47 | 79.92 |
| | 维护费 (元) | | | 68.84 | 97.25 | 103.74 | 129.65 | 169.20 | 180.09 | 180.09 | 246.16 |
| | 安拆及场外运输费 (元) | | | — | — | — | — | — | — | — | — |
| | 人工费 (元) | | | 135.00 | 135.00 | 135.00 | 135.00 | 135.00 | 135.00 | 135.00 | 135.00 |
| | 燃料动力费 (元) | | | 93.05 | 162.12 | 231.24 | 300.31 | 439.27 | 542.90 | 542.90 | 648.47 |
| | 其他费用 (元) | | | — | — | — | — | — | — | — | — |
| 名称 | | 单位 | 单价 | 用量 | | | | | | | |
| 人工及燃油动力 | 人工 | 工日 | 135.00 | 1.000 | 1.000 | 1.000 | 1.000 | 1.000 | 1.000 | 1.000 | 1.000 |
| | 汽油 综合 | kg | 6.12 | — | — | — | — | — | — | — | — |
| | 柴油 0# | kg | 5.09 | 18.280 | 31.850 | 45.430 | 59.000 | 86.300 | 106.660 | 106.660 | 127.400 |
| | 电 | kW·h | 0.78 | — | — | — | — | — | — | — | — |
| | 煤 | kg | 0.60 | — | — | — | — | — | — | — | — |
| | 木柴 | kg | 0.16 | — | — | — | — | — | — | — | — |
| | 水 | $m^3$ | 4.27 | — | — | — | — | — | — | — | — |

| 定额编号 | | | | 01094 | 01095 | 01096 | 01097 | 01098 | 01099 |
|---|---|---|---|---|---|---|---|---|---|
| 项目 | | | | 手扶振动压实机 | 轮胎压路机 | | | | |
| | | | | 工作质量(t) | | | | | |
| | | | | 1 | 9 | 16 | 20 | 26 | 30 |
| 机型 | | | | 大 | 大 | 大 | 大 | 大 | 大 |
| **台班单价 (元)** | | | | **58.79** | **368.87** | **610.87** | **718.39** | **809.89** | **926.58** |
| 费用组成 | 折旧费 (元) | | | 13.65 | 29.12 | 92.23 | 107.59 | 121.86 | 148.47 |
| | 检修费 (元) | | | 2.15 | 10.43 | 30.37 | 35.43 | 40.13 | 48.89 |
| | 维护费 (元) | | | 8.30 | 41.62 | 121.17 | 141.38 | 160.11 | 195.06 |
| | 安拆及场外运输费 (元) | | | 5.63 | — | — | — | — | — |
| | 人工费 (元) | | | — | 135.00 | 135.00 | 135.00 | 135.00 | 135.00 |
| | 燃料动力费 (元) | | | 29.06 | 152.70 | 232.10 | 298.99 | 352.79 | 399.16 |
| | 其他费用 (元) | | | — | — | — | — | — | — |
| 名称 | | 单位 | 单价 | 用量 | | | | | |
| 人工及燃油动力 | 人工 | 工日 | 135.00 | — | 1.000 | 1.000 | 1.000 | 1.000 | 1.000 |
| | 汽油 综合 | kg | 6.12 | — | — | — | — | — | — |
| | 柴油 0# | kg | 5.09 | 5.710 | 30.000 | 45.600 | 58.740 | 69.310 | 78.420 |
| | 电 | kW·h | 0.78 | — | — | — | — | — | — |
| | 煤 | kg | 0.60 | — | — | — | — | — | — |
| | 木柴 | kg | 0.16 | — | — | — | — | — | — |
| | 水 | $m^3$ | 4.27 | — | — | — | — | — | — |

| 定额编号 | | | | 01100 | 01101 | 01102 | 01103 | 01104 | 01105 | 01106 |
|---|---|---|---|---|---|---|---|---|---|---|
| 项目 | | | | 电动夯实机 | 内燃夯实机 | 气动装岩机 | 电动装岩机 | | | |
| | | | | 夯击能力(N·m) | | 斗容量($m^3$) | | | | |
| | | | | 250 | 700 | 0.12 | 0.2 | 0.4 | 0.5 | 0.6 |
| 机型 | | | | 大 | 大 | 小 | 中 | 中 | 大 | 大 |
| **台班单价　(元)** | | | | **28.03** | **26.67** | **325.92** | **383.56** | **418.87** | **442.10** | **471.14** |
| 费用组成 | 折旧费　(元) | | | 3.56 | 4.20 | 15.95 | 21.22 | 22.00 | 26.21 | 30.50 |
| | 检修费　(元) | | | 0.80 | 0.93 | 7.13 | 9.48 | 9.84 | 11.71 | 13.62 |
| | 维护费　(元) | | | 3.69 | 4.33 | 14.68 | 16.11 | 16.72 | 19.90 | 23.16 |
| | 安拆及场外运输费　(元) | | | 7.03 | 7.03 | 18.16 | 18.16 | 18.16 | 18.16 | 18.16 |
| | 人工费　(元) | | | — | — | 270.00 | 270.00 | 270.00 | 270.00 | 270.00 |
| | 燃料动力费　(元) | | | 12.95 | 10.18 | — | 48.59 | 82.15 | 96.12 | 115.70 |
| | 其他费用　(元) | | | — | — | — | — | — | — | — |
| 名称 | | 单位 | 单价 | 用量 | | | | | | |
| 人工及燃油动力 | 人工 | 工日 | 135.00 | — | — | 2.000 | 2.000 | 2.000 | 2.000 | 2.000 |
| | 汽油 综合 | kg | 6.12 | — | — | — | — | — | — | — |
| | 柴油 0# | kg | 5.09 | — | 2.000 | — | — | — | — | — |
| | 电 | kW·h | 0.78 | 16.600 | — | — | 62.300 | 105.320 | 123.230 | 148.330 |
| | 煤 | kg | 0.60 | — | — | — | — | — | — | — |
| | 木柴 | kg | 0.16 | — | — | — | — | — | — | — |
| | 水 | $m^3$ | 4.27 | — | — | — | — | — | — | — |

| 定额编号 | | | | 01107 | 01108 | 01109 | 01110 | 01111 |
|---|---|---|---|---|---|---|---|---|
| 项目 | | | | 风动凿岩机 | | 内燃凿岩机 | 凿岩钻车 | |
| | | | | 气腿式 | 手持式 | 凿孔深度 6mm | 轮胎式 | 履带式 |
| 机型 | | | | 小 | 小 | 小 | 中 | 中 |
| **台班单价 （元）** | | | | **13.62** | **12.36** | **351.64** | **344.81** | **474.84** |
| 费用组成 | 折旧费（元） | | | 2.73 | 2.73 | 3.07 | 48.75 | 76.05 |
| | 检修费（元） | | | 0.83 | 0.67 | 1.12 | 2.75 | 40.67 |
| | 维护费（元） | | | 5.84 | 4.74 | 8.08 | 5.15 | 69.96 |
| | 安拆及场外运输费（元） | | | 4.22 | 4.22 | 4.22 | 18.16 | 18.16 |
| | 人工费（元） | | | — | — | 270.00 | 270.00 | 270.00 |
| | 燃料动力费（元） | | | — | — | 65.15 | — | — |
| | 其他费用（元） | | | — | — | — | — | — |
| 名称 | | 单位 | 单价 | 用量 | | | | |
| 人工及燃油动力 | 人工 | 工日 | 135.00 | — | — | 2.000 | 2.000 | 2.000 |
| | 汽油 综合 | kg | 6.12 | — | — | — | — | — |
| | 柴油 0# | kg | 5.09 | — | — | 12.800 | — | — |
| | 电 | kW·h | 0.78 | — | — | — | — | — |
| | 煤 | kg | 0.60 | — | — | — | — | — |
| | 木柴 | kg | 0.16 | — | — | — | — | — |
| | 水 | $m^3$ | 4.27 | — | — | — | — | — |

| 定额编号 | | | | 01112 | 01113 | 01114 |
|---|---|---|---|---|---|---|
| 项目 | | | | 车载式碎石撒布机 | 汽车式沥青喷洒机 | |
| | | | | 撒布宽度(mm) | 箱容量(L) | |
| | | | | 3000 | 4000 | 7500 |
| 机型 | | | | 大 | 大 | 大 |
| 台班单价（元） | | | | **374.13** | **610.35** | **907.43** |
| 费用组成 | 折旧费（元） | | | 23.75 | 158.70 | 326.13 |
| | 检修费（元） | | | 4.19 | 46.66 | 90.17 |
| | 维护费（元） | | | 12.90 | 78.86 | 152.38 |
| | 安拆及场外运输费（元） | | | — | — | — |
| | 人工费（元） | | | 135.00 | 135.00 | 135.00 |
| | 燃料动力费（元） | | | 198.29 | 191.13 | 203.75 |
| | 其他费用（元） | | | — | — | — |
| 名称 | | 单位 | 单价 | 用量 | | |
| 人工及燃油动力 | 人工 | 工日 | 135.00 | 1.000 | 1.000 | 1.000 |
| | 汽油 综合 | kg | 6.12 | 32.400 | 31.230 | — |
| | 柴油 0# | kg | 5.09 | — | — | 40.030 |
| | 电 | kW·h | 0.78 | — | — | — |
| | 煤 | kg | 0.60 | — | — | — |
| | 木柴 | kg | 0.16 | — | — | — |
| | 水 | $m^3$ | 4.27 | — | — | — |

| 定额编号 | | | | 01115 | 01116 | 01117 | 01118 | 01119 | 01120 | 01121 |
|---|---|---|---|---|---|---|---|---|---|---|
| 项目 | | | | 沥青混凝土摊铺机 | | | | | | |
| | | | | 装载质量(t) | | | | | | |
| | | | | 4 | 6 | 8 | 12 | 13 | 14 | 15 |
| 机型 | | | | 大 | 大 | 大 | 大 | 大 | 大 | 大 |
| **台班单价 (元)** | | | | **644.38** | **705.12** | **830.94** | **1060.42** | **1462.34** | **1852.96** | **2471.67** |
| 费用组成 | 折旧费 (元) | | | 73.66 | 115.29 | 153.47 | 200.56 | 318.21 | 434.87 | 595.16 |
| | 检修费 (元) | | | 35.27 | 55.50 | 68.59 | 95.71 | 182.20 | 265.98 | 410.49 |
| | 维护费 (元) | | | 69.49 | 109.34 | 135.13 | 188.55 | 358.94 | 523.98 | 808.67 |
| | 安拆及场外运输费 (元) | | | — | — | — | — | — | — | — |
| | 人工费 (元) | | | 270.00 | 270.00 | 270.00 | 270.00 | 270.00 | 270.00 | 270.00 |
| | 燃料动力费 (元) | | | 195.96 | 154.99 | 203.75 | 305.60 | 332.99 | 358.13 | 387.35 |
| | 其他费用 (元) | | | — | — | — | — | — | — | — |
| 名称 | | 单位 | 单价 | 用量 | | | | | | |
| 人工及燃油动力 | 人工 | 工日 | 135.00 | 2.000 | 2.000 | 2.000 | 2.000 | 2.000 | 2.000 | 2.000 |
| | 汽油 综合 | kg | 6.12 | 32.020 | — | — | — | — | — | — |
| | 柴油 0# | kg | 5.09 | — | 30.450 | 40.030 | 60.040 | 65.420 | 70.360 | 76.100 |
| | 电 | kW·h | 0.78 | — | — | — | — | — | — | — |
| | 煤 | kg | 0.60 | — | — | — | — | — | — | — |
| | 木柴 | kg | 0.16 | — | — | — | — | — | — | — |
| | 水 | $m^3$ | 4.27 | — | — | — | — | — | — | — |

| 定　额　编　号 | | | | 01122 | 01123 | 01124 | 01125 | 01126 |
|---|---|---|---|---|---|---|---|---|
| 项　　目 | | | | 路面铣刨机 | | | | |
| | | | | 宽度(mm) | | | | |
| | | | | 300 | 350 | 500 | 1000 | 2000 |
| 机　　型 | | | | 大 | 大 | 大 | 大 | 大 |
| **台班单价　(元)** | | | | **528.44** | **720.53** | **791.85** | **911.71** | **2610.79** |
| 费用组成 | 折　旧　费　(元) | | | 52.29 | 151.84 | 179.27 | 238.32 | 1138.77 |
| | 检　修　费　(元) | | | 11.07 | 32.14 | 37.86 | 50.44 | 241.07 |
| | 维　护　费　(元) | | | 34.10 | 99.00 | 116.61 | 155.37 | 742.50 |
| | 安拆及场外运输费　(元) | | | 31.71 | 31.71 | 31.71 | 31.71 | 31.71 |
| | 人　工　费　(元) | | | 135.00 | 135.00 | 135.00 | 135.00 | 135.00 |
| | 燃料动力费　(元) | | | 264.27 | 270.84 | 291.40 | 300.87 | 321.74 |
| | 其他费用　(元) | | | — | — | — | — | — |
| 名　称 | | 单位 | 单价 | 用　量 | | | | |
| 人工及燃油动力 | 人工 | 工日 | 135.00 | 1.000 | 1.000 | 1.000 | 1.000 | 1.000 |
| | 汽油 综合 | kg | 6.12 | — | — | — | — | — |
| | 柴油 0# | kg | 5.09 | 51.920 | 53.210 | 57.250 | 59.110 | 63.210 |
| | 电 | kW·h | 0.78 | — | — | — | — | — |
| | 煤 | kg | 0.60 | — | — | — | — | — |
| | 木柴 | kg | 0.16 | — | — | — | — | — |
| | 水 | $m^3$ | 4.27 | — | — | — | — | — |

| 定额编号 | | | | 01127 | 01128 | 01129 | 01130 | 01131 | 01132 | 01133 |
|---|---|---|---|---|---|---|---|---|---|---|
| 项目 | | | | 电动路面铣刨机 | 路面除线机 | 混凝土路面切缝机 | 混凝土路面刻槽机 | 混凝土路面灌缝机 | 路面再生机 | 汽车式路面划线机 |
| | | | | 功率(kW) | | | | | 宽度×深度(mm) | 喷涂宽度(mm) |
| | | | | 7.5 | | | | SKI－1300 | 2300×400 | 450 |
| 机型 | | | | 大 | 中 | 中 | 中 | 中 | 中 | 中 |
| **台班单价 (元)** | | | | **227.68** | **394.88** | **322.21** | **321.59** | **354.37** | **1112.29** | **430.50** |
| 费用组成 | 折旧费 (元) | | | 13.51 | 22.66 | 2.68 | 2.06 | 24.71 | 458.67 | 58.28 |
| | 检修费 (元) | | | 2.85 | 20.57 | 0.98 | 0.98 | 4.75 | 48.55 | 20.57 |
| | 维护费 (元) | | | 8.79 | 34.76 | 1.66 | 1.66 | 8.02 | 149.54 | 34.76 |
| | 安拆及场外运输费 (元) | | | 18.16 | — | — | — | — | — | — |
| | 人工费 (元) | | | 135.00 | 135.00 | 135.00 | 135.00 | 135.00 | 270.00 | 135.00 |
| | 燃料动力费 (元) | | | 49.37 | 181.89 | 181.89 | 181.89 | 181.89 | 185.53 | 181.89 |
| | 其他费用 (元) | | | — | — | — | — | — | — | — |
| 名称 | | 单位 | 单价 | 用量 | | | | | | |
| 人工及燃油动力 | 人工 | 工日 | 135.00 | 1.000 | 1.000 | 1.000 | 1.000 | 1.000 | 2.000 | 1.000 |
| | 汽油 综合 | kg | 6.12 | — | 29.720 | 29.720 | 29.720 | 29.720 | — | 29.720 |
| | 柴油 0# | kg | 5.09 | 9.700 | — | — | — | — | 36.450 | — |
| | 电 | kW·h | 0.78 | — | — | — | — | — | — | — |
| | 煤 | kg | 0.60 | — | — | — | — | — | — | — |
| | 木柴 | kg | 0.16 | — | — | — | — | — | — | — |
| | 水 | $m^3$ | 4.27 | — | — | — | — | — | — | — |

| 定额编号 | | | | 01134 | 01135 | 01136 | 01137 | 01138 | 01139 |
|---|---|---|---|---|---|---|---|---|---|
| 项目 | | | | 强夯机械 | | | | | |
| | | | | 夯击能量(kN·m) | | | | | |
| | | | | 1200 | 2000 | 3000 | 4000 | 5000 | 6000 |
| 机型 | | | | 大 | 大 | 大 | 大 | 大 | 大 |
| **台班单价 (元)** | | | | **717.73** | **1016.54** | **1273.69** | **1551.32** | **1734.20** | **1998.28** |
| 费用组成 | 折旧费 (元) | | | 184.27 | 327.59 | 450.43 | 622.74 | 699.81 | 839.44 |
| | 检修费 (元) | | | 29.59 | 61.56 | 83.16 | 95.21 | 106.99 | 127.83 |
| | 维护费 (元) | | | 67.17 | 139.74 | 188.78 | 216.13 | 242.87 | 290.18 |
| | 安拆及场外运输费 (元) | | | — | — | — | — | — | — |
| | 人工费 (元) | | | 270.00 | 270.00 | 270.00 | 270.00 | 270.00 | 270.00 |
| | 燃料动力费 (元) | | | 166.70 | 217.65 | 281.32 | 347.24 | 414.53 | 470.83 |
| | 其他费用 (元) | | | — | — | — | — | — | — |
| 名称 | | 单位 | 单价 | 用量 | | | | | |
| 人工及燃油动力 | 人工 | 工日 | 135.00 | 2.000 | 2.000 | 2.000 | 2.000 | 2.000 | 2.000 |
| | 汽油 综合 | kg | 6.12 | — | — | — | — | — | — |
| | 柴油 0# | kg | 5.09 | 32.750 | 42.760 | 55.270 | 68.220 | 81.440 | 92.500 |
| | 电 | kW·h | 0.78 | — | — | — | — | — | — |
| | 煤 | kg | 0.60 | — | — | — | — | — | — |
| | 木柴 | kg | 0.16 | — | — | — | — | — | — |
| | 水 | $m^3$ | 4.27 | — | — | — | — | — | — |

| 定额编号 | | | | 01140 | 01141 | 01142 | 01143 | 01144 | 01145 |
|---|---|---|---|---|---|---|---|---|---|
| 项目 | | | | 立爪扒渣机 | 梭式矿车 | 稳定土拌和机 | | | |
| | | | | | 装载容量 | 功率(kW) | | | |
| | | | | | $8m^3$ | 90 | 105 | 135 | 230 |
| 机型 | | | | 大 | 中 | 大 | 大 | 大 | 大 |
| **台班单价 (元)** | | | | **844.56** | **553.05** | **753.98** | **790.49** | **1002.01** | **1077.96** |
| 费用组成 | 折旧费(元) | | | 188.05 | 45.65 | 67.34 | 80.08 | 163.79 | 196.73 |
| | 检修费(元) | | | 66.34 | 16.11 | 32.85 | 38.99 | 73.94 | 83.30 |
| | 维护费(元) | | | 151.92 | 14.82 | 83.43 | 99.02 | 187.81 | 211.59 |
| | 安拆及场外运输费(元) | | | — | 10.62 | — | — | — | — |
| | 人工费(元) | | | 270.00 | 135.00 | 270.00 | 270.00 | 270.00 | 270.00 |
| | 燃料动力费(元) | | | 168.25 | 330.85 | 300.36 | 302.40 | 306.47 | 316.34 |
| | 其他费用(元) | | | — | — | — | — | — | — |
| 名称 | | 单位 | 单价 | 用量 | | | | | |
| 人工及燃油动力 | 人工 | 工日 | 135.00 | 2.000 | 1.000 | 2.000 | 2.000 | 2.000 | 2.000 |
| | 汽油 综合 | kg | 6.12 | — | — | — | — | — | — |
| | 柴油 0# | kg | 5.09 | — | 65.000 | 59.010 | 59.410 | 60.210 | 62.150 |
| | 电 | kW·h | 0.78 | 215.700 | — | — | — | — | — |
| | 煤 | kg | 0.60 | — | — | — | — | — | — |
| | 木柴 | kg | 0.16 | — | — | — | — | — | — |
| | 水 | $m^3$ | 4.27 | — | — | — | — | — | — |

| 定额编号 | | | | 01146 | 01147 | 01148 | 01149 | 01150 |
|---|---|---|---|---|---|---|---|---|
| 项目 | | | | 沥青混凝土拌和机 | | | | |
| | | | | 生产率(t/h) | | | | |
| | | | | 10 | 15 | 20 | 30 | 60 |
| 机型 | | | | 大 | 大 | 大 | 大 | 大 |
| **台班单价　(元)** | | | | **1284.89** | **1543.11** | **1710.74** | **1998.60** | **2852.69** |
| 费用组成 | 折旧费（元） | | | 46.74 | 104.61 | 121.46 | 144.36 | 251.95 |
| | 检修费（元） | | | 19.79 | 44.28 | 51.43 | 61.12 | 106.67 |
| | 维护费（元） | | | 50.28 | 112.48 | 130.64 | 155.23 | 270.94 |
| | 安拆及场外运输费（元） | | | — | — | — | — | — |
| | 人工费（元） | | | 270.00 | 270.00 | 270.00 | 270.00 | 270.00 |
| | 燃料动力费（元） | | | 898.08 | 1011.74 | 1137.21 | 1367.89 | 1953.13 |
| | 其他费用（元） | | | — | — | — | — | — |
| 名称 | | 单位 | 单价 | 用量 | | | | |
| 人工及燃油动力 | 人工 | 工日 | 135.00 | 2.000 | 2.000 | 2.000 | 2.000 | 2.000 |
| | 汽油 综合 | kg | 6.12 | — | — | — | — | — |
| | 柴油 0# | kg | 5.09 | 176.440 | 198.770 | 223.420 | 268.740 | 383.720 |
| | 电 | kW·h | 0.78 | — | — | — | — | — |
| | 煤 | kg | 0.60 | — | — | — | — | — |
| | 木柴 | kg | 0.16 | — | — | — | — | — |
| | 水 | $m^3$ | 4.27 | — | — | — | — | — |

| 定额编号 | | | | 01151 | 01152 | 01153 | 01154 |
|---|---|---|---|---|---|---|---|
| 项目 | | | | 沥青混凝土拌和机 | | 灰土拌和机 | |
| | | | | 生产率(t/h) | | | |
| | | | | 100 | 150 | 105 | 135 |
| 机型 | | | | 大 | 大 | 大 | 大 |
| **台班单价 (元)** | | | | **3281.56** | **4805.25** | **4261.86** | **4539.07** |
| 费用组成 | 折旧费 (元) | | | 320.93 | 467.50 | 143.81 | 201.32 |
| | 检修费 (元) | | | 135.88 | 197.94 | 135.88 | 197.94 |
| | 维护费 (元) | | | 345.13 | 502.77 | 345.13 | 502.77 |
| | 安拆及场外运输费 (元) | | | — | — | — | — |
| | 人工费 (元) | | | 270.00 | 270.00 | 270.00 | 270.00 |
| | 燃料动力费 (元) | | | 2209.62 | 3367.04 | 3367.04 | 3367.04 |
| | 其他费用 (元) | | | — | — | — | — |
| 名称 | | 单位 | 单价 | 用量 | | | |
| 人工及燃油动力 | 人工 | 工日 | 135.00 | 2.000 | 2.000 | 2.000 | 2.000 |
| | 汽油 综合 | kg | 6.12 | — | — | — | — |
| | 柴油 0# | kg | 5.09 | 434.110 | 661.500 | 661.500 | 661.500 |
| | 电 | kW·h | 0.78 | — | — | — | — |
| | 煤 | kg | 0.60 | — | — | — | — |
| | 木柴 | kg | 0.16 | — | — | — | — |
| | 水 | $m^3$ | 4.27 | — | — | — | — |

| 定额编号 | | | | 01155 | 01156 | 01157 | 01158 |
|---|---|---|---|---|---|---|---|
| 项目 | | | | 路面标线热熔涂料涂敷机 | 路面标线涂料喷涂机 | 路面抛丸机 | 路面刻纹机 |
| | | | | | | 工作宽度(mm) | |
| | | | | | | 350 | |
| 机型 | | | | 中 | 中 | 中 | 中 |
| **台班单价　(元)** | | | | **562.36** | **414.86** | **436.41** | **327.22** |
| 费用组成 | 折旧费（元） | | | 107.08 | 39.14 | 60.69 | 3.39 |
| | 检修费（元） | | | 51.45 | 21.87 | 21.87 | 2.58 |
| | 维护费（元） | | | 86.94 | 36.96 | 36.96 | 4.36 |
| | 安拆及场外运输费（元） | | | — | — | — | — |
| | 人工费（元） | | | 135.00 | 135.00 | 135.00 | 135.00 |
| | 燃料动力费（元） | | | 181.89 | 181.89 | 181.89 | 181.89 |
| | 其他费用（元） | | | — | — | — | — |
| 名称 | | 单位 | 单价 | 用量 | | | |
| 人工及燃油动力 | 人工 | 工日 | 135.00 | 1.000 | 1.000 | 1.000 | 1.000 |
| | 汽油 综合 | kg | 6.12 | 29.720 | 29.720 | 29.720 | 29.720 |
| | 柴油 0# | kg | 5.09 | — | — | — | — |
| | 电 | kW·h | 0.78 | — | — | — | — |
| | 煤 | kg | 0.60 | — | — | — | — |
| | 木柴 | kg | 0.16 | — | — | — | — |
| | 水 | $m^3$ | 4.27 | — | — | — | — |

| 定 额 编 号 | | | | 01159 | 01160 | 01161 | 01162 | 01163 | 01164 |
|---|---|---|---|---|---|---|---|---|---|
| 项 目 | | | | 颚式破碎机 | | | | | 颚式破碎机(移动式) |
| | | | | 进料口(mm) | | | | | |
| | | | | 250×400 | 250×500 | 400×600 | 500×750 | 600×900 | 250×440 |
| 机 型 | | | | 小 | 小 | 中 | 中 | 中 | 小 |
| **台班单价 (元)** | | | | **231.48** | **261.46** | **326.86** | **470.28** | **610.92** | **287.37** |
| 费用组成 | 折 旧 费 (元) | | | 19.19 | 27.69 | 43.87 | 71.20 | 98.94 | 20.32 |
| | 检 修 费 (元) | | | 2.03 | 2.93 | 4.38 | 7.54 | 10.47 | 2.15 |
| | 维 护 费 (元) | | | 27.52 | 39.68 | 59.37 | 102.10 | 141.87 | 29.12 |
| | 安拆及场外运输费 (元) | | | — | — | — | — | — | — |
| | 人 工 费 (元) | | | 135.00 | 135.00 | 135.00 | 135.00 | 135.00 | 135.00 |
| | 燃 料 动 力 费 (元) | | | 47.74 | 56.16 | 84.24 | 154.44 | 224.64 | 100.78 |
| | 其 他 费 用 (元) | | | — | — | — | — | — | — |
| 名 称 | | 单位 | 单价 | 用 量 | | | | | |
| 人工及燃油动力 | 人工 | 工日 | 135.00 | 1.000 | 1.000 | 1.000 | 1.000 | 1.000 | 1.000 |
| | 汽油 综合 | kg | 6.12 | — | — | — | — | — | — |
| | 柴油 0# | kg | 5.09 | — | — | — | — | — | 19.800 |
| | 电 | kW·h | 0.78 | 61.200 | 72.000 | 108.000 | 198.000 | 288.000 | — |
| | 煤 | kg | 0.60 | — | — | — | — | — | — |
| | 木柴 | kg | 0.16 | — | — | — | — | — | — |
| | 水 | $m^3$ | 4.27 | — | — | — | — | — | — |

| 定额编号 | | | | 01165 | 01166 | 01167 | 01168 | 01169 | 01170 | 01171 |
|---|---|---|---|---|---|---|---|---|---|---|
| 项目 | | | | 履带式单头岩石破碎机 | | | | 履带式液压岩石破碎机 | | |
| | | | | 功率(kW) | | | | HB20G | HB30G | HB40G |
| | | | | 40 | 85 | 105 | 135 | | | |
| 机型 | | | | 大 | 大 | 大 | 大 | 大 | 大 | 大 |
| **台班单价　(元)** | | | | **676.79** | **963.08** | **1231.39** | **1537.99** | **384.83** | **417.01** | **438.07** |
| 费用组成 | 折旧费　(元) | | | 90.48 | 171.59 | 280.79 | 382.43 | 118.85 | 135.18 | 145.42 |
| | 检修费　(元) | | | 86.38 | 107.98 | 122.66 | 165.57 | 12.58 | 14.31 | 15.39 |
| | 维护费　(元) | | | 193.50 | 227.84 | 258.81 | 349.35 | 33.47 | 38.06 | 40.93 |
| | 安拆及场外运输费　(元) | | | — | — | — | — | 35.68 | 35.68 | 35.68 |
| | 人工费　(元) | | | 135.00 | 135.00 | 135.00 | 135.00 | 135.00 | 135.00 | 135.00 |
| | 燃料动力费　(元) | | | 171.43 | 320.67 | 434.13 | 505.64 | 49.25 | 58.78 | 65.65 |
| | 其他费用　(元) | | | — | — | — | — | — | — | — |
| 名称 | | 单位 | 单价 | 用量 | | | | | | |
| 人工及燃油动力 | 人工 | 工日 | 1.000 | 1.000 | 1.000 | 1.000 | 1.000 | 1.000 | 1.000 | 1.000 |
| | 汽油 综合 | kg | 6.12 | — | — | — | — | — | — | — |
| | 柴油 $0^{\#}$ | kg | 5.09 | 33.680 | 63.000 | 85.290 | 99.340 | — | — | — |
| | 电 | kW·h | 0.78 | — | — | — | — | 63.140 | 75.360 | 84.170 |
| | 煤 | kg | 0.60 | — | — | — | — | — | — | — |
| | 木柴 | kg | 0.16 | — | — | — | — | — | — | — |
| | 水 | $m^3$ | 4.27 | — | — | — | — | — | — | — |

# 二、桩工机械

| 定额编号 | | | | 02001 | 02002 | 02003 | 02004 | 02005 |
|---|---|---|---|---|---|---|---|---|
| 项目 | | | | 履带式柴油打桩机 | | | | |
| | | | | 冲击部分质量(t) | | | | |
| | | | | 2.5 | 3.5 | 5 | 7 | 8 |
| 机型 | | | | 大 | 大 | 大 | 特 | 特 |
| **台班单价 (元)** | | | | **734.62** | **832.40** | **1899.34** | **2287.59** | **2351.83** |
| 费用组成 | 折旧费 (元) | | | 181.99 | 242.66 | 951.58 | 1322.48 | 1364.94 |
| | 检修费 (元) | | | 19.25 | 25.67 | 136.70 | 139.91 | 144.40 |
| | 维护费 (元) | | | 37.54 | 50.06 | 266.56 | 263.03 | 271.47 |
| | 安拆及场外运输费 (元) | | | — | — | — | — | — |
| | 人工费 (元) | | | 270.00 | 270.00 | 270.00 | 270.00 | 270.00 |
| | 燃料动力费 (元) | | | 225.84 | 244.01 | 274.50 | 292.17 | 301.02 |
| | 其他费用 (元) | | | — | — | — | — | — |
| 名称 | | 单位 | 单价 | 用量 | | | | |
| 人工及燃油动力 | 人工 | 工日 | 135.00 | 2.000 | 2.000 | 2.000 | 2.000 | 2.000 |
| | 汽油 综合 | kg | 6.12 | — | — | — | — | — |
| | 柴油 0# | kg | 5.09 | 44.370 | 47.940 | 53.930 | 57.400 | 59.140 |
| | 电 | kW·h | 0.78 | — | — | — | — | — |
| | 煤 | kg | 0.60 | — | — | — | — | — |
| | 木柴 | kg | 0.16 | — | — | — | — | — |
| | 水 | $m^3$ | 4.27 | — | — | — | — | — |

| 定额编号 | | | | 02006 | 02007 | 02008 | 02009 | 02010 | 02011 |
|---|---|---|---|---|---|---|---|---|---|
| 项目 | | | | 轨道式柴油打桩机 | | | | | |
| | | | | 冲击部分质量(t) | | | | | |
| | | | | 0.8 | 1.2 | 1.8 | 2.5 | 3.5 | 4 |
| 机型 | | | | 中 | 大 | 大 | 大 | 大 | 大 |
| **台班单价　(元)** | | | | **416.41** | **619.87** | **750.73** | **884.28** | **1094.18** | **1269.82** |
| 费用组成 | 折旧费（元） | | | 40.95 | 84.93 | 132.85 | 160.15 | 227.49 | 303.32 |
| | 检修费（元） | | | 9.59 | 19.89 | 31.11 | 37.51 | 53.28 | 71.04 |
| | 维护费（元） | | | 21.67 | 44.95 | 70.32 | 84.77 | 120.41 | 160.54 |
| | 安拆及场外运输费（元） | | | — | — | — | — | — | — |
| | 人工费（元） | | | 270.00 | 270.00 | 270.00 | 270.00 | 270.00 | 270.00 |
| | 燃料动力费（元） | | | 74.20 | 200.10 | 246.45 | 331.85 | 423.00 | 464.92 |
| | 其他费用（元） | | | — | — | — | — | — | — |
| 名称 | | 单位 | 单价 | 用量 | | | | | |
| 人工及燃油动力 | 人工 | 工日 | 135.00 | 2.000 | 2.000 | 2.000 | 2.000 | 2.000 | 2.000 |
| | 汽油 综合 | kg | 6.12 | — | — | — | — | — | — |
| | 柴油 0# | kg | 5.09 | 9.000 | 28.800 | 33.400 | 46.500 | 56.900 | 61.700 |
| | 电 | kW·h | 0.78 | 36.400 | 68.600 | 98.000 | 122.000 | 171.000 | 193.420 |
| | 煤 | kg | 0.60 | — | — | — | — | — | — |
| | 木柴 | kg | 0.16 | — | — | — | — | — | — |
| | 水 | $m^3$ | 4.27 | — | — | — | — | — | — |

| 定额编号 | | | | 02012 | 02013 | 02014 | 02015 | 02016 | 02017 |
|---|---|---|---|---|---|---|---|---|---|
| 项目 | | | | 轨道式柴油打桩机 | | 振动沉拔桩机 | | | |
| | | | | 冲击部分质量(t) | | 激振力(kN) | | | |
| | | | | 5 | 7 | 300 | 400 | 500 | 600 |
| 机型 | | | | 大 | 大 | 大 | 大 | 大 | 大 |
| **台班单价 (元)** | | | | **1489.83** | **1609.10** | **701.93** | **851.02** | **1015.63** | **1170.08** |
| 费用组成 | 折旧费 (元) | | | 404.27 | 446.12 | 184.27 | 235.68 | 309.39 | 375.36 |
| | 检修费 (元) | | | 94.68 | 104.48 | 8.72 | 11.15 | 14.63 | 17.76 |
| | 维护费 (元) | | | 213.97 | 236.13 | 47.85 | 61.20 | 80.34 | 97.47 |
| | 安拆及场外运输费 (元) | | | — | — | — | — | — | — |
| | 人工费 (元) | | | 270.00 | 270.00 | 270.00 | 270.00 | 270.00 | 270.00 |
| | 燃料动力费 (元) | | | 506.91 | 552.37 | 191.09 | 272.99 | 341.27 | 409.49 |
| | 其他费用 (元) | | | — | — | — | — | — | — |
| 名称 | | 单位 | 单价 | 用量 | | | | | |
| 人工及燃油动力 | 人工 | 工日 | 135.00 | 2.000 | 2.000 | 2.000 | 2.000 | 2.000 | 2.000 |
| | 汽油 综合 | kg | 6.12 | — | — | — | — | — | — |
| | 柴油 0# | kg | 5.09 | 66.870 | 71.420 | 17.430 | 24.900 | 31.130 | 37.350 |
| | 电 | kW·h | 0.78 | 213.520 | 242.100 | 131.250 | 187.500 | 234.380 | 281.250 |
| | 煤 | kg | 0.60 | — | — | — | — | — | — |
| | 木柴 | kg | 0.16 | — | — | — | — | — | — |
| | 水 | $m^3$ | 4.27 | — | — | — | — | — | — |

| 定额编号 | | | | 02018 | 02019 | 02020 | 02021 | 02022 |
|---|---|---|---|---|---|---|---|---|
| 项目 | | | | 静力压桩机(液压) | | | | |
| | | | | 压力(kN) | | | | |
| | | | | 900 | 1200 | 1600 | 2000 | 3000 |
| 机型 | | | | 大 | 大 | 大 | 大 | 大 |
| **台班单价 (元)** | | | | **984.32** | **1223.08** | **1757.50** | **2616.28** | **2801.82** |
| 费用组成 | 折旧费 (元) | | | 242.66 | 323.54 | 493.40 | 695.62 | 748.19 |
| | 检修费 (元) | | | 85.66 | 114.22 | 174.18 | 245.57 | 264.13 |
| | 维护费 (元) | | | 314.39 | 419.18 | 715.90 | 1009.29 | 1085.58 |
| | 安拆及场外运输费 (元) | | | — | — | — | — | — |
| | 人工费 (元) | | | 270.00 | 270.00 | 270.00 | 270.00 | 270.00 |
| | 燃料动力费 (元) | | | 71.61 | 96.14 | 104.02 | 395.80 | 433.92 |
| | 其他费用 (元) | | | — | — | — | — | — |
| 名称 | | 单位 | 单价 | 用量 | | | | |
| 人工及燃油动力 | 人工 | 工日 | 135.00 | 2.000 | 2.000 | 2.000 | 2.000 | 2.000 |
| | 汽油 综合 | kg | 6.12 | — | — | — | — | — |
| | 柴油 0# | kg | 5.09 | — | — | — | 77.760 | 85.250 |
| | 电 | kW·h | 0.78 | 91.810 | 123.250 | 133.360 | — | — |
| | 煤 | kg | 0.60 | — | — | — | — | — |
| | 木柴 | kg | 0.16 | — | — | — | — | — |
| | 水 | $m^3$ | 4.27 | — | — | — | — | — |

| 定　额　编　号 | | | | 02023 | 02024 | 02025 | 02026 |
|---|---|---|---|---|---|---|---|
| 项　　　目 | | | | 静力压桩机(液压) | | | |
| | | | | 压力(kN) | | | |
| | | | | 4000 | 5000 | 8000 | 10000 |
| 机　　　型 | | | | 大 | 大 | 大 | 大 |
| **台班单价　(元)** | | | | **3311.40** | **3489.37** | **3715.21** | **4595.30** |
| 费用组成 | 折　旧　费　(元) | | | 909.96 | 962.54 | 1023.20 | 1314.39 |
| | 检　修　费　(元) | | | 321.24 | 339.80 | 361.22 | 464.01 |
| | 维　护　费　(元) | | | 1320.29 | 1396.58 | 1484.60 | 1907.09 |
| | 安拆及场外运输费　(元) | | | — | — | — | — |
| | 人　工　费　(元) | | | 270.00 | 270.00 | 270.00 | 270.00 |
| | 燃料动力费　(元) | | | 489.91 | 520.45 | 576.19 | 639.81 |
| | 其他费用　(元) | | | — | — | — | — |
| 名　称 | | 单位 | 单价 | 用　量 | | | |
| 人工及燃油动力 | 人工 | 工日 | 135.00 | 2.000 | 2.000 | 2.000 | 2.000 |
| | 汽油 综合 | kg | 6.12 | — | — | — | — |
| | 柴油 0# | kg | 5.09 | 96.250 | 102.250 | 113.200 | 125.700 |
| | 电 | kW·h | 0.78 | — | — | — | — |
| | 煤 | kg | 0.60 | — | — | — | — |
| | 木柴 | kg | 0.16 | — | — | — | — |
| | 水 | $m^3$ | 4.27 | — | — | — | — |

| 定额编号 | | | | 02027 | 02028 | 02029 | 02030 | 02031 | 02032 |
|---|---|---|---|---|---|---|---|---|---|
| 项目 | | | | 汽车式钻机 | | | 潜水钻孔机 | | |
| | | | | 孔径(mm) | | | | | |
| | | | | 400 | 1000 | 2000 | 800 | 1250 | 1500 |
| 机型 | | | | 大 | 大 | 大 | 大 | 大 | 大 |
| **台班单价　(元)** | | | | **758.42** | **768.22** | **983.61** | **496.12** | **530.59** | **608.40** |
| 费用组成 | 折旧费　(元) | | | 65.52 | 90.27 | 127.39 | 36.40 | 50.96 | 72.80 |
| | 检修费　(元) | | | 18.44 | 25.41 | 35.86 | 12.85 | 17.99 | 25.70 |
| | 维护费　(元) | | | 50.72 | 69.88 | 98.62 | 34.57 | 48.39 | 69.13 |
| | 安拆及场外运输费　(元) | | | — | — | — | — | — | — |
| | 人工费　(元) | | | 270.00 | 270.00 | 270.00 | 270.00 | 270.00 | 270.00 |
| | 燃料动力费　(元) | | | 353.74 | 312.66 | 451.74 | 142.30 | 143.25 | 170.77 |
| | 其他费用　(元) | | | — | — | — | — | — | — |
| 名称 | | 单位 | 单价 | 用量 | | | | | |
| 人工及燃油动力 | 人工 | 工日 | 135.00 | 2.000 | 2.000 | 2.000 | 2.000 | 2.000 | 2.000 |
| | 汽油 综合 | kg | 6.12 | 47.400 | — | — | — | — | — |
| | 柴油 0# | kg | 5.09 | — | 48.800 | 76.000 | — | — | — |
| | 电 | kW·h | 0.78 | 81.600 | 82.400 | 83.200 | 182.440 | 183.660 | 218.930 |
| | 煤 | kg | 0.60 | — | — | — | — | — | — |
| | 木柴 | kg | 0.16 | — | — | — | — | — | — |
| | 水 | $m^3$ | 4.27 | — | — | — | — | — | — |

| 定额编号 | | | | 02033 | 02034 | 02035 | 02036 | 02037 |
|---|---|---|---|---|---|---|---|---|
| 项目 | | | | 转盘钻孔机 | | | | |
| | | | | 孔径(mm) | | | | |
| | | | | 500 | 800 | 1000 | 1500 | 2000 |
| 机型 | | | | 中 | 大 | 大 | 大 | 大 |
| **台班单价 (元)** | | | | **449.99** | **492.54** | **520.44** | **552.65** | **674.01** |
| 费用组成 | 折旧费 (元) | | | 61.42 | 81.90 | 90.09 | 98.28 | 147.41 |
| | 检修费 (元) | | | 7.23 | 9.64 | 10.60 | 11.56 | 17.35 |
| | 维护费 (元) | | | 15.03 | 20.04 | 22.05 | 24.05 | 36.08 |
| | 安拆及场外运输费 (元) | | | — | — | — | — | — |
| | 人工费 (元) | | | 270.00 | 270.00 | 270.00 | 270.00 | 270.00 |
| | 燃料动力费 (元) | | | 96.31 | 110.96 | 127.70 | 148.76 | 203.17 |
| | 其他费用 (元) | | | — | — | — | — | — |
| 名称 | | 单位 | 单价 | 用量 | | | | |
| 人工及燃油动力 | 人工 | 工日 | 135.00 | 2.000 | 2.000 | 2.000 | 2.000 | 2.000 |
| | 汽油 综合 | kg | 6.12 | — | — | — | — | — |
| | 柴油 0# | kg | 5.09 | — | — | — | — | — |
| | 电 | kW·h | 0.78 | 123.480 | 142.250 | 163.720 | 190.720 | 260.470 |
| | 煤 | kg | 0.60 | — | — | — | — | — |
| | 木柴 | kg | 0.16 | — | — | — | — | — |
| | 水 | $m^3$ | 4.27 | — | — | — | — | — |

| 定额编号 | | | | 02038 | 02039 | 02040 | 02041 |
|---|---|---|---|---|---|---|---|
| 项目 | | | | 长螺旋钻孔机 | | | 短螺旋钻孔机 |
| | | | | 孔径(mm) | | | |
| | | | | 400 | 600 | 800 | 1200 |
| 机型 | | | | 中 | 中 | 中 | 大 |
| **台班单价　(元)** | | | | **484.40** | **567.93** | **656.80** | **983.42** |
| 费用组成 | 折旧费　(元) | | | 88.04 | 116.70 | 169.94 | 391.14 |
| | 检修费　(元) | | | 4.13 | 5.48 | 7.98 | 18.37 |
| | 维护费　(元) | | | 25.92 | 34.36 | 50.03 | 115.15 |
| | 安拆及场外运输费　(元) | | | — | — | — | — |
| | 人工费　(元) | | | 270.00 | 270.00 | 270.00 | 270.00 |
| | 燃料动力费　(元) | | | 96.31 | 141.39 | 158.85 | 188.76 |
| | 其他费用　(元) | | | — | — | — | — |
| 名称 | | 单位 | 单价 | 用量 | | | |
| 人工及燃油动力 | 人工 | 工日 | 135.00 | 2.000 | 2.000 | 2.000 | 2.000 |
| | 汽油 综合 | kg | 6.12 | — | — | — | — |
| | 柴油 0# | kg | 5.09 | — | — | — | — |
| | 电 | kW·h | 0.78 | 123.480 | 181.270 | 203.650 | 242.000 |
| | 煤 | kg | 0.60 | — | — | — | — |
| | 木柴 | kg | 0.16 | — | — | — | — |
| | 水 | $m^3$ | 4.27 | — | — | — | — |

| 定额编号 | | | | 02042 | 02043 | 02044 | 02045 | 02046 |
|---|---|---|---|---|---|---|---|---|
| 项目 | | | | 冲击成孔机 | | | 锚杆钻孔机 | 双头搅拌桩机(喷浆) |
| | | | | CZ－30 | CZ－50 | CZ－80 | MGL135 | |
| 机型 | | | | 中 | 中 | 中 | 大 | 中 |
| **台班单价 (元)** | | | | **419.69** | **476.30** | **537.74** | **454.58** | **591.04** |
| 费用组成 | 折旧费 (元) | | | 72.80 | 101.92 | 131.03 | 76.11 | 131.03 |
| | 检修费 (元) | | | 17.13 | 23.99 | 30.84 | 17.91 | 28.14 |
| | 维护费 (元) | | | 34.44 | 48.21 | 61.99 | 32.06 | 56.57 |
| | 安拆及场外运输费 (元) | | | — | — | — | — | — |
| | 人工费 (元) | | | 270.00 | 270.00 | 270.00 | 270.00 | 270.00 |
| | 燃料动力费 (元) | | | 25.32 | 32.18 | 43.88 | 58.50 | 105.30 |
| | 其他费用 (元) | | | — | — | — | — | — |
| 名称 | | 单位 | 单价 | 用量 | | | | |
| 人工及燃油动力 | 人工 | 工日 | 135.00 | 2.000 | 2.000 | 2.000 | 2.000 | 2.000 |
| | 汽油 综合 | kg | 6.12 | — | — | — | — | — |
| | 柴油 0# | kg | 5.09 | — | — | — | — | — |
| | 电 | kW·h | 0.78 | 32.460 | 41.250 | 56.250 | 75.000 | 135.000 |
| | 煤 | kg | 0.60 | — | — | — | — | — |
| | 木柴 | kg | 0.16 | — | — | — | — | — |
| | 水 | $m^3$ | 4.27 | — | — | — | — | — |

| 定额编号 | | | | 02047 | 02048 | 02049 | 02050 | 02051 | 02052 | 02053 |
|---|---|---|---|---|---|---|---|---|---|---|
| 项目 | | | | 单头搅拌桩机 | | 振冲器 | | 单重管 | 双重管 | 三重管 |
| | | | | 喷浆 | 喷粉 | ZCQ－30 | ZCQ－75 | 旋喷机 | | |
| 机型 | | | | 中 | 中 | 中 | 中 | 中 | 中 | 中 |
| **台班单价（元）** | | | | **465.48** | **473.29** | **259.73** | **414.97** | **369.96** | **394.70** | **419.43** |
| 费用组成 | 折旧费（元） | | | 72.80 | 72.80 | 20.02 | 30.94 | 54.60 | 72.80 | 91.00 |
| | 检修费（元） | | | 16.14 | 18.73 | 5.52 | 8.97 | 4.85 | 6.47 | 8.08 |
| | 维护费（元） | | | 32.44 | 37.66 | 9.49 | 15.42 | 10.09 | 13.45 | 16.81 |
| | 安拆及场外运输费（元） | | | — | — | — | — | — | — | — |
| | 人工费（元） | | | 270.00 | 270.00 | 135.00 | 135.00 | 270.00 | 270.00 | 270.00 |
| | 燃料动力费（元） | | | 74.10 | 74.10 | 89.70 | 224.64 | 30.42 | 31.98 | 33.54 |
| | 其他费用（元） | | | — | — | — | — | — | — | — |
| 名称 | | 单位 | 单价 | 用量 | | | | | | |
| 人工及燃油动力 | 人工 | 工日 | 135.00 | 2.000 | 2.000 | 1.000 | 1.000 | 2.000 | 2.000 | 2.000 |
| | 汽油 综合 | kg | 6.12 | — | — | — | — | — | — | — |
| | 柴油 0# | kg | 5.09 | — | — | — | — | — | — | — |
| | 电 | kW·h | 0.78 | 95.000 | 95.000 | 115.000 | 288.000 | 39.000 | 41.000 | 43.000 |
| | 煤 | kg | 0.60 | — | — | — | — | — | — | — |
| | 木柴 | kg | 0.16 | — | — | — | — | — | — | — |
| | 水 | $m^3$ | 4.27 | — | — | — | — | — | — | — |

| 定额编号 | | | | 02054 | 02055 | 02056 | 02057 | 02058 | 02059 | 02060 | 02061 | 02062 |
|---|---|---|---|---|---|---|---|---|---|---|---|---|
| 项目 | | | | 静压振拔桩机 | 步履式柴油打桩机 | | | 多功能压桩机 | | | | |
| | | | | 激振力(kN) | 柴油打桩锤上活塞重量(t) | | | 最大压桩力(kN) | | | | |
| | | | | 400 | 2.5 | 4 | 6 | 900 | 1600 | 2000 | 3000 | 4000 |
| 机型 | | | | 大 | 大 | 大 | 大 | 大 | 大 | 大 | 大 | 大 |
| **台班单价 (元)** | | | | **509.69** | **975.05** | **1400.59** | **1689.46** | **950.90** | **1430.64** | **1873.85** | **2044.05** | **2418.03** |
| 费用组成 | 折旧费 (元) | | | 69.16 | 163.79 | 291.19 | 356.71 | 315.94 | 493.40 | 695.62 | 748.19 | 909.96 |
| | 检修费 (元) | | | 4.04 | 47.71 | 84.82 | 103.91 | 55.77 | 87.09 | 122.78 | 132.07 | 160.62 |
| | 维护费 (元) | | | 22.19 | 156.98 | 279.07 | 341.86 | 204.67 | 319.63 | 504.65 | 542.79 | 660.15 |
| | 安拆及场外运输费 (元) | | | — | — | — | — | — | — | — | — | — |
| | 人工费 (元) | | | 270.00 | 270.00 | 270.00 | 270.00 | 270.00 | 270.00 | 270.00 | 270.00 | 270.00 |
| | 燃料动力费 (元) | | | 144.30 | 336.57 | 475.51 | 616.98 | 104.52 | 260.52 | 280.80 | 351.00 | 417.30 |
| | 其他费用 (元) | | | — | — | — | — | — | — | — | — | — |
| 名称 | | 单位 | 单价 | 用量 | | | | | | | | |
| 人工及燃油动力 | 人工 | 工日 | 135.00 | 2.000 | 2.000 | 2.000 | 2.000 | 2.000 | 2.000 | 2.000 | 2.000 | 2.000 |
| | 汽油 综合 | kg | 6.12 | — | — | — | — | — | — | — | — | — |
| | 柴油 0# | kg | 5.09 | — | 46.050 | 61.700 | 78.000 | — | — | — | — | — |
| | 电 | kW·h | 0.78 | 185.000 | 131.000 | 207.000 | 282.000 | 134.000 | 334.000 | 360.000 | 450.000 | 535.000 |
| | 煤 | kg | 0.60 | — | — | — | — | — | — | — | — | — |
| | 木柴 | kg | 0.16 | — | — | — | — | — | — | — | — | — |
| | 水 | $m^3$ | 4.27 | — | — | — | — | — | — | — | — | — |

| 定额编号 | | | | 02063 | 02064 | 02065 | 02066 | 02067 | 02068 | 02069 | 02070 |
|---|---|---|---|---|---|---|---|---|---|---|---|
| 项目 | | | | 三轴搅拌桩机 | | 履带式旋挖钻机 | | | | | 潜孔钻机 38－115(mm)(液压) |
| | | | | 650 型 | 850 型 | SR－15 | SR－25 | SD－20 | SH30H | SH36 | YYG150(含支架) |
| 机型 | | | | 大 | 大 | 大 | 大 | 大 | 大 | 大 | 中 |
| **台班单价（元）** | | | | **2028.38** | **2826.15** | **2025.85** | **3203.52** | **2590.98** | **3568.64** | **4098.53** | **449.57** |
| 费用组成 | 折旧费（元） | | | 993.68 | 1437.74 | 909.96 | 1637.93 | 1255.75 | 1801.72 | 2111.11 | 55.08 |
| | 检修费（元） | | | 93.32 | 135.02 | 89.55 | 161.19 | 123.58 | 177.31 | 207.75 | 9.63 |
| | 维护费（元） | | | 269.68 | 390.20 | 186.26 | 335.27 | 257.04 | 368.80 | 432.12 | 25.90 |
| | 安拆及场外运输费（元） | | | — | — | — | — | — | — | — | — |
| | 人工费（元） | | | 270.00 | 270.00 | 270.00 | 270.00 | 270.00 | 270.00 | 270.00 | 135.00 |
| | 燃料动力费（元） | | | 401.70 | 593.19 | 570.08 | 799.13 | 684.61 | 950.81 | 1077.55 | 223.96 |
| | 其他费用（元） | | | — | — | — | — | — | — | — | — |
| 名称 | | 单位 | 单价 | 用量 | | | | | | | |
| 人工及燃油动力 | 人工 | 工日 | 135.00 | 2.000 | 2.000 | 2.000 | 2.000 | 2.000 | 2.000 | 2.000 | 1.000 |
| | 汽油 综合 | kg | 6.12 | — | — | — | — | — | — | — | — |
| | 柴油 0# | kg | 5.09 | — | — | 112.000 | 157.000 | 134.500 | 186.800 | 211.700 | 44.000 |
| | 电 | kW·h | 0.78 | 515.000 | 760.500 | — | — | — | — | — | — |
| | 煤 | kg | 0.60 | — | — | — | — | — | — | — | — |
| | 木柴 | kg | 0.16 | — | — | — | — | — | — | — | — |
| | 水 | $m^3$ | 4.27 | — | — | — | — | — | — | — | — |

| 定额编号 | | | | 02071 | 02072 | 02073 | 02074 | 02075 | 02076 | 02077 | 02078 | 02079 |
|---|---|---|---|---|---|---|---|---|---|---|---|---|
| 项目 | | | | 袋装砂井机 | | 冲孔桩机带冲抓锤 | 履带式拉森钢板桩机 | 履带式潜孔锤钻机 | 履带式单轴钻孔机 | | | 钻孔咬合桩机 |
| | | | | | | | | | 动力头电动机额定功率(kW) | | | |
| | | | | 不带门架 | 带门架 | | | | 90 | 110 | 150 | |
| 机型 | | | | 中 | 中 | 中 | 大 | 大 | 特 | 特 | 特 | MZ－1500 型 |
| **台班单价 (元)** | | | | **418.76** | **492.53** | **451.63** | **1707.01** | **1637.22** | **3030.20** | **3266.05** | **3671.74** | **1848.22** |
| 费用组成 | 折旧费 (元) | | | 53.56 | 69.61 | 87.36 | 473.18 | 606.64 | 1698.60 | 1819.92 | 2032.25 | 709.77 |
| | 检修费 (元) | | | 6.30 | 8.19 | 20.56 | 190.74 | 107.08 | 179.70 | 192.53 | 215.00 | 152.47 |
| | 维护费 (元) | | | 17.14 | 22.27 | 41.32 | 402.45 | 392.98 | 337.83 | 361.96 | 404.19 | 280.55 |
| | 安拆及场外运输费 (元) | | | — | — | — | — | — | — | — | — | — |
| | 人工费 (元) | | | 270.00 | 270.00 | 270.00 | 135.00 | 270.00 | 270.00 | 270.00 | 270.00 | 270.00 |
| | 燃料动力费 (元) | | | 71.76 | 122.46 | 32.39 | 505.64 | 260.52 | 544.07 | 621.64 | 750.30 | 435.43 |
| | 其他费用 (元) | | | — | — | — | — | — | — | — | — | — |
| 名称 | | 单位 | 单价 | 用量 | | | | | | | | |
| 人工及燃油动力 | 人工 | 工日 | 135.00 | 2.000 | 2.000 | 2.000 | 1.000 | 2.000 | 2.000 | 2.000 | 2.000 | 2.000 |
| | 汽油 综合 | kg | 6.12 | — | — | — | — | — | — | — | — | — |
| | 柴油 0# | kg | 5.09 | — | — | — | 99.340 | — | 53.930 | 57.400 | 59.140 | 52.760 |
| | 电 | kW·h | 0.78 | 92.000 | 157.000 | 41.520 | — | 334.000 | 345.600 | 422.400 | 576.000 | 213.950 |
| | 煤 | kg | 0.60 | — | — | — | — | — | — | — | — | — |
| | 木柴 | kg | 0.16 | — | — | — | — | — | — | — | — | — |
| | 水 | $m^3$ | 4.27 | — | — | — | — | — | — | — | — | — |

## 三、起重机械

| 定额编号 | | | | 03001 | 03002 | 03003 | 03004 |
|---|---|---|---|---|---|---|---|
| 项目 | | | | 履带式电动起重机 | | | |
| | | | | 提升质量(t) | | | |
| | | | | 3 | 5 | 40 | 50 |
| 机型 | | | | 中 | 中 | 大 | 大 |
| **台班单价　(元)** | | | | **218.95** | **235.09** | **1153.76** | **1215.09** |
| 费用组成 | 折旧费（元） | | | 43.42 | 44.52 | 470.89 | 482.50 |
| | 检修费（元） | | | 2.55 | 2.62 | 27.69 | 28.37 |
| | 维护费（元） | | | 6.00 | 6.15 | 65.07 | 66.68 |
| | 安拆及场外运输费（元） | | | — | — | — | — |
| | 人工费（元） | | | 135.00 | 135.00 | 270.00 | 270.00 |
| | 燃料动力费（元） | | | 31.98 | 46.80 | 320.11 | 367.54 |
| | 其他费用（元） | | | — | — | — | — |
| 名称 | | 单位 | 单价 | 用量 | | | |
| 人工及燃油动力 | 人工 | 工日 | 135.00 | 1.000 | 1.000 | 2.000 | 2.000 |
| | 汽油 综合 | kg | 6.12 | — | — | — | — |
| | 柴油 0# | kg | 5.09 | — | — | — | — |
| | 电 | kW·h | 0.78 | 41.000 | 60.000 | 410.400 | 471.200 |
| | 煤 | kg | 0.60 | — | — | — | — |
| | 木柴 | kg | 0.16 | — | — | — | — |
| | 水 | $m^3$ | 4.27 | — | — | — | — |

| 定额编号 | | | | 03005 | 03006 | 03007 | 03008 | 03009 | 03010 |
|---|---|---|---|---|---|---|---|---|---|
| 项目 | | | | 履带式起重机 | | | | | |
| | | | | 提升质量(t) | | | | | |
| | | | | 5 | 10 | 15 | 20 | 25 | 30 |
| 机型 | | | | 大 | 大 | 大 | 大 | 大 | 大 |
| **台班单价 (元)** | | | | **476.74** | **589.37** | **702.00** | **719.78** | **757.92** | **865.31** |
| 费用组成 | 折旧费 (元) | | | 69.19 | 122.01 | 172.35 | 179.41 | 183.34 | 234.62 |
| | 检修费 (元) | | | 15.42 | 27.27 | 38.52 | 40.09 | 40.97 | 52.43 |
| | 维护费 (元) | | | 28.37 | 50.17 | 70.87 | 73.76 | 75.38 | 96.47 |
| | 安拆及场外运输费 (元) | | | — | — | — | — | — | — |
| | 人工费 (元) | | | 270.00 | 270.00 | 270.00 | 270.00 | 270.00 | 270.00 |
| | 燃料动力费 (元) | | | 93.76 | 119.92 | 150.26 | 156.52 | 188.23 | 211.79 |
| | 其他费用 (元) | | | — | — | — | — | — | — |
| 名称 | | 单位 | 单价 | 用量 | | | | | |
| 人工及燃油动力 | 人工 | 工日 | 135.00 | 2.000 | 2.000 | 2.000 | 2.000 | 2.000 | 2.000 |
| | 汽油 综合 | kg | 6.12 | — | — | — | — | — | — |
| | 柴油 0# | kg | 5.09 | 18.420 | 23.560 | 29.520 | 30.750 | 36.980 | 41.610 |
| | 电 | kW·h | 0.78 | — | — | — | — | — | — |
| | 煤 | kg | 0.60 | — | — | — | — | — | — |
| | 木柴 | kg | 0.16 | — | — | — | — | — | — |
| | 水 | $m^3$ | 4.27 | — | — | — | — | — | — |

| 定　额　编　号 | | | | 03011 | 03012 | 03013 | 03014 | 03015 |
|---|---|---|---|---|---|---|---|---|
| 项　　目 | | | | 履带式起重机 | | | | |
| | | | | 提升质量(t) | | | | |
| | | | | 40 | 50 | 60 | 70 | 80 |
| 机　　型 | | | | 大 | 特 | 特 | 特 | 特 |
| **台班单价　(元)** | | | | **1242.97** | **1364.92** | **1456.51** | **1659.17** | **2186.44** |
| 费用组成 | 折　旧　费　(元) | | | 463.02 | 532.73 | 582.38 | 684.04 | 978.50 |
| | 检　修　费　(元) | | | 103.46 | 119.04 | 128.18 | 152.47 | 218.10 |
| | 维　护　费　(元) | | | 190.37 | 219.04 | 235.85 | 280.55 | 401.31 |
| | 安拆及场外运输费　(元) | | | — | — | — | — | — |
| | 人　工　费　(元) | | | 270.00 | 270.00 | 270.00 | 270.00 | 270.00 |
| | 燃料动力费　(元) | | | 216.12 | 224.11 | 240.10 | 272.11 | 318.53 |
| | 其他费用　(元) | | | — | — | — | — | — |
| 名　称 | | 单位 | 单价 | 用　量 | | | | |
| 人工及燃油动力 | 人工 | 工日 | 135.00 | 2.000 | 2.000 | 2.000 | 2.000 | 2.000 |
| | 汽油 综合 | kg | 6.12 | — | — | — | — | — |
| | 柴油 0# | kg | 5.09 | 42.460 | 44.030 | 47.170 | 53.460 | 62.580 |
| | 电 | kW·h | 0.78 | — | — | — | — | — |
| | 煤 | kg | 0.60 | — | — | — | — | — |
| | 木柴 | kg | 0.16 | — | — | — | — | — |
| | 水 | $m^3$ | 4.27 | — | — | — | — | — |

| 定额编号 | | | | 03016 | 03017 | 03018 | 03019 | 03020 | 03021 | 03022 |
|---|---|---|---|---|---|---|---|---|---|---|
| 项目 | | | | 履带式起重机 | | | | | | |
| | | | | 提升质量(t) | | | | | | |
| | | | | 90 | 100 | 140 | 150 | 200 | 250 | 300 |
| 机型 | | | | 特 | 特 | 特 | 特 | 特 | 特 | 特 |
| **台班单价 (元)** | | | | **2505.78** | **2737.92** | **3745.17** | **3951.89** | **4985.45** | **5955.58** | **6588.97** |
| 费用组成 | 折旧费 (元) | | | 1128.35 | 1273.95 | 1856.32 | 2001.92 | 2613.08 | 3167.94 | 3516.60 |
| | 检修费 (元) | | | 271.58 | 294.15 | 440.38 | 456.26 | 582.44 | 706.12 | 783.83 |
| | 维护费 (元) | | | 499.71 | 541.23 | 810.31 | 839.52 | 1071.70 | 1299.26 | 1442.25 |
| | 安拆及场外运输费 (元) | | | — | — | — | — | — | — | — |
| | 人工费 (元) | | | 270.00 | 270.00 | 270.00 | 270.00 | 270.00 | 270.00 | 270.00 |
| | 燃料动力费 (元) | | | 336.14 | 358.59 | 368.16 | 384.19 | 448.23 | 512.26 | 576.29 |
| | 其他费用 (元) | | | — | — | — | — | — | — | — |
| 名称 | | 单位 | 单价 | 用量 | | | | | | |
| 人工及燃油动力 | 人工 | 工日 | 135.00 | 2.000 | 2.000 | 2.000 | 2.000 | 2.000 | 2.000 | 2.000 |
| | 汽油 综合 | kg | 6.12 | — | — | — | — | — | — | — |
| | 柴油 0# | kg | 5.09 | 66.040 | 70.450 | 72.330 | 75.480 | 88.060 | 100.640 | 113.220 |
| | 电 | kW·h | 0.78 | — | — | — | — | — | — | — |
| | 煤 | kg | 0.60 | — | — | — | — | — | — | — |
| | 木柴 | kg | 0.16 | — | — | — | — | — | — | — |
| | 水 | $m^3$ | 4.27 | — | — | — | — | — | — | — |

| 定额编号 | | | | 03023 | 03024 | 03025 | 03026 | 03027 | 03028 | 03029 |
|---|---|---|---|---|---|---|---|---|---|---|
| 项目 | | | | 轮胎式起重机 | | | | | | |
| | | | | 提升质量(t) | | | | | | |
| | | | | 8 | 16 | 20 | 25 | 40 | 50 | 60 |
| 机型 | | | | 大 | 大 | 大 | 大 | 大 | 大 | 大 |
| **台班单价　(元)** | | | | **583.30** | **755.65** | **938.37** | **976.23** | **1190.24** | **1459.86** | **1620.76** |
| 费用组成 | 折旧费　(元) | | | 54.60 | 134.56 | 204.20 | 210.31 | 268.40 | 383.52 | 447.07 |
| | 检修费　(元) | | | 23.65 | 41.14 | 62.44 | 64.31 | 82.07 | 117.71 | 137.21 |
| | 维护费　(元) | | | 72.12 | 125.49 | 190.44 | 196.15 | 250.32 | 359.00 | 418.48 |
| | 安拆及场外运输费　(元) | | | — | — | — | — | — | — | — |
| | 人工费　(元) | | | 270.00 | 270.00 | 270.00 | 270.00 | 270.00 | 270.00 | 270.00 |
| | 燃料动力费　(元) | | | 162.93 | 184.46 | 211.29 | 235.46 | 319.45 | 329.63 | 348.00 |
| | 其他费用　(元) | | | — | — | — | — | — | — | — |
| 名称 | | 单位 | 单价 | 用量 | | | | | | |
| 人工及燃油动力 | 人工 | 工日 | 135.00 | 2.000 | 2.000 | 2.000 | 2.000 | 2.000 | 2.000 | 2.000 |
| | 汽油 综合 | kg | 6.12 | — | — | — | — | — | — | — |
| | 柴油 0# | kg | 5.09 | 32.010 | 36.240 | 41.510 | 46.260 | 62.760 | 64.760 | 68.370 |
| | 电 | kW·h | 0.78 | — | — | — | — | — | — | — |
| | 煤 | kg | 0.60 | — | — | — | — | — | — | — |
| | 木柴 | kg | 0.16 | — | — | — | — | — | — | — |
| | 水 | $m^3$ | 4.27 | — | — | — | — | — | — | — |

| 定额编号 | | | | 03030 | 03031 | 03032 | 03033 | 03034 | 03035 |
|---|---|---|---|---|---|---|---|---|---|
| 项目 | | | | 汽车式起重机 | | | | | |
| | | | | 提升质量(t) | | | | | |
| | | | | 5 | 8 | 10 | 12 | 16 | 20 |
| 机型 | | | | 大 | 大 | 大 | 大 | 大 | 大 |
| **台班单价 (元)** | | | | **366.47** | **648.48** | **709.76** | **748.60** | **875.04** | **942.85** |
| 费用组成 | 折旧费 (元) | | | 36.40 | 72.80 | 87.36 | 109.20 | 163.79 | 182.10 |
| | 检修费 (元) | | | 19.96 | 47.48 | 60.57 | 64.04 | 78.46 | 89.95 |
| | 维护费 (元) | | | 41.31 | 98.29 | 125.38 | 132.56 | 162.41 | 186.19 |
| | 安拆及场外运输费 (元) | | | — | — | — | — | — | — |
| | 人工费 (元) | | | 135.00 | 270.00 | 270.00 | 270.00 | 270.00 | 270.00 |
| | 燃料动力费 (元) | | | 118.60 | 144.71 | 149.75 | 155.50 | 182.48 | 195.51 |
| | 其他费用 (元) | | | 15.20 | 15.20 | 16.70 | 17.30 | 17.90 | 19.10 |
| 名称 | | 单位 | 单价 | 用量 | | | | | |
| 人工及燃油动力 | 人工 | 工日 | 135.00 | 1.000 | 2.000 | 2.000 | 2.000 | 2.000 | 2.000 |
| | 汽油 综合 | kg | 6.12 | — | — | — | — | — | — |
| | 柴油 0# | kg | 5.09 | 23.300 | 28.430 | 29.420 | 30.550 | 35.850 | 38.410 |
| | 电 | kW·h | 0.78 | — | — | — | — | — | — |
| | 煤 | kg | 0.60 | — | — | — | — | — | — |
| | 木柴 | kg | 0.16 | — | — | — | — | — | — |
| | 水 | $m^3$ | 4.27 | — | — | — | — | — | — |

| 定额编号 | | | | 03036 | 03037 | 03038 | 03039 | 03040 |
|---|---|---|---|---|---|---|---|---|
| 项目 | | | | 汽车式起重机 | | | | |
| | | | | 提升质量(t) | | | | |
| | | | | 25 | 30 | 32 | 40 | 50 |
| 机型 | | | | 大 | 大 | 大 | 大 | 大 |
| **台班单价　(元)** | | | | **996.58** | **1038.45** | **1173.35** | **1517.63** | **2353.88** |
| 费用组成 | 折旧费（元） | | | 198.52 | 212.02 | 261.49 | 429.50 | 662.45 |
| | 检修费（元） | | | 98.06 | 104.72 | 129.17 | 178.70 | 367.87 |
| | 维护费（元） | | | 202.98 | 216.77 | 267.38 | 369.91 | 761.49 |
| | 安拆及场外运输费（元） | | | — | — | — | — | — |
| | 人工费（元） | | | 270.00 | 270.00 | 270.00 | 270.00 | 270.00 |
| | 燃料动力费（元） | | | 207.32 | 214.49 | 223.96 | 246.97 | 264.27 |
| | 其他费用（元） | | | 19.70 | 20.45 | 21.35 | 22.55 | 27.80 |
| 名称 | | 单位 | 单价 | 用量 | | | | |
| 人工及燃油动力 | 人工 | 工日 | 135.00 | 2.000 | 2.000 | 2.000 | 2.000 | 2.000 |
| | 汽油 综合 | kg | 6.12 | — | — | — | — | — |
| | 柴油 0# | kg | 5.09 | 40.730 | 42.140 | 44.000 | 48.520 | 51.920 |
| | 电 | kW·h | 0.78 | — | — | — | — | — |
| | 煤 | kg | 0.60 | — | — | — | — | — |
| | 木柴 | kg | 0.16 | — | — | — | — | — |
| | 水 | $m^3$ | 4.27 | — | — | — | — | — |

| 定额编号 | | | | 03041 | 03042 | 03043 | 03044 | 03045 | 03046 |
|---|---|---|---|---|---|---|---|---|---|
| 项目 | | | | 汽车式起重机 | | | | | |
| | | | | 提升质量(t) | | | | | |
| | | | | 60 | 70 | 75 | 80 | 90 | 100 |
| 机型 | | | | 大 | 大 | 大 | 大 | 大 | 大 |
| 台班单价 (元) | | | | **2808.62** | **3003.98** | **3154.17** | **3730.16** | **4278.44** | **4718.03** |
| 费用组成 | 折旧费 (元) | | | 818.97 | 953.46 | 1006.31 | 1231.58 | 1443.38 | 1601.97 |
| | 检修费 (元) | | | 457.50 | 469.89 | 495.94 | 606.95 | 711.35 | 789.50 |
| | 维护费 (元) | | | 947.02 | 972.68 | 1026.60 | 1256.39 | 1472.49 | 1634.27 |
| | 安拆及场外运输费 (元) | | | — | — | — | — | — | — |
| | 人工费 (元) | | | 270.00 | 270.00 | 270.00 | 270.00 | 270.00 | 270.00 |
| | 燃料动力费 (元) | | | 287.18 | 305.20 | 318.07 | 327.69 | 343.37 | 384.14 |
| | 其他费用 (元) | | | 27.95 | 32.75 | 37.25 | 37.55 | 37.85 | 38.15 |
| 名称 | | 单位 | 单价 | 用量 | | | | | |
| 人工及燃油动力 | 人工 | 工日 | 135.00 | 2.000 | 2.000 | 2.000 | 2.000 | 2.000 | 2.000 |
| | 汽油 综合 | kg | 6.12 | — | — | — | — | — | — |
| | 柴油 0# | kg | 5.09 | 56.420 | 59.960 | 62.490 | 64.380 | 67.460 | 75.470 |
| | 电 | kW·h | 0.78 | — | — | — | — | — | — |
| | 煤 | kg | 0.60 | — | — | — | — | — | — |
| | 木柴 | kg | 0.16 | — | — | — | — | — | — |
| | 水 | $m^3$ | 4.27 | — | — | — | — | — | — |

| 定额编号 | | | | 03047 | 03048 | 03049 | 03050 | 03051 | 03052 | 03053 | 03054 |
|---|---|---|---|---|---|---|---|---|---|---|---|
| 项目 | | | | 汽车式起重机 | | | | | | | |
| | | | | 提升质量(t) | | | | | | | |
| | | | | 110 | 120 | 125 | 150 | 160 | 200 | 260 | 500 |
| 机型 | | | | 大 | 大 | 大 | 大 | 大 | 大 | 特 | 特 |
| **台班单价（元）** | | | | **6862.74** | **7930.10** | **8293.36** | **8586.02** | **9014.23** | **10057.88** | **11393.30** | **14240.67** |
| 费用组成 | 折旧费（元） | | | 2448.12 | 2868.02 | 2980.49 | 3089.21 | 3242.92 | 3649.71 | 4913.79 | 7206.90 |
| | 检修费（元） | | | 1206.52 | 1413.45 | 1468.88 | 1522.47 | 1598.22 | 1798.69 | 1798.69 | 1798.69 |
| | 维护费（元） | | | 2497.49 | 2925.85 | 3040.59 | 3151.50 | 3308.31 | 3723.29 | 3723.29 | 3723.29 |
| | 安拆及场外运输费（元） | | | — | — | — | — | — | — | — | — |
| | 人工费（元） | | | 270.00 | 270.00 | 270.00 | 270.00 | 270.00 | 270.00 | 270.00 | 270.00 |
| | 燃料动力费（元） | | | 402.31 | 414.33 | 494.80 | 514.09 | 555.88 | 576.39 | 646.23 | 1192.99 |
| | 其他费用（元） | | | 38.30 | 38.45 | 38.60 | 38.75 | 38.90 | 39.80 | 41.30 | 48.80 |
| 名称 | | 单位 | 单价 | 用量 | | | | | | | |
| 人工及燃油动力 | 人工 | 工日 | 135.00 | 2.000 | 2.000 | 2.000 | 2.000 | 2.000 | 2.000 | 2.000 | 2.000 |
| | 汽油 综合 | kg | 6.12 | — | — | — | — | — | — | — | — |
| | 柴油 0# | kg | 5.09 | 79.040 | 81.400 | 97.210 | 101.000 | 109.210 | 113.240 | 126.960 | 234.380 |
| | 电 | kW·h | 0.78 | — | — | — | — | — | — | — | — |
| | 煤 | kg | 0.60 | — | — | — | — | — | — | — | — |
| | 木柴 | kg | 0.16 | — | — | — | — | — | — | — | — |
| | 水 | $m^3$ | 4.27 | — | — | — | — | — | — | — | — |

| 定额编号 | | | | 03055 | 03056 | 03057 | 03058 | 03059 | 03060 | 03061 |
|---|---|---|---|---|---|---|---|---|---|---|
| 项目 | | | | 门式起重机 | | | | | | |
| | | | | 提升质量(t) | | | | | | |
| | | | | 5 | 10 | 20 | 30 | 40 | 50 | 75 |
| 机型 | | | | 中 | 中 | 大 | 大 | 大 | 大 | 大 |
| **台班单价 (元)** | | | | **356.69** | **447.22** | **589.07** | **692.75** | **873.49** | **1113.02** | **1327.25** |
| 费用组成 | 折旧费 (元) | | | 29.82 | 71.04 | 106.16 | 169.86 | 267.53 | 432.54 | 576.43 |
| | 检修费 (元) | | | 4.21 | 10.03 | 21.58 | 30.32 | 37.76 | 61.04 | 81.35 |
| | 维护费 (元) | | | 11.44 | 27.28 | 29.79 | 41.84 | 52.11 | 84.24 | 112.27 |
| | 安拆及场外运输费 (元) | | | — | — | — | — | — | — | — |
| | 人工费 (元) | | | 270.00 | 270.00 | 270.00 | 270.00 | 270.00 | 270.00 | 270.00 |
| | 燃料动力费 (元) | | | 41.22 | 68.87 | 161.54 | 180.73 | 246.09 | 265.20 | 287.20 |
| | 其他费用 (元) | | | — | — | — | — | — | — | — |
| 名称 | | 单位 | 单价 | 用量 | | | | | | |
| 人工及燃油动力 | 人工 | 工日 | 135.00 | 2.000 | 2.000 | 2.000 | 2.000 | 2.000 | 2.000 | 2.000 |
| | 汽油 综合 | kg | 6.12 | — | — | — | — | — | — | — |
| | 柴油 0# | kg | 5.09 | — | — | — | — | — | — | — |
| | 电 | kW·h | 0.78 | 52.850 | 88.290 | 207.100 | 231.700 | 315.500 | 340.000 | 368.200 |
| | 煤 | kg | 0.60 | — | — | — | — | — | — | — |
| | 木柴 | kg | 0.16 | — | — | — | — | — | — | — |
| | 水 | $m^3$ | 4.27 | — | — | — | — | — | — | — |

| 定额编号 | | | | 03062 | 03063 | 03064 | 03065 | 03066 | 03067 |
|---|---|---|---|---|---|---|---|---|---|
| 项目 | | | | 叉式起重机 | | | | | |
| | | | | 提升质量(t) | | | | | |
| | | | | 3 | 5 | 6 | 10 | 16 | 20 |
| 机型 | | | | 中 | 中 | 中 | 大 | 大 | 大 |
| **台班单价　(元)** | | | | **404.69** | **409.00** | **446.02** | **666.08** | **780.64** | **901.37** |
| 费用组成 | 折旧费（元） | | | 43.60 | 54.56 | 66.53 | 123.55 | 154.67 | 189.81 |
| | 检修费（元） | | | 14.35 | 17.96 | 21.90 | 40.69 | 50.93 | 62.50 |
| | 维护费（元） | | | 49.80 | 62.32 | 76.00 | 207.52 | 259.75 | 318.76 |
| | 安拆及场外运输费（元） | | | — | — | — | — | — | — |
| | 人工费（元） | | | 135.00 | 135.00 | 135.00 | 135.00 | 135.00 | 135.00 |
| | 燃料动力费（元） | | | 161.94 | 139.16 | 146.59 | 159.32 | 180.29 | 195.30 |
| | 其他费用（元） | | | — | — | — | — | — | — |
| 名称 | | 单位 | 单价 | 用量 | | | | | |
| 人工及燃油动力 | 人工 | 工日 | 135.00 | 1.000 | 1.000 | 1.000 | 1.000 | 1.000 | 1.000 |
| | 汽油 综合 | kg | 6.12 | 26.460 | — | — | — | — | — |
| | 柴油 0# | kg | 5.09 | — | 27.340 | 28.800 | 31.300 | 35.420 | 38.370 |
| | 电 | kW·h | 0.78 | — | — | — | — | — | — |
| | 煤 | kg | 0.60 | — | — | — | — | — | — |
| | 木柴 | kg | 0.16 | — | — | — | — | — | — |
| | 水 | $m^3$ | 4.27 | — | — | — | — | — | — |

| 定额编号 | | | | 03068 | 03069 | 03070 | 03071 | 03072 |
|---|---|---|---|---|---|---|---|---|
| 项目 | | | | 自升式塔式起重机 | | | | |
| | | | | 起重力矩(kN·m) | | | | |
| | | | | 400 | 600 | 800 | 1000 | 1250 |
| 机型 | | | | 大 | 大 | 大 | 大 | 大 |
| **台班单价 (元)** | | | | **572.07** | **596.43** | **621.91** | **746.82** | **771.05** |
| 费用组成 | 折旧费 (元) | | | 100.62 | 113.77 | 116.99 | 199.06 | 205.96 |
| | 检修费 (元) | | | 23.64 | 26.76 | 33.22 | 46.82 | 48.45 |
| | 维护费 (元) | | | 49.65 | 56.19 | 69.76 | 98.32 | 101.73 |
| | 安拆及场外运输费 (元) | | | — | — | — | — | — |
| | 人工费 (元) | | | 270.00 | 270.00 | 270.00 | 270.00 | 270.00 |
| | 燃料动力费 (元) | | | 128.16 | 129.71 | 131.94 | 132.62 | 144.91 |
| | 其他费用 (元) | | | — | — | — | — | — |
| 名称 | | 单位 | 单价 | 用量 | | | | |
| 人工及燃油动力 | 人工 | 工日 | 135.00 | 2.000 | 2.000 | 2.000 | 2.000 | 2.000 |
| | 汽油 综合 | kg | 6.12 | — | — | — | — | — |
| | 柴油 0# | kg | 5.09 | — | — | — | — | — |
| | 电 | kW·h | 0.78 | 164.310 | 166.290 | 169.160 | 170.020 | 185.780 |
| | 煤 | kg | 0.60 | — | — | — | — | — |
| | 木柴 | kg | 0.16 | — | — | — | — | — |
| | 水 | $m^3$ | 4.27 | — | — | — | — | — |

| 定额编号 | | | | 03073 | 03074 | 03075 | 03076 | 03077 | 03078 |
|---|---|---|---|---|---|---|---|---|---|
| 项目 | | | | 自升式塔式起重机 | | | | | |
| | | | | 起重力矩(kN·m) | | | | | |
| | | | | 1500 | 2000 | 2500 | 3000 | 4500 | 5000 |
| 机型 | | | | 大 | 大 | 大 | 特 | 特 | 特 |
| **台班单价　(元)** | | | | **816.20** | **978.89** | **1023.35** | **1154.75** | **1636.44** | **2150.71** |
| 费用组成 | 折旧费（元） | | | 219.95 | 264.41 | 308.87 | 378.32 | 572.50 | 666.87 |
| | 检修费（元） | | | 55.36 | 76.44 | 76.44 | 88.99 | 134.66 | 267.57 |
| | 维护费（元） | | | 116.25 | 160.53 | 160.53 | 186.87 | 282.79 | 561.90 |
| | 安拆及场外运输费（元） | | | — | — | — | — | — | — |
| | 人工费（元） | | | 270.00 | 270.00 | 270.00 | 270.00 | 405.00 | 405.00 |
| | 燃料动力费（元） | | | 154.64 | 207.51 | 207.51 | 230.57 | 241.49 | 249.37 |
| | 其他费用（元） | | | — | — | — | — | — | — |
| 名称 | | 单位 | 单价 | 用量 | | | | | |
| 人工及燃油动力 | 人工 | 工日 | 135.00 | 2.000 | 2.000 | 2.000 | 2.000 | 3.000 | 3.000 |
| | 汽油 综合 | kg | 6.12 | — | — | — | — | — | — |
| | 柴油 0# | kg | 5.09 | — | — | — | — | — | — |
| | 电 | kW·h | 0.78 | 198.250 | 266.040 | 266.040 | 295.600 | 309.600 | 319.700 |
| | 煤 | kg | 0.60 | — | — | — | — | — | — |
| | 木柴 | kg | 0.16 | — | — | — | — | — | — |
| | 水 | $m^3$ | 4.27 | — | — | — | — | — | — |

| 定额编号 | | | | 03079 | 03080 |
|---|---|---|---|---|---|
| 项目 | | | | 电动单梁起重机 | |
| | | | | 提升质量(t) | |
| | | | | 5 | 10 |
| 机型 | | | | 中 | 中 |
| **台班单价 (元)** | | | | **194.98** | **220.87** |
| 费用组成 | 折旧费(元) | | | 18.09 | 25.59 |
| | 检修费(元) | | | 4.18 | 7.26 |
| | 维护费(元) | | | 9.08 | 15.74 |
| | 安拆及场外运输费(元) | | | — | — |
| | 人工费(元) | | | 135.00 | 135.00 |
| | 燃料动力费(元) | | | 28.63 | 37.28 |
| | 其他费用(元) | | | — | — |
| 名称 | | 单位 | 单价 | 用量 | |
| 人工及燃油动力 | 人工 | 工日 | 135.00 | 1.000 | 1.000 |
| | 汽油 综合 | kg | 6.12 | — | — |
| | 柴油 0# | kg | 5.09 | — | — |
| | 电 | kW·h | 0.78 | 36.700 | 47.800 |
| | 煤 | kg | 0.60 | — | — |
| | 木柴 | kg | 0.16 | — | — |
| | 水 | $m^3$ | 4.27 | — | — |

| 定额编号 | | | | 03081 | 03082 | 03083 | 03084 | 03085 | 03086 | 03087 | 03088 | 03089 |
|---|---|---|---|---|---|---|---|---|---|---|---|---|
| 项目 | | | | 桥式起重机 | | | | | | | | |
| | | | | 提升质量(t) | | | | | | | | |
| | | | | 5 | 10 | 15 | 20 | 30 | 50 | 75 | 100 | 150 |
| 机型 | | | | 中 | 大 | 大 | 大 | 大 | 大 | 大 | 大 | 大 |
| **台班单价 (元)** | | | | **250.44** | **274.15** | **288.92** | **372.34** | **440.74** | **555.96** | **701.99** | **917.70** | **995.88** |
| 费用组成 | 折旧费 (元) | | | 57.87 | 71.05 | 85.82 | 162.74 | 219.31 | 315.06 | 440.06 | 617.33 | 676.43 |
| | 检修费 (元) | | | 6.13 | 9.09 | 9.09 | 9.57 | 12.90 | 18.53 | 24.70 | 36.30 | 39.78 |
| | 维护费 (元) | | | 13.30 | 19.72 | 19.72 | 20.77 | 27.99 | 40.20 | 53.59 | 78.77 | 86.32 |
| | 安拆及场外运输费 (元) | | | — | — | — | — | — | — | — | — | — |
| | 人工费 (元) | | | 135.00 | 135.00 | 135.00 | 135.00 | 135.00 | 135.00 | 135.00 | 135.00 | 135.00 |
| | 燃料动力费 (元) | | | 38.14 | 39.29 | 39.29 | 44.26 | 45.54 | 47.17 | 48.64 | 50.30 | 58.35 |
| | 其他费用 (元) | | | — | — | — | — | — | — | — | — | — |
| 名称 | | 单位 | 单价 | 用量 | | | | | | | | |
| 人工及燃油动力 | 人工 | 工日 | 135.00 | 1.000 | 1.000 | 1.000 | 1.000 | 1.000 | 1.000 | 1.000 | 1.000 | 1.000 |
| | 汽油 综合 | kg | 6.12 | — | — | — | — | — | — | — | — | — |
| | 柴油 0# | kg | 5.09 | — | — | — | — | — | — | — | — | — |
| | 电 | kW·h | 0.78 | 48.900 | 50.370 | 50.370 | 56.740 | 58.390 | 60.470 | 62.360 | 64.490 | 74.810 |
| | 煤 | kg | 0.60 | — | — | — | — | — | — | — | — | — |
| | 木柴 | kg | 0.16 | — | — | — | — | — | — | — | — | — |
| | 水 | $m^3$ | 4.27 | — | — | — | — | — | — | — | — | — |

| 定额编号 | | | | 03090 | 03091 | 03092 | 03093 | 03094 | 03095 | 03096 | 03097 | 03098 | 03099 |
|---|---|---|---|---|---|---|---|---|---|---|---|---|---|
| 项目 | | | | 桅杆式起重机 | | | | 抓管机 | | | 吊管机 | | |
| | | | | 提升质量(t) | | | | 功率(kW) | | | | | |
| | | | | 5 | 10 | 15 | 40 | 80 | 120 | 160 | 75 | 165 | 240 |
| 机型 | | | | 中 | 中 | 中 | 大 | 大 | 大 | 大 | 大 | 大 | 大 |
| **台班单价 (元)** | | | | **406.20** | **447.68** | **522.54** | **664.47** | **558.21** | **790.83** | **941.39** | **540.76** | **995.71** | **1246.00** |
| 费用组成 | 折旧费 (元) | | | 30.33 | 36.40 | 45.50 | 60.66 | 55.29 | 132.78 | 152.40 | 57.44 | 186.76 | 271.06 |
| | 检修费 (元) | | | 4.21 | 5.36 | 6.61 | 8.77 | 19.51 | 46.86 | 53.77 | 20.27 | 65.90 | 95.63 |
| | 维护费 (元) | | | 17.66 | 22.52 | 27.75 | 36.83 | 52.68 | 126.51 | 145.17 | 54.72 | 177.94 | 258.21 |
| | 安拆及场外运输费 (元) | | | 28.54 | 28.54 | 28.54 | 80.26 | — | — | — | — | — | — |
| | 人工费 (元) | | | 270.00 | 270.00 | 270.00 | 270.00 | 135.00 | 135.00 | 135.00 | 135.00 | 135.00 | 135.00 |
| | 燃料动力费 (元) | | | 55.46 | 84.86 | 144.14 | 207.95 | 295.73 | 349.68 | 455.05 | 273.33 | 430.11 | 486.10 |
| | 其他费用 (元) | | | — | — | — | — | — | — | — | — | — | — |
| 名称 | | 单位 | 单价 | 用量 | | | | | | | | | |
| 人工及燃油动力 | 人工 | 工日 | 135.00 | 2.000 | 2.000 | 2.000 | 2.000 | 1.000 | 1.000 | 1.000 | 1.000 | 1.000 | 1.000 |
| | 汽油 综合 | kg | 6.12 | — | — | — | — | — | — | — | — | — | — |
| | 柴油 0# | kg | 5.09 | — | — | — | — | 58.100 | 68.700 | 89.400 | 53.700 | 84.500 | 95.500 |
| | 电 | kW·h | 0.78 | 71.100 | 108.800 | 184.800 | 266.600 | — | — | — | — | — | — |
| | 煤 | kg | 0.60 | — | — | — | — | — | — | — | — | — | — |
| | 木柴 | kg | 0.16 | — | — | — | — | — | — | — | — | — | — |
| | 水 | $m^3$ | 4.27 | — | — | — | — | — | — | — | — | — | — |

| 定额编号 | | | | 03100 | 03101 | 03102 | 03103 | 03104 |
|---|---|---|---|---|---|---|---|---|
| 项目 | | | | 门座吊 | | 架桥机 | | 少先吊 |
| | | | | 提升质量(t) | | | | |
| | | | | 30 | 60 | 130 | 160 | 1 |
| 机型 | | | | 大 | 大 | 大 | 大 | 大 |
| **台班单价　(元)** | | | | **521.56** | **885.73** | **753.59** | **999.37** | **164.94** |
| 费用组成 | 折旧费　(元) | | | 235.26 | 496.75 | 382.55 | 557.26 | 4.01 |
| | 检修费　(元) | | | 27.67 | 58.42 | 44.99 | 65.54 | 0.43 |
| | 维护费　(元) | | | 62.52 | 132.02 | 107.09 | 155.97 | 3.46 |
| | 安拆及场外运输费　(元) | | | — | — | — | — | 9.56 |
| | 人工费　(元) | | | 135.00 | 135.00 | 135.00 | 135.00 | 135.00 |
| | 燃料动力费　(元) | | | 61.11 | 63.54 | 83.96 | 85.60 | 12.48 |
| | 其他费用　(元) | | | — | — | — | — | — |
| 名称 | | 单位 | 单价 | 用量 | | | | |
| 人工及燃油动力 | 人工 | 工日 | 135.00 | 1.000 | 1.000 | 1.000 | 1.000 | 1.000 |
| | 汽油 综合 | kg | 6.12 | — | — | — | — | — |
| | 柴油 0# | kg | 5.09 | — | — | — | — | — |
| | 电 | kW·h | 0.78 | 78.340 | 81.460 | 107.640 | 109.740 | 16.000 |
| | 煤 | kg | 0.60 | — | — | — | — | — |
| | 木柴 | kg | 0.16 | — | — | — | — | — |
| | 水 | $m^3$ | 4.27 | — | — | — | — | — |

| 定额编号 | | | | 03105 | 03106 | 03107 | 03108 | 03109 | 03110 |
|---|---|---|---|---|---|---|---|---|---|
| 项目 | | | | 立式油压千斤顶 | | | | 分离式油压千斤顶 | |
| | | | | 起重量(t) | | | | | |
| | | | | 100 | 200 | 300 | 500 | 10 | 50 |
| 机型 | | | | 小 | 小 | 小 | 中 | 小 | 小 |
| **台班单价 (元)** | | | | **10.22** | **11.52** | **16.55** | **17.34** | **8.81** | **8.91** |
| 费用组成 | 折旧费 (元) | | | 1.47 | 1.94 | 3.94 | 4.73 | 0.06 | 0.16 |
| | 检修费 (元) | | | 0.85 | 1.16 | 2.30 | 2.30 | 0.85 | 0.85 |
| | 维护费 (元) | | | 1.41 | 1.93 | 3.82 | 3.82 | 1.41 | 1.41 |
| | 安拆及场外运输费 (元) | | | 6.49 | 6.49 | 6.49 | 6.49 | 6.49 | 6.49 |
| | 人工费 (元) | | | — | — | — | — | — | — |
| | 燃料动力费 (元) | | | — | — | — | — | — | — |
| | 其他费用 (元) | | | — | — | — | — | — | — |
| 名称 | | 单位 | 单价 | 用量 | | | | | |
| 人工及燃油动力 | 人工 | 工日 | 135.00 | — | — | — | — | — | — |
| | 汽油 综合 | kg | 6.12 | — | — | — | — | — | — |
| | 柴油 0# | kg | 5.09 | — | — | — | — | — | — |
| | 电 | kW·h | 0.78 | — | — | — | — | — | — |
| | 煤 | kg | 0.60 | — | — | — | — | — | — |
| | 木柴 | kg | 0.16 | — | — | — | — | — | — |
| | 水 | $m^3$ | 4.27 | — | — | — | — | — | — |

# 四、水平运输机械

| 定额编号 | | | | 04001 | 04002 | 04003 | 04004 | 04005 | 04006 |
|---|---|---|---|---|---|---|---|---|---|
| 项目 | | | | 载货汽车 | | | | | |
| | | | | 装载质量(t) | | | | | |
| | | | | 2 | 3 | 4 | 5 | 6 | 8 |
| 机型 | | | | 中 | 中 | 中 | 中 | 中 | 大 |
| **台班单价　(元)** | | | | **305.93** | **341.35** | **369.21** | **382.30** | **396.42** | **411.20** |
| 费用组成 | 折旧费　(元) | | | 19.40 | 21.55 | 28.45 | 30.17 | 33.62 | 40.95 |
| | 检修费　(元) | | | 4.34 | 4.83 | 6.38 | 6.75 | 7.52 | 9.17 |
| | 维护费　(元) | | | 24.35 | 27.08 | 35.77 | 37.86 | 42.17 | 36.02 |
| | 安拆及场外运输费　(元) | | | — | — | — | — | — | — |
| | 人工费　(元) | | | 135.00 | 135.00 | 135.00 | 135.00 | 135.00 | 135.00 |
| | 燃料动力费　(元) | | | 115.67 | 145.47 | 155.94 | 163.85 | 169.19 | 180.64 |
| | 其他费用　(元) | | | 7.17 | 7.42 | 7.67 | 8.67 | 8.92 | 9.42 |
| 名称 | | 单位 | 单价 | 用量 | | | | | |
| 人工及燃油动力 | 人工 | 工日 | 135.00 | 1.000 | 1.000 | 1.000 | 1.000 | 1.000 | 1.000 |
| | 汽油 综合 | kg | 6.12 | 18.900 | 23.770 | 25.480 | — | — | — |
| | 柴油 0# | kg | 5.09 | — | — | — | 32.190 | 33.240 | 35.490 |
| | 电 | kW·h | 0.78 | — | — | — | — | — | — |
| | 煤 | kg | 0.60 | — | — | — | — | — | — |
| | 木柴 | kg | 0.16 | — | — | — | — | — | — |
| | 水 | $m^3$ | 4.27 | — | — | — | — | — | — |

| 定额编号 | | | | 04007 | 04008 | 04009 | 04010 | 04011 | 04012 |
|---|---|---|---|---|---|---|---|---|---|
| 项目 | | | | 载货汽车 | | | | | |
| | | | | 装载质量(t) | | | | | |
| | | | | 10 | 12 | 15 | 18 | 20 | 25 |
| 机型 | | | | 大 | 大 | 大 | 中 | 中 | 中 |
| **台班单价 (元)** | | | | **476.15** | **587.20** | **653.04** | **714.10** | **745.51** | **791.93** |
| 费用组成 | 折旧费(元) | | | 59.48 | 96.98 | 102.59 | 122.85 | 131.90 | 137.93 |
| | 检修费(元) | | | 13.31 | 21.69 | 22.94 | 27.46 | 29.49 | 30.84 |
| | 维护费(元) | | | 52.32 | 85.23 | 90.16 | 107.93 | 115.90 | 121.20 |
| | 安拆及场外运输费(元) | | | — | — | — | — | — | — |
| | 人工费(元) | | | 135.00 | 135.00 | 135.00 | 135.00 | 135.00 | 135.00 |
| | 燃料动力费(元) | | | 203.75 | 235.51 | 288.81 | 306.57 | 318.43 | 351.72 |
| | 其他费用(元) | | | 12.29 | 12.79 | 13.54 | 14.29 | 14.79 | 15.24 |
| 名称 | | 单位 | 单价 | 用量 | | | | | |
| 人工及燃油动力 | 人工 | 工日 | 135.00 | 1.000 | 1.000 | 1.000 | 1.000 | 1.000 | 1.000 |
| | 汽油 综合 | kg | 6.12 | — | — | — | — | — | — |
| | 柴油 0# | kg | 5.09 | 40.030 | 46.270 | 56.740 | 60.230 | 62.560 | 69.100 |
| | 电 | kW·h | 0.78 | — | — | — | — | — | — |
| | 煤 | kg | 0.60 | — | — | — | — | — | — |
| | 木柴 | kg | 0.16 | — | — | — | — | — | — |
| | 水 | $m^3$ | 4.27 | — | — | — | — | — | — |

| 定额编号 | | | | 04013 | 04014 | 04015 | 04016 | 04017 | 04018 | 04019 | 04020 |
|---|---|---|---|---|---|---|---|---|---|---|---|
| 项目 | | | | 自卸汽车 | | | | | | | |
| | | | | 装载质量(t) | | | | | | | |
| | | | | 2 | 5 | 8 | 10 | 12 | 15 | 18 | 20 |
| 机型 | | | | 中 | 中 | 大 | 大 | 大 | 大 | 大 | 大 |
| **台班单价　(元)** | | | | **323.95** | **455.85** | **516.08** | **578.85** | **734.67** | **794.19** | **865.65** | **922.83** |
| 费用组成 | 折旧费（元） | | | 37.23 | 58.62 | 87.36 | 115.15 | 116.64 | 132.03 | 158.83 | 181.17 |
| | 检修费（元） | | | 7.02 | 11.06 | 16.46 | 21.68 | 21.96 | 24.88 | 29.89 | 34.12 |
| | 维护费（元） | | | 31.19 | 49.10 | 54.98 | 72.41 | 73.34 | 83.10 | 99.84 | 113.96 |
| | 安拆及场外运输费（元） | | | — | — | — | — | — | — | — | — |
| | 人工费（元） | | | 135.00 | 135.00 | 135.00 | 135.00 | 270.00 | 270.00 | 270.00 | 270.00 |
| | 燃料动力费（元） | | | 105.69 | 191.80 | 208.33 | 219.84 | 237.14 | 269.41 | 291.50 | 307.44 |
| | 其他费用（元） | | | 7.82 | 10.27 | 13.95 | 14.77 | 15.59 | 14.77 | 15.59 | 16.14 |
| 名称 | | 单位 | 单价 | 用量 | | | | | | | |
| 人工及燃油动力 | 人工 | 工日 | 135.00 | 1.000 | 1.000 | 1.000 | 1.000 | 2.000 | 2.000 | 2.000 | 2.000 |
| | 汽油 综合 | kg | 6.12 | 17.270 | 31.340 | — | — | — | — | — | — |
| | 柴油 0# | kg | 5.09 | — | — | 40.930 | 43.190 | 46.590 | 52.930 | 57.270 | 60.400 |
| | 电 | kW·h | 0.78 | — | — | — | — | — | — | — | — |
| | 煤 | kg | 0.60 | — | — | — | — | — | — | — | — |
| | 木柴 | kg | 0.16 | — | — | — | — | — | — | — | — |
| | 水 | $m^3$ | 4.27 | — | — | — | — | — | — | — | — |

| 定额编号 | | | | 04021 | 04022 | 04023 | 04024 | 04025 | 04026 | 04027 | 04028 | 04029 |
|---|---|---|---|---|---|---|---|---|---|---|---|---|
| 项目 | | | | 平板拖车组 | | | | | | | | |
| | | | | 装载质量(t) | | | | | | | | |
| | | | | 8 | 10 | 15 | 20 | 30 | 40 | 50 | 60 | 80 |
| 机型 | | | | 大 | 大 | 大 | 大 | 大 | 大 | 大 | 大 | 大 |
| **台班单价 (元)** | | | | **666.19** | **731.50** | **793.59** | **835.65** | **965.81** | **1071.11** | **1259.29** | **1360.78** | **1559.55** |
| 费用组成 | 折旧费 (元) | | | 95.87 | 103.19 | 120.11 | 162.70 | 210.20 | 250.06 | 303.02 | 333.05 | 382.18 |
| | 检修费 (元) | | | 15.99 | 17.21 | 19.82 | 26.82 | 34.63 | 41.19 | 49.92 | 54.84 | 63.07 |
| | 维护费 (元) | | | 75.65 | 81.43 | 93.74 | 126.86 | 163.79 | 194.82 | 236.10 | 259.41 | 298.34 |
| | 安拆及场外运输费 (元) | | | — | — | — | — | — | — | — | — | — |
| | 人工费 (元) | | | 270.00 | 270.00 | 270.00 | 270.00 | 270.00 | 270.00 | 270.00 | 270.00 | 270.00 |
| | 燃料动力费 (元) | | | 196.45 | 246.76 | 272.89 | 231.04 | 266.56 | 292.01 | 317.51 | 354.57 | 455.56 |
| | 其他费用 (元) | | | 12.23 | 12.91 | 17.03 | 18.23 | 20.63 | 23.03 | 82.74 | 88.91 | 90.40 |
| 名称 | | 单位 | 单价 | 用量 | | | | | | | | |
| 人工及燃油动力 | 人工 | 工日 | 135.00 | 2.000 | 2.000 | 2.000 | 2.000 | 2.000 | 2.000 | 2.000 | 2.000 | 2.000 |
| | 汽油 综合 | kg | 6.12 | 32.100 | 40.320 | 44.590 | — | — | — | — | — | — |
| | 柴油 0# | kg | 5.09 | — | — | — | 45.390 | 52.370 | 57.370 | 62.380 | 69.660 | 89.500 |
| | 电 | kW·h | 0.78 | — | — | — | — | — | — | — | — | — |
| | 煤 | kg | 0.60 | — | — | — | — | — | — | — | — | — |
| | 木柴 | kg | 0.16 | — | — | — | — | — | — | — | — | — |
| | 水 | $m^3$ | 4.27 | — | — | — | — | — | — | — | — | — |

| 定额编号 | | | | 04030 | 04031 | 04032 | 04033 |
|---|---|---|---|---|---|---|---|
| 项目 | | | | 长材运输车 | | | |
| | | | | 装载质量(t) | | | |
| | | | | 9 | 12 | 15 | 20 |
| 机型 | | | | 大 | 大 | 大 | 大 |
| **台班单价　(元)** | | | | **555.89** | **789.73** | **877.46** | **952.53** |
| 费用组成 | 折旧费 (元) | | | 119.68 | 167.45 | 199.99 | 230.84 |
| | 检修费 (元) | | | 11.27 | 15.77 | 18.83 | 21.43 |
| | 维护费 (元) | | | 65.05 | 90.97 | 108.63 | 123.64 |
| | 安拆及场外运输费 (元) | | | — | — | — | — |
| | 人工费 (元) | | | 135.00 | 270.00 | 270.00 | 270.00 |
| | 燃料动力费 (元) | | | 212.35 | 228.95 | 262.44 | 287.43 |
| | 其他费用 (元) | | | 12.54 | 16.59 | 17.57 | 19.19 |
| 名称 | | 单位 | 单价 | 用量 | | | |
| 人工及燃油动力 | 人工 | 工日 | 135.00 | 1.000 | 2.000 | 2.000 | 2.000 |
| | 汽油 综合 | kg | 6.12 | — | — | — | — |
| | 柴油 0# | kg | 5.09 | 41.720 | 44.980 | 51.560 | 56.470 |
| | 电 | kW·h | 0.78 | — | — | — | — |
| | 煤 | kg | 0.60 | — | — | — | — |
| | 木柴 | kg | 0.16 | — | — | — | — |
| | 水 | $m^3$ | 4.27 | — | — | — | — |

| 定额编号 | | | | 04034 | 04035 | 04036 | 04037 | 04038 | 04039 | 04040 |
|---|---|---|---|---|---|---|---|---|---|---|
| 项目 | | | | 机动翻斗车 | | 轨道平车 | | | | |
| | | | | 装载质量(t) | | | | | | |
| | | | | 1 | 1.5 | 5 | 10 | 20 | 30 | 60 |
| 机型 | | | | 小 | 小 | 小 | 小 | 小 | 小 | 中 |
| **台班单价 (元)** | | | | **197.36** | **217.08** | **34.23** | **86.38** | **120.86** | **207.79** | **347.29** |
| 费用组成 | 折旧费 (元) | | | 10.92 | 12.56 | 7.59 | 42.31 | 65.24 | 123.17 | 215.93 |
| | 检修费 (元) | | | 2.66 | 2.46 | 0.77 | 4.31 | 6.65 | 12.53 | 22.01 |
| | 维护费 (元) | | | 10.44 | 9.68 | 3.04 | 16.93 | 26.14 | 49.26 | 86.52 |
| | 安拆及场外运输费 (元) | | | 7.65 | 7.65 | 22.83 | 22.83 | 22.83 | 22.83 | 22.83 |
| | 人工费 (元) | | | 135.00 | 135.00 | — | — | — | — | — |
| | 燃料动力费 (元) | | | 30.69 | 49.73 | — | — | — | — | — |
| | 其他费用 (元) | | | — | — | — | — | — | — | — |
| 名称 | | 单位 | 单价 | 用量 | | | | | | |
| 人工及燃油动力 | 人工 | 工日 | 135.00 | 1.000 | 1.000 | — | — | — | — | — |
| | 汽油 综合 | kg | 6.12 | — | — | — | — | — | — | — |
| | 柴油 0# | kg | 5.09 | 6.030 | 9.770 | — | — | — | — | — |
| | 电 | kW·h | 0.78 | — | — | — | — | — | — | — |
| | 煤 | kg | 0.60 | — | — | — | — | — | — | — |
| | 木柴 | kg | 0.16 | — | — | — | — | — | — | — |
| | 水 | $m^3$ | 4.27 | — | — | — | — | — | — | — |

| 定额编号 | | | | 04041 | 04042 | 04043 | 04044 | 04045 | 04046 | 04047 |
|---|---|---|---|---|---|---|---|---|---|---|
| 项目 | | | | 油罐车 | | 洒水车 | | 多功能高压疏通车 | | 泥浆罐车 |
| | | | | 罐容量(L) | | | | | | |
| | | | | 5000 | 8000 | 4000 | 8000 | 5000 | 8000 | 5000 |
| 机型 | | | | 中 | 大 | 中 | 大 | 中 | 中 | 中 |
| **台班单价 (元)** | | | | **461.28** | **467.92** | **428.87** | **480.72** | **572.48** | **669.55** | **460.54** |
| 费用组成 | 折旧费(元) | | | 58.62 | 68.97 | 50.86 | 68.97 | 123.41 | 164.40 | 60.35 |
| | 检修费(元) | | | 10.37 | 12.20 | 8.97 | 12.17 | 21.64 | 28.83 | 10.58 |
| | 维护费(元) | | | 52.77 | 62.08 | 38.48 | 52.19 | 92.84 | 123.67 | 45.40 |
| | 安拆及场外运输费(元) | | | — | — | — | — | — | — | — |
| | 人工费(元) | | | 135.00 | 135.00 | 135.00 | 135.00 | 135.00 | 135.00 | 135.00 |
| | 燃料动力费(元) | | | 187.52 | 172.04 | 184.89 | 201.72 | 188.92 | 206.98 | 193.21 |
| | 其他费用(元) | | | 17.00 | 17.63 | 10.67 | 10.67 | 10.67 | 10.67 | 16.00 |
| 名称 | | 单位 | 单价 | 用量 | | | | | | |
| 人工及燃油动力 | 人工 | 工日 | 135.00 | 1.000 | 1.000 | 1.000 | 1.000 | 1.000 | 1.000 | 1.000 |
| | 汽油 综合 | kg | 6.12 | 30.640 | — | 30.210 | 32.960 | 30.870 | 33.820 | 31.570 |
| | 柴油 0# | kg | 5.09 | — | 33.800 | — | — | — | — | — |
| | 电 | kW·h | 0.78 | — | — | — | — | — | — | — |
| | 煤 | kg | 0.60 | — | — | — | — | — | — | — |
| | 木柴 | kg | 0.16 | — | — | — | — | — | — | — |
| | 水 | $m^3$ | 4.27 | — | — | — | — | — | — | — |

| 定额编号 | | | | 04048 | 04049 | 04050 | 04051 | 04052 | 04053 | 04054 |
|---|---|---|---|---|---|---|---|---|---|---|
| 项目 | | | | 散装水泥车 | | | | | 吸污车 | |
| | | | | 装载质量(t) | | | | | | |
| | | | | 7 | 10 | 15 | 20 | 26 | 4 | 6 |
| 机型 | | | | 大 | 大 | 大 | 大 | 大 | 中 | 中 |
| **台班单价 (元)** | | | | **414.62** | **465.40** | **562.85** | **700.22** | **778.77** | **431.43** | **466.64** |
| 费用组成 | 折旧费 (元) | | | 65.52 | 78.62 | 104.83 | 131.03 | 152.87 | 69.31 | 75.30 |
| | 检修费 (元) | | | 10.64 | 12.77 | 18.35 | 21.28 | 24.86 | 12.13 | 13.19 |
| | 维护费 (元) | | | 33.31 | 39.97 | 57.45 | 66.62 | 77.82 | 52.05 | 56.60 |
| | 安拆及场外运输费 (元) | | | — | — | — | — | — | — | — |
| | 人工费 (元) | | | 135.00 | 135.00 | 135.00 | 135.00 | 135.00 | 135.00 | 135.00 |
| | 燃料动力费 (元) | | | 155.25 | 183.24 | 229.92 | 327.49 | 368.52 | 151.27 | 174.38 |
| | 其他费用 (元) | | | 14.90 | 15.80 | 17.30 | 18.80 | 19.70 | 11.67 | 12.17 |
| 名称 | | 单位 | 单价 | 用量 | | | | | | |
| 人工及燃油动力 | 人工 | 工日 | 135.00 | 1.000 | 1.000 | 1.000 | 1.000 | 1.000 | 1.000 | 1.000 |
| | 汽油 综合 | kg | 6.12 | — | — | — | — | — | — | — |
| | 柴油 0# | kg | 5.09 | 30.500 | 36.000 | 45.170 | 64.340 | 72.400 | 29.720 | 34.260 |
| | 电 | kW·h | 0.78 | — | — | — | — | — | — | — |
| | 煤 | kg | 0.60 | — | — | — | — | — | — | — |
| | 木柴 | kg | 0.16 | — | — | — | — | — | — | — |
| | 水 | $m^3$ | 4.27 | — | — | — | — | — | — | — |

| 定额编号 | | | | 04055 | 04056 | 04057 | 04058 | 04059 | 04060 | 04061 | 04062 | 04063 | 04064 |
|---|---|---|---|---|---|---|---|---|---|---|---|---|---|
| 项目 | | | | 吸污车 | | 电瓶车 | | | | | | | 托盘车 |
| | | | | 装载质量(t) | | 牵引质量(t) | | | | | | | 装载质量(t) |
| | | | | 8 | 10 | 2.5 | 5 | 7 | 8 | 10 | 12 | 25 | 8 |
| 机型 | | | | 中 | 中 | 小 | 小 | 小 | 小 | 小 | 小 | 小 | 小 |
| **台班单价　(元)** | | | | **505.80** | **530.79** | **175.17** | **200.89** | **209.44** | **212.72** | **219.28** | **232.43** | **291.59** | **487.05** |
| 费用组成 | 折旧费　(元) | | | 78.62 | 81.68 | 17.69 | 26.29 | 32.86 | 35.39 | 40.44 | 50.55 | 96.05 | 80.91 |
| | 检修费　(元) | | | 13.77 | 14.32 | 1.67 | 2.47 | 3.09 | 3.33 | 3.80 | 4.76 | 9.04 | 14.17 |
| | 维护费　(元) | | | 59.09 | 61.44 | 2.65 | 5.42 | 6.78 | 7.29 | 8.33 | 10.41 | 19.79 | 60.80 |
| | 安拆及场外运输费　(元) | | | — | — | 18.16 | 31.71 | 31.71 | 31.71 | 31.71 | 31.71 | 31.71 | — |
| | 人工费　(元) | | | 135.00 | 135.00 | 135.00 | 135.00 | 135.00 | 135.00 | 135.00 | 135.00 | 135.00 | 135.00 |
| | 燃料动力费　(元) | | | 206.65 | 225.18 | — | — | — | — | — | — | — | 186.75 |
| | 其他费用　(元) | | | 12.67 | 13.17 | — | — | — | — | — | — | — | 9.42 |
| 名称 | | 单位 | 单价 | 用量 | | | | | | | | | |
| 人工及燃油动力 | 人工 | 工日 | 135.00 | 1.000 | 1.000 | 1.000 | 1.000 | 1.000 | 1.000 | 1.000 | 1.000 | 1.000 | 1.000 |
| | 汽油 综合 | kg | 6.12 | — | — | — | — | — | — | — | — | — | — |
| | 柴油 0# | kg | 5.09 | 40.600 | 44.240 | — | — | — | — | — | — | — | 36.690 |
| | 电 | kW·h | 0.78 | — | — | — | — | — | — | — | — | — | — |
| | 煤 | kg | 0.60 | — | — | — | — | — | — | — | — | — | — |
| | 木柴 | kg | 0.16 | — | — | — | — | — | — | — | — | — | — |
| | 水 | $m^3$ | 4.27 | — | — | — | — | — | — | — | — | — | — |

# 五、垂直运输机械

| 定额编号 | | | | 05001 | 05002 | 05003 | 05004 | 05005 | 05006 | 05007 | 05008 |
|---|---|---|---|---|---|---|---|---|---|---|---|
| 项目 | | | | 电动卷扬机 | | | | | | | |
| | | | | 单筒快速 | | | | 双筒快速 | | | 单筒慢速 |
| | | | | 牵引力(kN) | | | | | | | |
| | | | | 5 | 10 | 15 | 20 | 10 | 30 | 50 | 10 |
| 机型 | | | | 小 | 小 | 小 | 小 | 小 | 小 | 小 | 小 |
| **台班单价 (元)** | | | | **157.60** | **172.88** | **187.69** | **202.72** | **217.14** | **237.20** | **266.20** | **171.01** |
| 费用组成 | 折旧费 (元) | | | 0.78 | 1.17 | 1.95 | 2.38 | 3.12 | 7.80 | 11.70 | 1.95 |
| | 检修费 (元) | | | 0.34 | 0.53 | 0.87 | 1.06 | 0.88 | 2.20 | 3.30 | 0.69 |
| | 维护费 (元) | | | 0.91 | 1.42 | 2.32 | 2.84 | 2.35 | 5.88 | 8.82 | 1.84 |
| | 安拆及场外运输费 (元) | | | 9.10 | 9.10 | 9.10 | 9.10 | 9.10 | 9.10 | 9.10 | 9.10 |
| | 人工费 (元) | | | 135.00 | 135.00 | 135.00 | 135.00 | 135.00 | 135.00 | 135.00 | 135.00 |
| | 燃料动力费 (元) | | | 11.47 | 25.66 | 38.45 | 52.34 | 66.69 | 77.22 | 98.28 | 22.43 |
| | 其他费用 (元) | | | — | — | — | — | — | — | — | — |
| 名称 | | 单位 | 单价 | 用量 | | | | | | | |
| 人工及燃油动力 | 人工 | 工日 | 135.00 | 1.000 | 1.000 | 1.000 | 1.000 | 1.000 | 1.000 | 1.000 | 1.000 |
| | 汽油 综合 | kg | 6.12 | — | — | — | — | — | — | — | — |
| | 柴油 0# | kg | 5.09 | — | — | — | — | — | — | — | — |
| | 电 | kW·h | 0.78 | 14.700 | 32.900 | 49.300 | 67.100 | 85.500 | 99.000 | 126.000 | 28.760 |
| | 煤 | kg | 0.60 | — | — | — | — | — | — | — | — |
| | 木柴 | kg | 0.16 | — | — | — | — | — | — | — | — |
| | 水 | $m^3$ | 4.27 | — | — | — | — | — | — | — | — |

| 定额编号 | | | | 05009 | 05010 | 05011 | 05012 | 05013 | 05014 | 05015 | 05016 | 05017 | 05018 |
|---|---|---|---|---|---|---|---|---|---|---|---|---|---|
| 项目 | | | | 电动卷扬机 | | | | | | | | | |
| | | | | 单筒慢速 | | | | | | 双筒慢速 | | | |
| | | | | 牵引力(kN) | | | | | | | | | |
| | | | | 30 | 50 | 80 | 100 | 200 | 300 | 30 | 50 | 80 | 100 |
| 机型 | | | | 小 | 小 | 小 | 中 | 中 | 中 | 小 | 小 | 小 | 中 |
| **台班单价（元）** | | | | **177.60** | **186.39** | **220.97** | **234.87** | **417.32** | **612.99** | **204.80** | **223.12** | **283.51** | **304.96** |
| 费用组成 | 折旧费（元） | | | 3.90 | 7.02 | 12.09 | 14.74 | 54.21 | 99.84 | 17.55 | 24.18 | 35.10 | 46.80 |
| | 检修费（元） | | | 1.37 | 2.47 | 4.26 | 5.20 | 19.13 | 35.23 | 4.14 | 3.93 | 5.85 | 6.82 |
| | 维护费（元） | | | 3.66 | 6.59 | 11.38 | 13.89 | 51.07 | 94.06 | 11.55 | 10.97 | 43.55 | 50.77 |
| | 安拆及场外运输费（元） | | | 9.10 | 9.10 | 9.10 | 9.10 | 27.18 | 27.18 | 9.10 | 9.10 | 9.10 | 9.10 |
| | 人工费（元） | | | 135.00 | 135.00 | 135.00 | 135.00 | 135.00 | 135.00 | 135.00 | 135.00 | 135.00 | 135.00 |
| | 燃料动力费（元） | | | 24.57 | 26.21 | 49.14 | 56.94 | 130.73 | 221.68 | 27.46 | 39.94 | 54.91 | 56.47 |
| | 其他费用（元） | | | — | — | — | — | — | — | — | — | — | — |
| 名称 | | 单位 | 单价 | 用量 | | | | | | | | | |
| 人工及燃油动力 | 人工 | 工日 | 135.00 | 1.000 | 1.000 | 1.000 | 1.000 | 1.000 | 1.000 | 1.000 | 1.000 | 1.000 | 1.000 |
| | 汽油 综合 | kg | 6.12 | — | — | — | — | — | — | — | — | — | — |
| | 柴油 0# | kg | 5.09 | — | — | — | — | — | — | — | — | — | — |
| | 电 | kW·h | 0.78 | 31.500 | 33.600 | 63.000 | 73.000 | 167.600 | 284.200 | 35.200 | 51.200 | 70.400 | 72.400 |
| | 煤 | kg | 0.60 | — | — | — | — | — | — | — | — | — | — |
| | 木柴 | kg | 0.16 | — | — | — | — | — | — | — | — | — | — |
| | 水 | $m^3$ | 4.27 | — | — | — | — | — | — | — | — | — | — |

| 定额编号 | | | | 05019 | 05020 | 05021 | 05022 | 05023 | 05024 |
|---|---|---|---|---|---|---|---|---|---|
| 项目 | | | | 卷扬机井架 | 单笼施工电梯 | 双笼施工电梯 | | | |
| | | | | 架高(m) | 提升质量(t) | | | | |
| | | | | 30 | 1 | 2×1 | | | |
| | | | | | 提升高度(m) | | | | |
| | | | | | 75 | 50 | 100 | 130 | 200 |
| 机型 | | | | 中 | 中 | 中 | 中 | 大 | 大 |
| **台班单价 (元)** | | | | **12.31** | **273.67** | **300.86** | **353.09** | **385.47** | **465.41** |
| 费用组成 | 折旧费 (元) | | | 1.19 | 53.16 | 66.09 | 77.59 | 86.21 | 103.45 |
| | 检修费 (元) | | | 0.53 | 17.50 | 21.76 | 25.55 | 28.38 | 34.07 |
| | 维护费 (元) | | | 1.49 | 35.00 | 43.53 | 51.10 | 56.77 | 68.14 |
| | 安拆及场外运输费 (元) | | | 9.10 | — | — | — | — | — |
| | 人工费 (元) | | | — | 135.00 | 135.00 | 135.00 | 135.00 | 135.00 |
| | 燃料动力费 (元) | | | — | 33.01 | 34.48 | 63.85 | 79.11 | 124.75 |
| | 其他费用 (元) | | | — | — | — | — | — | — |
| 名称 | | 单位 | 单价 | 用量 | | | | | |
| 人工及燃油动力 | 人工 | 工日 | 135.00 | — | 1.000 | 1.000 | 1.000 | 1.000 | 1.000 |
| | 汽油 综合 | kg | 6.12 | — | — | — | — | — | — |
| | 柴油 0# | kg | 5.09 | — | — | — | — | — | — |
| | 电 | kW·h | 0.78 | — | 42.320 | 44.200 | 81.860 | 101.420 | 159.940 |
| | 煤 | kg | 0.60 | — | — | — | — | — | — |
| | 木柴 | kg | 0.16 | — | — | — | — | — | — |
| | 水 | $m^3$ | 4.27 | — | — | — | — | — | — |

| 定额编号 | | | | 05025 | 05026 | 05027 | 05028 | 05029 | 05030 | 05031 | 05032 | 05033 |
|---|---|---|---|---|---|---|---|---|---|---|---|---|
| 项目 | | | | 电动吊篮 | | | 电动葫芦 | | | | | |
| | | | | 提升质量(t) | | | 单速 | | | 双速 | | |
| | | | | | | | 提升质量(t) | | | | | |
| | | | | 0.5 | 0.63 | 0.8 | 2 | 3 | 5 | 10 | 20 | 30 |
| 机型 | | | | 小 | 小 | 小 | 小 | 小 | 小 | 小 | 小 | 小 |
| **台班单价　(元)** | | | | **39.09** | **44.72** | **53.98** | **23.79** | **26.36** | **31.49** | **82.39** | **179.73** | **223.12** |
| 费用组成 | 折旧费　(元) | | | 9.73 | 12.28 | 16.38 | 4.61 | 5.94 | 8.19 | 20.99 | 51.18 | 56.30 |
| | 检修费　(元) | | | 2.18 | 2.75 | 3.66 | 1.03 | 1.32 | 1.83 | 4.69 | 11.45 | 12.57 |
| | 维护费　(元) | | | 4.39 | 5.56 | 7.39 | 3.41 | 4.36 | 6.03 | 15.49 | 37.77 | 41.49 |
| | 安拆及场外运输费　(元) | | | 8.44 | 8.44 | 8.44 | — | — | — | — | — | — |
| | 人工费　(元) | | | — | — | — | — | — | — | — | — | — |
| | 燃料动力费　(元) | | | 14.35 | 15.69 | 18.11 | 14.74 | 14.74 | 15.44 | 41.22 | 79.33 | 112.76 |
| | 其他费用　(元) | | | — | — | — | — | — | — | — | — | — |
| 名称 | | 单位 | 单价 | 用量 | | | | | | | | |
| 人工及燃油动力 | 人工 | 工日 | 135.00 | — | — | — | — | — | — | — | — | — |
| | 汽油 综合 | kg | 6.12 | — | — | — | — | — | — | — | — | — |
| | 柴油 0# | kg | 5.09 | — | — | — | — | — | — | — | — | — |
| | 电 | kW·h | 0.78 | 18.400 | 20.110 | 23.220 | 18.900 | 18.900 | 19.800 | 52.850 | 101.700 | 144.570 |
| | 煤 | kg | 0.60 | — | — | — | — | — | — | — | — | — |
| | 木柴 | kg | 0.16 | — | — | — | — | — | — | — | — | — |
| | 水 | $m^3$ | 4.27 | — | — | — | — | — | — | — | — | — |

| 定额编号 | | | | 05034 | 05035 | 05036 | 05037 |
|---|---|---|---|---|---|---|---|
| 项目 | | | | 皮带运输机 | | | |
| | | | | 带长×带宽(m) | | | |
| | | | | 10×0.5 | 15×0.5 | 20×0.5 | 30×0.5 |
| 机型 | | | | 小 | 小 | 小 | 小 |
| **台班单价（元）** | | | | **187.71** | **204.58** | **224.60** | **253.34** |
| 费用组成 | 折旧费（元） | | | 13.65 | 19.11 | 24.57 | 32.76 |
| | 检修费（元） | | | 5.46 | 7.63 | 9.83 | 13.11 |
| | 维护费（元） | | | 19.17 | 26.79 | 34.51 | 46.02 |
| | 安拆及场外运输费（元） | | | — | — | — | — |
| | 人工费（元） | | | 135.00 | 135.00 | 135.00 | 135.00 |
| | 燃料动力费（元） | | | 14.43 | 16.05 | 20.69 | 26.45 |
| | 其他费用（元） | | | — | — | — | — |
| 名称 | | 单位 | 单价 | 用量 | | | |
| 人工及燃油动力 | 人工 | 工日 | 135.00 | 1.000 | 1.000 | 1.000 | 1.000 |
| | 汽油 综合 | kg | 6.12 | — | — | — | — |
| | 柴油 0# | kg | 5.09 | — | — | — | — |
| | 电 | kW·h | 0.78 | 18.500 | 20.580 | 26.530 | 33.910 |
| | 煤 | kg | 0.60 | — | — | — | — |
| | 木柴 | kg | 0.16 | — | — | — | — |
| | 水 | $m^3$ | 4.27 | — | — | — | — |

| 定额编号 | | 05038 | 05039 | 05040 | 05041 | 05042 | 05043 | 05044 | 05045 | 05046 |
|---|---|---|---|---|---|---|---|---|---|---|
| 项目 | | 平台作业升降车 | | | | | 汽车式高空作业车 | | 升板设备 | 平台升降车 |
| | | 提升高度(m) | | | | | | | 提升质量(t) | 提升高度(m) |
| | | 9 | 16 | 20 | 22 | 44 | 18 | 21 | 60 | 20 |
| 机型 | | 中 | 中 | 中 | 中 | 中 | 大 | 大 | 中 | 中 |
| **台班单价 (元)** | | **259.85** | **338.17** | **431.63** | **473.69** | **541.96** | **559.18** | **670.36** | **350.95** | **587.51** |
| 费用组成 | 折旧费 (元) | 43.95 | 70.32 | 82.66 | 94.45 | 109.69 | 174.71 | 229.31 | 195.73 | 40.19 |
| | 检修费 (元) | 14.49 | 23.15 | 27.22 | 31.12 | 36.12 | 57.54 | 75.50 | 32.22 | 12.39 |
| | 维护费 (元) | 20.28 | 32.42 | 38.11 | 43.56 | 50.56 | 80.55 | 105.70 | 84.41 | 17.35 |
| | 安拆及场外运输费 (元) | 38.05 | 38.05 | 38.05 | 38.05 | 38.05 | — | — | 19.12 | 3.26 |
| | 人工费 (元) | — | — | — | — | — | 135.00 | 135.00 | — | 270.00 |
| | 燃料动力费 (元) | 143.08 | 174.23 | 245.59 | 266.51 | 307.54 | 111.38 | 124.85 | 19.47 | 244.32 |
| | 其他费用 (元) | — | — | — | — | — | — | — | — | — |

| | 名称 | 单位 | 单价 | 用量 | | | | | | | | |
|---|---|---|---|---|---|---|---|---|---|---|---|---|
| 人工及燃油动力 | 人工 | 工日 | 135.00 | — | — | — | — | — | 1.000 | 1.000 | — | 2.000 |
| | 汽油 综合 | kg | 6.12 | — | — | — | — | — | 18.200 | 20.400 | — | — |
| | 柴油 0# | kg | 5.09 | 28.110 | 34.230 | 48.250 | 52.360 | 60.420 | — | — | — | 48.000 |
| | 电 | kW·h | 0.78 | — | — | — | — | — | — | — | 24.960 | — |
| | 煤 | kg | 0.60 | — | — | — | — | — | — | — | — | — |
| | 木柴 | kg | 0.16 | — | — | — | — | — | — | — | — | — |
| | 水 | $m^3$ | 4.27 | — | — | — | — | — | — | — | — | — |

# 六、混凝土及砂浆机械

| 定额编号 | | | | 06001 | 06002 | 06003 | 06004 | 06005 | 06006 |
|---|---|---|---|---|---|---|---|---|---|
| 项目 | | | | 涡桨式混凝土搅拌机 | | | | 双锥反转出料混凝土搅拌机 | |
| | | | | 出料容量(L) | | | | | |
| | | | | 250 | 350 | 500 | 1000 | 200 | 350 |
| 机型 | | | | 小 | 小 | 中 | 中 | 小 | 小 |
| **台班单价 (元)** | | | | **197.20** | **240.50** | **288.37** | **398.09** | **172.26** | **192.31** |
| 费用组成 | 折旧费 (元) | | | 14.23 | 19.94 | 33.46 | 53.82 | 4.68 | 7.02 |
| | 检修费 (元) | | | 3.18 | 4.45 | 7.48 | 11.70 | 1.04 | 1.57 |
| | 维护费 (元) | | | 7.57 | 10.59 | 17.80 | 27.84 | 2.75 | 4.15 |
| | 安拆及场外运输费 (元) | | | 10.62 | 10.62 | 10.62 | 31.71 | 10.62 | 10.62 |
| | 人工费 (元) | | | 135.00 | 135.00 | 135.00 | 135.00 | 135.00 | 135.00 |
| | 燃料动力费 (元) | | | 26.60 | 59.90 | 84.01 | 138.02 | 18.17 | 33.95 |
| | 其他费用 (元) | | | — | — | — | — | — | — |
| 名称 | | 单位 | 单价 | 用量 | | | | | |
| 人工及燃油动力 | 人工 | 工日 | 135.00 | 1.000 | 1.000 | 1.000 | 1.000 | 1.000 | 1.000 |
| | 汽油 综合 | kg | 6.12 | — | — | — | — | — | — |
| | 柴油 0# | kg | 5.09 | — | — | — | — | — | — |
| | 电 | kW·h | 0.78 | 34.100 | 76.800 | 107.710 | 176.950 | 23.300 | 43.520 |
| | 煤 | kg | 0.60 | — | — | — | — | — | — |
| | 木柴 | kg | 0.16 | — | — | — | — | — | — |
| | 水 | $m^3$ | 4.27 | — | — | — | — | — | — |

| 定额编号 | | | | 06007 | 06008 | 06009 | 06010 | 06011 | 06012 | 06013 |
|---|---|---|---|---|---|---|---|---|---|---|
| 项目 | | | | 双锥反转出料混凝土搅拌机 | | | | 单卧轴式混凝土搅拌机 | | |
| | | | | 出料容量(L) | | | | | | |
| | | | | 500 | 750 | 1000 | 1500 | 150 | 250 | 350 |
| 机型 | | | | 中 | 中 | 中 | 中 | 小 | 小 | 小 |
| **台班单价　（元）** | | | | **215. 37** | **265. 37** | **294. 42** | **306. 35** | **181. 74** | **197. 28** | **223. 81** |
| 费用组成 | 折旧费（元） | | | 16. 85 | 22. 46 | 39. 78 | 45. 86 | 4. 68 | 7. 02 | 13. 10 |
| | 检修费（元） | | | 3. 76 | 5. 02 | 8. 91 | 10. 27 | 1. 05 | 1. 57 | 2. 93 |
| | 维护费（元） | | | 6. 21 | 8. 28 | 14. 70 | 16. 94 | 4. 23 | 6. 33 | 11. 84 |
| | 安拆及场外运输费（元） | | | 10. 62 | 31. 71 | 31. 71 | 31. 71 | 10. 62 | 10. 62 | 10. 62 |
| | 人工费（元） | | | 135. 00 | 135. 00 | 135. 00 | 135. 00 | 135. 00 | 135. 00 | 135. 00 |
| | 燃料动力费（元） | | | 42. 93 | 62. 90 | 64. 32 | 66. 57 | 26. 16 | 36. 74 | 50. 32 |
| | 其他费用（元） | | | — | — | — | — | — | — | — |
| 名称 | | 单位 | 单价 | 用量 | | | | | | |
| 人工及燃油动力 | 人工 | 工日 | 135. 00 | 1. 000 | 1. 000 | 1. 000 | 1. 000 | 1. 000 | 1. 000 | 1. 000 |
| | 汽油 综合 | kg | 6. 12 | — | — | — | — | — | — | — |
| | 柴油 0# | kg | 5. 09 | — | — | — | — | — | — | — |
| | 电 | kW·h | 0. 78 | 55. 040 | 80. 640 | 82. 460 | 85. 340 | 33. 540 | 47. 100 | 64. 510 |
| | 煤 | kg | 0. 60 | — | — | — | — | — | — | — |
| | 木柴 | kg | 0. 16 | — | — | — | — | — | — | — |
| | 水 | $m^3$ | 4. 27 | — | — | — | — | — | — | — |

| 定额编号 | | | | 06014 | 06015 | 06016 | 06017 | 06018 | 06019 |
|---|---|---|---|---|---|---|---|---|---|
| 项目 | | | | 双卧轴式混凝土搅拌机 | | | | 灰浆搅拌机 | |
| | | | | 出料容量(L) | | | | 拌筒容量(L) | |
| | | | | 350 | 500 | 1000 | 1500 | 200 | 400 |
| 机型 | | | | 小 | 中 | 中 | 中 | 小 | 小 |
| **台班单价 (元)** | | | | **245.41** | **276.37** | **373.19** | **464.30** | **154.97** | **161.27** |
| 费用组成 | 折旧费 (元) | | | 9.36 | 18.72 | 70.20 | 107.64 | 1.54 | 2.25 |
| | 检修费 (元) | | | 2.09 | 4.18 | 15.72 | 24.05 | 0.22 | 0.31 |
| | 维护费 (元) | | | 9.90 | 19.83 | 44.96 | 68.78 | 0.87 | 1.26 |
| | 安拆及场外运输费 (元) | | | 10.62 | 10.62 | 10.62 | 10.62 | 10.62 | 10.62 |
| | 人工费 (元) | | | 135.00 | 135.00 | 135.00 | 135.00 | 135.00 | 135.00 |
| | 燃料动力费 (元) | | | 78.44 | 88.02 | 96.69 | 118.21 | 6.72 | 11.83 |
| | 其他费用 (元) | | | — | — | — | — | — | — |
| 名称 | | 单位 | 单价 | 用量 | | | | | |
| 人工及燃油动力 | 人工 | 工日 | 135.00 | 1.000 | 1.000 | 1.000 | 1.000 | 1.000 | 1.000 |
| | 汽油 综合 | kg | 6.12 | — | — | — | — | — | — |
| | 柴油 0# | kg | 5.09 | — | — | — | — | — | — |
| | 电 | kW·h | 0.78 | 100.560 | 112.840 | 123.960 | 151.550 | 8.610 | 15.170 |
| | 煤 | kg | 0.60 | — | — | — | — | — | — |
| | 木柴 | kg | 0.16 | — | — | — | — | — | — |
| | 水 | $m^3$ | 4.27 | — | — | — | — | — | — |

| 定额编号 | | | | 06020 | 06021 | 06022 |
|---|---|---|---|---|---|---|
| 项目 | | | | 混凝土搅拌输送车 | | |
| | | | | 搅动容量($m^3$) | | |
| | | | | 6 | 7 | 8 |
| 机型 | | | | 大 | 大 | 大 |
| **台班单价 (元)** | | | | **892.50** | **1043.03** | **1101.74** |
| 费用组成 | 折旧费 (元) | | | 225.22 | 220.10 | 243.13 |
| | 检修费 (元) | | | 46.34 | 45.29 | 50.03 |
| | 维护费 (元) | | | 190.94 | 186.59 | 206.14 |
| | 安拆及场外运输费 (元) | | | — | — | — |
| | 人工费 (元) | | | 135.00 | 270.00 | 270.00 |
| | 燃料动力费 (元) | | | 279.95 | 305.40 | 316.19 |
| | 其他费用 (元) | | | 15.05 | 15.65 | 16.25 |
| 名称 | | 单位 | 单价 | 用量 | | |
| 人工及燃油动力 | 人工 | 工日 | 135.00 | 1.000 | 2.000 | 2.000 |
| | 汽油 综合 | kg | 6.12 | — | — | — |
| | 柴油 0# | kg | 5.09 | 55.000 | 60.000 | 62.120 |
| | 电 | kW·h | 0.78 | — | — | — |
| | 煤 | kg | 0.60 | — | — | — |
| | 木柴 | kg | 0.16 | — | — | — |
| | 水 | $m^3$ | 4.27 | — | — | — |

| 定额编号 | | | | 06023 | 06024 | 06025 | 06026 | 06027 | 06028 |
|---|---|---|---|---|---|---|---|---|---|
| 项目 | | | | 混凝土输送泵车 | | | | | |
| | | | | 输送量($m^3$/h) | | | | | |
| | | | | 20 | 45 | 70 | 75 | 85 | 90 |
| 机型 | | | | 大 | 大 | 大 | 大 | 大 | 大 |
| **台班单价 (元)** | | | | **821.32** | **1099.85** | **1246.57** | **1371.78** | **1539.10** | **1647.75** |
| 费用组成 | 折旧费 (元) | | | 255.93 | 332.70 | 409.48 | 460.67 | 537.45 | 639.82 |
| | 检修费 (元) | | | 39.13 | 50.87 | 62.61 | 70.43 | 82.17 | 97.83 |
| | 维护费 (元) | | | 106.82 | 138.87 | 170.92 | 192.28 | 224.32 | 187.83 |
| | 安拆及场外运输费 (元) | | | — | — | — | — | — | — |
| | 人工费 (元) | | | 135.00 | 135.00 | 135.00 | 135.00 | 135.00 | 135.00 |
| | 燃料动力费 (元) | | | 222.84 | 371.21 | 388.21 | 426.90 | 464.21 | 478.87 |
| | 其他费用 (元) | | | 61.60 | 71.20 | 80.35 | 86.50 | 95.95 | 108.40 |
| 名称 | | 单位 | 单价 | 用量 | | | | | |
| 人工及燃油动力 | 人工 | 工日 | 135.00 | 1.000 | 1.000 | 1.000 | 1.000 | 1.000 | 1.000 |
| | 汽油 综合 | kg | 6.12 | — | — | — | — | — | — |
| | 柴油 0# | kg | 5.09 | 43.780 | 72.930 | 76.270 | 83.870 | 91.200 | 94.080 |
| | 电 | kW·h | 0.78 | — | — | — | — | — | — |
| | 煤 | kg | 0.60 | — | — | — | — | — | — |
| | 木柴 | kg | 0.16 | — | — | — | — | — | — |
| | 水 | $m^3$ | 4.27 | — | — | — | — | — | — |

| 定额编号 | | | | 06029 | 06030 | 06031 | 06032 | 06033 | 06034 | 06035 | 06036 | 06037 |
|---|---|---|---|---|---|---|---|---|---|---|---|---|
| 项目 | | | | 混凝土输送泵车 | | | | | | | | |
| | | | | 输送高度(m) | | | | | | | | |
| | | | | 37 | 40 | 46 | 50 | 52 | 56 | 60 | 66 | 73 |
| 机型 | | | | 大 | 大 | 大 | 大 | 大 | 大 | 大 | 大 | 大 |
| **台班单价 (元)** | | | | **1786.52** | **1959.33** | **2280.26** | **2403.71** | **2712.30** | **2897.45** | **4008.38** | **5736.50** | **7588.05** |
| 费用组成 | 折旧费 (元) | | | 972.52 | 1115.84 | 1382.00 | 1484.38 | 1740.30 | 1893.86 | 2815.19 | 4248.38 | 5783.94 |
| | 检修费 (元) | | | 200.13 | 229.62 | 284.39 | 305.46 | 358.13 | 389.72 | 579.32 | 874.25 | 1190.24 |
| | 维护费 (元) | | | — | — | — | — | — | — | — | — | — |
| | 安拆及场外运输费 (元) | | | — | — | — | — | — | — | — | — | — |
| | 人工费 (元) | | | 135.00 | 135.00 | 135.00 | 135.00 | 135.00 | 135.00 | 135.00 | 135.00 | 135.00 |
| | 燃料动力费 (元) | | | 478.87 | 478.87 | 478.87 | 478.87 | 478.87 | 478.87 | 478.87 | 478.87 | 478.87 |
| | 其他费用 (元) | | | — | — | — | — | — | — | — | — | — |
| 名称 | | 单位 | 单价 | 用量 | | | | | | | | |
| 人工及燃油动力 | 人工 | 工日 | 135.00 | 1.000 | 1.000 | 1.000 | 1.000 | 1.000 | 1.000 | 1.000 | 1.000 | 1.000 |
| | 汽油 综合 | kg | 6.12 | — | — | — | — | — | — | — | — | — |
| | 柴油 0# | kg | 5.09 | 94.080 | 94.080 | 94.080 | 94.080 | 94.080 | 94.080 | 94.080 | 94.080 | 94.080 |
| | 电 | kW·h | 0.78 | — | — | — | — | — | — | — | — | — |
| | 煤 | kg | 0.60 | — | — | — | — | — | — | — | — | — |
| | 木柴 | kg | 0.16 | — | — | — | — | — | — | — | — | — |
| | 水 | $m^3$ | 4.27 | — | — | — | — | — | — | — | — | — |

| 定 额 编 号 | | | | 06038 | 06039 | 06040 | 06041 | 06042 | 06043 | 06044 |
|---|---|---|---|---|---|---|---|---|---|---|
| 项 目 | | | | 混凝土输送泵 | | | | 挤压式灰浆输送泵 | | |
| | | | | 输送量($m^3/h$) | | | | | | |
| | | | | 30 | 45 | 60 | 80 | 3 | 4 | 5 |
| 机 型 | | | | 大 | 大 | 大 | 大 | 小 | 小 | 小 |
| **台班单价 (元)** | | | | **556.64** | **672.94** | **812.54** | **987.43** | **55.46** | **67.94** | **77.66** |
| 费用组成 | 折 旧 费 (元) | | | 147.41 | 188.36 | 229.31 | 286.64 | 12.28 | 15.81 | 18.10 |
| | 检 修 费 (元) | | | 26.01 | 33.23 | 40.46 | 50.57 | 2.61 | 3.35 | 3.84 |
| | 维 护 费 (元) | | | 57.99 | 46.19 | 56.23 | 70.29 | 12.52 | 16.10 | 18.41 |
| | 安拆及场外运输费 (元) | | | 28.54 | 80.26 | 80.26 | 80.26 | 9.56 | 9.56 | 9.56 |
| | 人 工 费 (元) | | | 135.00 | 135.00 | 135.00 | 135.00 | — | — | — |
| | 燃 料 动 力 费 (元) | | | 161.69 | 189.90 | 271.28 | 364.67 | 18.49 | 23.12 | 27.75 |
| | 其 他 费 用 (元) | | | — | — | — | — | — | — | — |
| 名 称 | | 单位 | 单价 | 用 量 | | | | | | |
| 人工及燃油动力 | 人工 | 工日 | 135.00 | 1.000 | 1.000 | 1.000 | 1.000 | — | — | — |
| | 汽油 综合 | kg | 6.12 | — | — | — | — | — | — | — |
| | 柴油 0# | kg | 5.09 | — | — | — | — | — | — | — |
| | 电 | kW·h | 0.78 | 207.300 | 243.460 | 347.800 | 467.530 | 23.700 | 29.640 | 35.580 |
| | 煤 | kg | 0.60 | — | — | — | — | — | — | — |
| | 木柴 | kg | 0.16 | — | — | — | — | — | — | — |
| | 水 | $m^3$ | 4.27 | — | — | — | — | — | — | — |

| 定额编号 | | | | 06045 | 06046 | 06047 | 06048 | 06049 | 06050 |
|---|---|---|---|---|---|---|---|---|---|
| 项目 | | | | 混凝土喷射机 | 筛洗石子机 | 混凝土震动台 | | 混凝土抹平机 | 混凝土切缝机 |
| | | | | 生产率($m^3$/h) | 洗石量($m^3$/h) | 台面尺寸(m) | | 功率(kW) | |
| | | | | 5 | 10 | 1.5×6 | 2.4×6.2 | 5.5 | 7.5 |
| 机型 | | | | 小 | 小 | 小 | 中 | 小 | 小 |
| **台班单价 (元)** | | | | **203.74** | **168.86** | **64.42** | **146.89** | **25.23** | **32.71** |
| 费用组成 | 折旧费 (元) | | | 24.90 | 4.59 | 13.10 | 26.21 | 1.59 | 2.20 |
| | 检修费 (元) | | | 4.39 | 0.81 | 1.85 | 1.90 | 0.22 | 0.29 |
| | 维护费 (元) | | | 17.88 | 2.05 | 10.24 | 10.52 | 0.68 | 0.92 |
| | 安拆及场外运输费 (元) | | | 9.56 | 14.71 | — | — | 4.69 | 4.69 |
| | 人工费 (元) | | | 135.00 | 135.00 | — | — | — | — |
| | 燃料动力费 (元) | | | 12.01 | 11.70 | 39.23 | 108.26 | 18.05 | 24.61 |
| | 其他费用 (元) | | | — | — | — | — | — | — |
| 名称 | | 单位 | 单价 | 用量 | | | | | |
| 人工及燃油动力 | 人工 | 工日 | 135.00 | 1.000 | 1.000 | — | — | — | — |
| | 汽油 综合 | kg | 6.12 | — | — | — | — | — | — |
| | 柴油 0# | kg | 5.09 | — | — | — | — | — | — |
| | 电 | kW·h | 0.78 | 15.400 | 15.000 | 50.300 | 138.800 | 23.140 | 31.550 |
| | 煤 | kg | 0.60 | — | — | — | — | — | — |
| | 木柴 | kg | 0.16 | — | — | — | — | — | — |
| | 水 | $m^3$ | 4.27 | — | — | — | — | — | — |

| 定额编号 | | | | 06051 | 06052 | 06053 | 06054 | 06055 | 06056 | 06057 |
|---|---|---|---|---|---|---|---|---|---|---|
| 项目 | | | | 筛砂机 | 偏心式振动筛 | 混凝土搅拌站 | | | | |
| | | | | 生产率(m³/h) | | | | | | |
| | | | | 10 | 12 ~ 16 | 45 | 50 | 60 | 90 | 120 |
| 机型 | | | | 小 | 小 | 大 | 大 | 大 | 大 | 大 |
| **台班单价 (元)** | | | | **34.69** | **27.38** | **1182.73** | **1273.09** | **1531.24** | **1964.47** | **2483.00** |
| 费用组成 | 折旧费 (元) | | | 6.04 | 2.81 | 114.66 | 142.73 | 187.19 | 350.99 | 456.28 |
| | 检修费 (元) | | | 1.34 | 0.63 | 25.62 | 31.90 | 41.83 | 78.42 | 101.95 |
| | 维护费 (元) | | | 3.50 | 1.63 | 68.15 | 84.85 | 111.25 | 208.60 | 271.18 |
| | 安拆及场外运输费 (元) | | | 4.69 | — | — | — | — | — | — |
| | 人工费 (元) | | | — | — | 675.00 | 675.00 | 675.00 | 675.00 | 675.00 |
| | 燃料动力费 (元) | | | 19.12 | 22.31 | 299.30 | 338.61 | 515.97 | 651.46 | 978.59 |
| | 其他费用 (元) | | | — | — | — | — | — | — | — |
| 名称 | | 单位 | 单价 | 用量 | | | | | | |
| 人工及燃油动力 | 人工 | 工日 | 135.00 | — | — | 5.000 | 5.000 | 5.000 | 5.000 | 5.000 |
| | 汽油 综合 | kg | 6.12 | — | — | — | — | — | — | — |
| | 柴油 0# | kg | 5.09 | — | — | — | — | — | — | — |
| | 电 | kW·h | 0.78 | 24.510 | 28.600 | 383.720 | 434.110 | 661.500 | 835.200 | 1254.600 |
| | 煤 | kg | 0.60 | — | — | — | — | — | — | — |
| | 木柴 | kg | 0.16 | — | — | — | — | — | — | — |
| | 水 | m³ | 4.27 | — | — | — | — | — | — | — |

| 定额编号 | | | | 06058 | 06059 | 06060 | 06061 | 06062 | 06063 |
|---|---|---|---|---|---|---|---|---|---|
| 项目 | | | | 干混砂浆搅拌站 | 干混砂浆罐式搅拌机 | 活塞式喷涂机 | | 液压式输送泵 | 气动灌浆机 |
| | | | | 生产率（t/h） | 公称储量（L） | 生产率（$m^3/h$） | | 输送量（$m^3/h$） | |
| | | | | 70 | 20000 | 1.8 | 3.6 | 20 | |
| 机型 | | | | 大 | 中 | 小 | 小 | 小 | 小 |
| **台班单价　（元）** | | | | **4062.21** | **193.83** | **236.99** | **282.07** | **752.04** | **11.20** |
| 费用组成 | 折旧费（元） | | | 1657.59 | 16.94 | 38.90 | 54.46 | 188.36 | 3.21 |
| | 检修费（元） | | | 370.36 | 3.06 | 6.87 | 9.61 | 39.99 | 0.38 |
| | 维护费（元） | | | 985.17 | 5.97 | 27.94 | 39.12 | 191.93 | 1.98 |
| | 安拆及场外运输费（元） | | | — | 10.62 | 9.56 | 9.56 | 9.56 | 5.63 |
| | 人工费（元） | | | 675.00 | 135.00 | 135.00 | 135.00 | 135.00 | — |
| | 燃料动力费（元） | | | 374.09 | 22.24 | 18.72 | 34.32 | 187.20 | — |
| | 其他费用（元） | | | — | — | — | — | — | — |
| 名称 | | 单位 | 单价 | 用量 | | | | | |
| 人工及燃油动力 | 人工 | 工日 | 135.00 | 5.000 | 1.000 | 1.000 | 1.000 | 1.000 | — |
| | 汽油 综合 | kg | 6.12 | — | — | — | — | — | — |
| | 柴油 0# | kg | 5.09 | — | — | — | — | — | — |
| | 电 | kW·h | 0.78 | 479.600 | 28.510 | 24.000 | 44.000 | 240.000 | — |
| | 煤 | kg | 0.60 | — | — | — | — | — | — |
| | 木柴 | kg | 0.16 | — | — | — | — | — | — |
| | 水 | $m^3$ | 4.27 | — | — | — | — | — | — |

| 定额编号 | | | | 06064 | 06065 | 06066 | 06067 | 06068 | 06069 |
|---|---|---|---|---|---|---|---|---|---|
| 项目 | | | | 电动灌浆机 | 泥浆分离器 | 混凝土振捣器 | | | 自动真空压浆系统 |
| | | | | | | 平板式 | 插入式 | 附着式 | LJ－YJA1 型 |
| 机型 | | | | 小 | 小 | 小 | 小 | 小 | 小 |
| **台班单价 （元）** | | | | **26.11** | **126.99** | **12.54** | **4.65** | **12.54** | **375.58** |
| 费用组成 | 折旧费（元） | | | 4.50 | 66.88 | 2.65 | 0.85 | 2.65 | 68.25 |
| | 检修费（元） | | | 0.54 | 9.26 | 1.17 | 0.12 | 1.17 | 19.68 |
| | 维护费（元） | | | 2.80 | 11.85 | 5.60 | 0.56 | 5.60 | 59.05 |
| | 安拆及场外运输费（元） | | | 5.63 | — | — | — | — | — |
| | 人工费（元） | | | — | — | — | — | — | 135.00 |
| | 燃料动力费（元） | | | 12.64 | 39.00 | 3.12 | 3.12 | 3.12 | 93.60 |
| | 其他费用（元） | | | — | — | — | — | — | — |
| 名称 | | 单位 | 单价 | 用量 | | | | | |
| 人工及燃油动力 | 人工 | 工日 | 135.00 | — | — | — | — | — | 1.000 |
| | 汽油 综合 | kg | 6.12 | — | — | — | — | — | — |
| | 柴油 0# | kg | 5.09 | — | — | — | — | — | — |
| | 电 | kW·h | 0.78 | 16.200 | 50.000 | 4.000 | 4.000 | 4.000 | 120.000 |
| | 煤 | kg | 0.60 | — | — | — | — | — | — |
| | 木柴 | kg | 0.16 | — | — | — | — | — | — |
| | 水 | $m^3$ | 4.27 | — | — | — | — | — | — |

# 七、加工机械

| 定额编号 | | | | 07001 | 07002 | 07003 | 07004 |
|---|---|---|---|---|---|---|---|
| 项目 | | | | 钢筋调直机 | 钢筋切断机 | 钢筋弯曲机 | 钢筋镦头机 |
| | | | | 直径(mm) | | | |
| | | | | 14 | 40 | | 5 |
| 机型 | | | | 小 | 小 | 小 | 小 |
| **台班单价　(元)** | | | | **37.97** | **43.28** | **26.38** | **42.74** |
| 费用组成 | 折旧费(元) | | | 11.71 | 4.09 | 3.28 | 4.09 |
| | 检修费(元) | | | 2.33 | 1.05 | 0.77 | 1.09 |
| | 维护费(元) | | | 6.21 | 4.66 | 3.91 | 4.43 |
| | 安拆及场外运输费(元) | | | 8.44 | 8.44 | 8.44 | — |
| | 人工费(元) | | | — | — | — | — |
| | 燃料动力费(元) | | | 9.28 | 25.04 | 9.98 | 33.13 |
| | 其他费用(元) | | | — | — | — | — |
| 名称 | | 单位 | 单价 | 用量 | | | |
| 人工及燃油动力 | 人工 | 工日 | 135.00 | — | — | — | — |
| | 汽油 综合 | kg | 6.12 | — | — | — | — |
| | 柴油 0# | kg | 5.09 | — | — | — | — |
| | 电 | kW·h | 0.78 | 11.900 | 32.100 | 12.800 | 42.470 |
| | 煤 | kg | 0.60 | — | — | — | — |
| | 木柴 | kg | 0.16 | — | — | — | — |
| | 水 | $m^3$ | 4.27 | — | — | — | — |

| 定 额 编 号 | | | | 07005 | 07006 | 07007 | 07008 | 07009 | 07010 | 07011 |
|---|---|---|---|---|---|---|---|---|---|---|
| 项 目 | | | | 预应力钢筋拉伸机 | | | | | | |
| | | | | 拉伸力(kN) | | | | | | |
| | | | | 600 | 650 | 850 | 900 | 1200 | 3000 | 5000 |
| 机 型 | | | | 小 | 小 | 小 | 小 | 中 | 中 | 中 |
| **台班单价 (元)** | | | | **22.39** | **24.94** | **34.03** | **41.55** | **57.99** | **103.52** | **181.00** |
| 费用组成 | 折 旧 费 (元) | | | 4.91 | 5.73 | 7.37 | 10.65 | 14.74 | 24.57 | 49.14 |
| | 检 修 费 (元) | | | 1.20 | 1.24 | 1.35 | 1.76 | 2.77 | 4.59 | 9.78 |
| | 维 护 费 (元) | | | 4.37 | 4.51 | 4.92 | 6.40 | 10.08 | 16.71 | 35.60 |
| | 安拆及场外运输费 (元) | | | — | — | — | — | — | — | — |
| | 人 工 费 (元) | | | — | — | — | — | — | — | — |
| | 燃 料 动 力 费 (元) | | | 11.91 | 13.46 | 20.39 | 22.74 | 30.40 | 57.65 | 86.48 |
| | 其 他 费 用 (元) | | | — | — | — | — | — | — | — |
| 名 称 | | 单位 | 单价 | 用 量 | | | | | | |
| 人工及燃油动力 | 人工 | 工日 | 135.00 | — | — | — | — | — | — | — |
| | 汽油 综合 | kg | 6.12 | — | — | — | — | — | — | — |
| | 柴油 0# | kg | 5.09 | — | — | — | — | — | — | — |
| | 电 | kW·h | 0.78 | 15.270 | 17.250 | 26.140 | 29.160 | 38.980 | 73.910 | 110.870 |
| | 煤 | kg | 0.60 | — | — | — | — | — | — | — |
| | 木柴 | kg | 0.16 | — | — | — | — | — | — | — |
| | 水 | $m^3$ | 4.27 | — | — | — | — | — | — | — |

| 定额编号 | | | | 07012 | 07013 | 07014 | 07015 | 07016 | 07017 | 07018 |
|---|---|---|---|---|---|---|---|---|---|---|
| 项目 | | | | 木工圆锯机 | | | 木工台式带锯机 | 木工平刨床 | | 木工压刨床 |
| | | | | 直径(mm) | | | 锯轮直径(mm) | 刨削宽度(mm) | | |
| | | | | 500 | 600 | 1000 | 1250 | 300 | 500 | 单面600 |
| 机型 | | | | 小 | 小 | 小 | 中 | 小 | 小 | 小 |
| **台班单价 (元)** | | | | **27.50** | **36.13** | **70.06** | **197.51** | **10.76** | **21.04** | **31.42** |
| 费用组成 | 折旧费 (元) | | | 1.89 | 2.52 | 3.78 | 6.14 | 1.87 | 4.21 | 4.21 |
| | 检修费 (元) | | | 0.40 | 0.66 | 0.93 | 2.17 | 0.45 | 1.39 | 1.32 |
| | 维护费 (元) | | | 0.86 | 1.42 | 2.00 | 4.89 | 1.73 | 5.38 | 3.58 |
| | 安拆及场外运输费 (元) | | | 5.63 | 5.63 | 5.63 | — | — | — | — |
| | 人工费 (元) | | | — | — | — | — | — | — | — |
| | 燃料动力费 (元) | | | 18.72 | 25.90 | 57.72 | 184.31 | 6.71 | 10.06 | 22.31 |
| | 其他费用 (元) | | | — | — | — | — | — | — | — |
| 名称 | | 单位 | 单价 | 用量 | | | | | | |
| 人工及燃油动力 | 人工 | 工日 | 135.00 | — | — | — | — | — | — | — |
| | 汽油 综合 | kg | 6.12 | — | — | — | — | — | — | — |
| | 柴油 0# | kg | 5.09 | — | — | — | — | — | — | — |
| | 电 | kW·h | 0.78 | 24.000 | 33.200 | 74.000 | 236.300 | 8.600 | 12.900 | 28.600 |
| | 煤 | kg | 0.60 | — | — | — | — | — | — | — |
| | 木柴 | kg | 0.16 | — | — | — | — | — | — | — |
| | 水 | $m^3$ | 4.27 | — | — | — | — | — | — | — |

| 定额编号 | | | | 07019 | 07020 | 07021 | 07022 | 07023 | 07024 | 07025 |
|---|---|---|---|---|---|---|---|---|---|---|
| 项目 | | | | 木工压刨床 | | | 木工开榫机 | 木工打眼机 | 木工榫槽机 | 木工裁口机 |
| | | | | 刨削宽度(mm) | | | 榫头长度(mm) | 榫槽宽度 mm | 榫槽深度(mm) | 宽度(mm) |
| | | | | 双面 600 | 三面 400 | 四面 300 | 160 | 16 | 100 | 多面 400 |
| 机型 | | | | 小 | 中 | 中 | 中 | 小 | 小 | 小 |
| **台班单价 (元)** | | | | **48.80** | **64.43** | **84.20** | **43.73** | **8.38** | **29.70** | **35.31** |
| 费用组成 | 折旧费 (元) | | | 6.55 | 14.04 | 18.72 | 9.36 | 1.87 | 2.34 | 3.74 |
| | 检修费 (元) | | | 2.13 | 2.94 | 4.32 | 3.30 | 0.53 | 0.53 | 0.87 |
| | 维护费 (元) | | | 5.80 | 6.58 | 9.68 | 10.01 | 2.31 | 2.26 | 2.62 |
| | 安拆及场外运输费 (元) | | | — | — | — | — | — | — | — |
| | 人工费 (元) | | | — | — | — | — | — | — | — |
| | 燃料动力费 (元) | | | 34.32 | 40.87 | 51.48 | 21.06 | 3.67 | 24.57 | 28.08 |
| | 其他费用 (元) | | | — | — | — | — | — | — | — |
| 名称 | | 单位 | 单价 | 用量 | | | | | | |
| 人工及燃油动力 | 人工 | 工日 | 135.00 | — | — | — | — | — | — | — |
| | 汽油 综合 | kg | 6.12 | — | — | — | — | — | — | — |
| | 柴油 0# | kg | 5.09 | — | — | — | — | — | — | — |
| | 电 | kW·h | 0.78 | 44.000 | 52.400 | 66.000 | 27.000 | 4.700 | 31.500 | 36.000 |
| | 煤 | kg | 0.60 | — | — | — | — | — | — | — |
| | 木柴 | kg | 0.16 | — | — | — | — | — | — | — |
| | 水 | $m^3$ | 4.27 | — | — | — | — | — | — | — |

| 定额编号 | | | | 07026 | 07027 | 07028 | 07029 | 07030 | 07031 | 07032 | 07033 |
|---|---|---|---|---|---|---|---|---|---|---|---|
| 项目 | | | | 普通车床 | | | | | 立式车床 | 管子车床 | 外圆磨床 |
| | | | | 工件直径×工件长度(mm) | | | | | 直径(mm) | | 工件直径×工件长度(mm) |
| | | | | 400×1000 | 400×2000 | 630×1400 | 630×2000 | 660×2000 | 2250 | | 200×500 |
| 机型 | | | | 小 | 小 | 中 | 中 | 中 | 中 | 小 | 中 |
| **台班单价　(元)** | | | | **34.62** | **49.85** | **61.49** | **71.33** | **103.38** | **101.82** | **36.30** | **82.26** |
| 费用组成 | 折旧费　(元) | | | 11.70 | 16.67 | 21.35 | 23.69 | 29.25 | 85.04 | 7.31 | 25.50 |
| | 检修费　(元) | | | 6.06 | 7.52 | 9.62 | 11.76 | 13.39 | 5.00 | 4.02 | 13.50 |
| | 维护费　(元) | | | 6.37 | 7.90 | 10.10 | 12.35 | 14.06 | 7.55 | 4.22 | 9.72 |
| | 安拆及场外运输费　(元) | | | — | — | — | — | — | — | — | — |
| | 人工费　(元) | | | — | — | — | — | — | — | — | — |
| | 燃料动力费　(元) | | | 10.49 | 17.76 | 20.42 | 23.53 | 46.68 | 4.23 | 20.75 | 33.54 |
| | 其他费用　(元) | | | — | — | — | — | — | — | — | — |
| 名称 | | 单位 | 单价 | 用量 | | | | | | | |
| 人工及燃油动力 | 人工 | 工日 | 135.00 | — | — | — | — | — | — | — | — |
| | 汽油 综合 | kg | 6.12 | — | — | — | — | — | — | — | — |
| | 柴油 0# | kg | 5.09 | — | — | — | — | — | — | — | — |
| | 电 | kW·h | 0.78 | 13.450 | 22.770 | 26.180 | 30.170 | 59.840 | 5.420 | 26.600 | 43.000 |
| | 煤 | kg | 0.60 | — | — | — | — | — | — | — | — |
| | 木柴 | kg | 0.16 | — | — | — | — | — | — | — | — |
| | 水 | $m^3$ | 4.27 | — | — | — | — | — | — | — | — |

| 定额编号 | | | | 07034 | 07035 | 07036 | 07037 | 07038 | 07039 | 07040 | 07041 |
|---|---|---|---|---|---|---|---|---|---|---|---|
| 项目 | | | | 龙门刨床 | | | 牛头刨床 | 立式铣床 | | 卧式铣床 | |
| | | | | 刨削宽度×长度(mm) | | | 刨削长度(mm) | 台宽×台长(mm) | | | |
| | | | | 1000×3000 | 1000×4000 | 1000×6000 | 650 | 320×1250 | 400×1250 | | 400×1600 |
| 机型 | | | | 中 | 中 | 中 | 小 | 中 | 中 | 中 | 中 |
| **台班单价 (元)** | | | | **160.09** | **211.79** | **361.16** | **30.54** | **28.05** | **38.43** | **29.83** | **33.21** |
| 费用组成 | 折旧费 (元) | | | 103.35 | 109.20 | 159.89 | 14.43 | 3.02 | 3.69 | 4.03 | 4.36 |
| | 检修费 (元) | | | 22.28 | 23.26 | 31.42 | 3.18 | 4.66 | 7.17 | 4.67 | 6.02 |
| | 维护费 (元) | | | 12.70 | 13.26 | 17.91 | 2.13 | 3.68 | 5.66 | 3.69 | 4.75 |
| | 安拆及场外运输费 (元) | | | — | — | — | — | — | — | — | — |
| | 人工费 (元) | | | — | — | — | — | — | — | — | — |
| | 燃料动力费 (元) | | | 21.76 | 66.07 | 151.94 | 10.80 | 16.69 | 21.91 | 17.44 | 18.08 |
| | 其他费用 (元) | | | — | — | — | — | — | — | — | — |
| 名称 | | 单位 | 单价 | 用量 | | | | | | | |
| 人工及燃油动力 | 人工 | 工日 | 135.00 | — | — | — | — | — | — | — | — |
| | 汽油 综合 | kg | 6.12 | — | — | — | — | — | — | — | — |
| | 柴油 0# | kg | 5.09 | — | — | — | — | — | — | — | — |
| | 电 | kW·h | 0.78 | 27.900 | 84.700 | 194.800 | 13.840 | 21.400 | 28.090 | 22.360 | 23.180 |
| | 煤 | kg | 0.60 | — | — | — | — | — | — | — | — |
| | 木柴 | kg | 0.16 | — | — | — | — | — | — | — | — |
| | 水 | $m^3$ | 4.27 | — | — | — | — | — | — | — | — |

| 定额编号 | | | | 07042 | 07043 | 07044 | 07045 | 07046 | 07047 |
|---|---|---|---|---|---|---|---|---|---|
| 项目 | | | | 台式钻床 | | | 立式钻床 | | |
| | | | | 钻孔直径(mm) | | | | | |
| | | | | 16 | 25 | 35 | 25 | 35 | 50 |
| 机型 | | | | 小 | 小 | 小 | 小 | 小 | 小 |
| **台班单价　(元)** | | | | **3.90** | **5.33** | **9.06** | **5.80** | **9.30** | **21.16** |
| 费用组成 | 折旧费（元） | | | 0.34 | 0.67 | 1.34 | 1.68 | 2.69 | 10.07 |
| | 检修费（元） | | | 0.16 | 0.20 | 0.42 | 0.51 | 0.83 | 1.74 |
| | 维护费（元） | | | 0.30 | 0.37 | 0.78 | 0.47 | 0.75 | 1.59 |
| | 安拆及场外运输费（元） | | | — | — | — | — | — | — |
| | 人工费（元） | | | — | — | — | — | — | — |
| | 燃料动力费（元） | | | 3.10 | 4.09 | 6.52 | 3.14 | 5.03 | 7.76 |
| | 其他费用（元） | | | — | — | — | — | — | — |
| 名称 | | 单位 | 单价 | 用量 | | | | | |
| 人工及燃油动力 | 人工 | 工日 | 135.00 | — | — | — | — | — | — |
| | 汽油 综合 | kg | 6.12 | — | — | — | — | — | — |
| | 柴油 0# | kg | 5.09 | — | — | — | — | — | — |
| | 电 | kW·h | 0.78 | 3.980 | 5.240 | 8.360 | 4.030 | 6.450 | 9.950 |
| | 煤 | kg | 0.60 | — | — | — | — | — | — |
| | 木柴 | kg | 0.16 | — | — | — | — | — | — |
| | 水 | $m^3$ | 4.27 | — | — | — | — | — | — |

| 定额编号 | | | | 07048 | 07049 | 07050 | 07051 | 07052 |
|---|---|---|---|---|---|---|---|---|
| 项目 | | | | 摇臂钻床 | | | 锥形螺纹车丝机 | 螺栓套丝机 |
| | | | | 钻孔直径(mm) | | | 直径(mm) | 直径(mm) |
| | | | | 25 | 50 | 63 | 45 | 39 |
| 机型 | | | | 小 | 中 | 中 | 小 | 小 |
| **台班单价 (元)** | | | | **8.50** | **21.52** | **32.79** | **18.23** | **28.85** |
| 费用组成 | 折旧费(元) | | | 3.69 | 10.74 | 13.09 | 2.93 | 2.18 |
| | 检修费(元) | | | 0.75 | 1.99 | 4.12 | 0.59 | 0.25 |
| | 维护费(元) | | | 0.42 | 1.09 | 2.27 | 1.01 | 0.43 |
| | 安拆及场外运输费(元) | | | — | — | — | 6.49 | 6.49 |
| | 人工费(元) | | | — | — | — | — | — |
| | 燃料动力费(元) | | | 3.64 | 7.70 | 13.31 | 7.21 | 19.50 |
| | 其他费用(元) | | | — | — | — | — | — |
| 名称 | | 单位 | 单价 | 用量 | | | | |
| 人工及燃油动力 | 人工 | 工日 | 135.00 | — | — | — | — | — |
| | 汽油 综合 | kg | 6.12 | — | — | — | — | — |
| | 柴油 0# | kg | 5.09 | — | — | — | — | — |
| | 电 | kW·h | 0.78 | 4.670 | 9.870 | 17.070 | 9.240 | 25.000 |
| | 煤 | kg | 0.60 | — | — | — | — | — |
| | 木柴 | kg | 0.16 | — | — | — | — | — |
| | 水 | $m^3$ | 4.27 | — | — | — | — | — |

| 定额编号 | | | | 07053 | 07054 | 07055 | 07056 | 07057 | 07058 |
|---|---|---|---|---|---|---|---|---|---|
| 项目 | | | | 剪板机 | | | | | |
| | | | | 厚度×宽度(mm) | | | | | |
| | | | | 6.3×2000 | 10×2500 | 13×2500 | 13×3000 | 16×2500 | 20×2000 |
| 机型 | | | | 中 | 中 | 中 | 中 | 中 | 中 |
| **台班单价　(元)** | | | | **46.71** | **78.85** | **93.56** | **100.67** | **102.89** | **122.84** |
| 费用组成 | 折旧费（元） | | | 20.04 | 36.82 | 44.04 | 47.49 | 50.14 | 65.52 |
| | 检修费（元） | | | 2.83 | 5.19 | 6.22 | 8.31 | 7.07 | 9.25 |
| | 维护费（元） | | | 1.50 | 2.75 | 3.29 | 4.40 | 3.75 | 4.90 |
| | 安拆及场外运输费（元） | | | — | — | — | — | — | — |
| | 人工费（元） | | | — | — | — | — | — | — |
| | 燃料动力费（元） | | | 22.34 | 34.09 | 40.01 | 40.47 | 41.93 | 43.17 |
| | 其他费用（元） | | | — | — | — | — | — | — |
| 名称 | | 单位 | 单价 | 用量 | | | | | |
| 人工及燃油动力 | 人工 | 工日 | 135.00 | — | — | — | — | — | — |
| | 汽油 综合 | kg | 6.12 | — | — | — | — | — | — |
| | 柴油 0# | kg | 5.09 | — | — | — | — | — | — |
| | 电 | kW·h | 0.78 | 28.640 | 43.700 | 51.300 | 51.890 | 53.760 | 55.340 |
| | 煤 | kg | 0.60 | — | — | — | — | — | — |
| | 木柴 | kg | 0.16 | — | — | — | — | — | — |
| | 水 | $m^3$ | 4.27 | — | — | — | — | — | — |

| 定额编号 | | | | 07059 | 07060 | 07061 | 07062 | 07063 | 07064 | 07065 |
|---|---|---|---|---|---|---|---|---|---|---|
| 项目 | | | | 剪板机 | | | | 板料校平机 | | |
| | | | | 厚度×宽度(mm) | | | | | | |
| | | | | 20×2500 | 20×4000 | 32×4000 | 40×3100 | 10×2000 | 16×2000 | 16×2600 |
| 机型 | | | | 中 | 中 | 大 | 大 | 大 | 大 | 大 |
| **台班单价　(元)** | | | | **128.07** | **208.48** | **349.76** | **374.59** | **684.25** | **896.18** | **964.35** |
| 费用组成 | 折旧费(元) | | | 66.46 | 104.05 | 194.67 | 228.24 | 528.60 | 680.47 | 732.47 |
| | 检修费(元) | | | 11.02 | 20.64 | 35.91 | 42.23 | 62.17 | 80.03 | 86.15 |
| | 维护费(元) | | | 5.84 | 10.94 | 19.03 | 22.38 | 32.33 | 41.61 | 44.80 |
| | 安拆及场外运输费(元) | | | — | — | — | — | — | — | — |
| | 人工费(元) | | | — | — | — | — | — | — | — |
| | 燃料动力费(元) | | | 44.75 | 72.85 | 100.15 | 81.74 | 61.15 | 94.07 | 100.93 |
| | 其他费用(元) | | | — | — | — | — | — | — | — |
| 名称 | | 单位 | 单价 | 用量 | | | | | | |
| 人工及燃油动力 | 人工 | 工日 | 135.00 | — | — | — | — | — | — | — |
| | 汽油 综合 | kg | 6.12 | — | — | — | — | — | — | — |
| | 柴油 0# | kg | 5.09 | — | — | — | — | — | — | — |
| | 电 | kW·h | 0.78 | 57.370 | 93.400 | 128.400 | 104.800 | 78.400 | 120.600 | 129.400 |
| | 煤 | kg | 0.60 | — | — | — | — | — | — | — |
| | 木柴 | kg | 0.16 | — | — | — | — | — | — | — |
| | 水 | $m^3$ | 4.27 | — | — | — | — | — | — | — |

| 定　额　编　号 | | | | 07066 | 07067 | 07068 | 07069 | 07070 | 07071 |
|---|---|---|---|---|---|---|---|---|---|
| 项　　目 | | | | 卷板机 | | | | | |
| | | | | 板厚×宽度(mm) | | | | | |
| | | | | 2×1600 | 20×2000 | 20×2500 | 20×3000 | 30×2000 | 30×2500 |
| 机　　型 | | | | 中 | 中 | 中 | 大 | 大 | 大 |
| **台班单价　(元)** | | | | **39.05** | **54.54** | **84.13** | **94.66** | **162.32** | **202.18** |
| 费用组成 | 折　旧　费　(元) | | | 12.75 | 22.29 | 26.01 | 32.69 | 80.89 | 97.84 |
| | 检　修　费　(元) | | | 2.25 | 3.94 | 4.59 | 5.77 | 14.28 | 17.26 |
| | 维　护　费　(元) | | | 1.74 | 3.03 | 3.53 | 4.45 | 10.99 | 13.29 |
| | 安拆及场外运输费　(元) | | | — | — | — | — | — | — |
| | 人　工　费　(元) | | | — | — | — | — | — | — |
| | 燃料动力费　(元) | | | 22.31 | 25.28 | 50.00 | 51.75 | 56.16 | 73.79 |
| | 其他费用　(元) | | | — | — | — | — | — | — |
| 名　称 | | 单位 | 单价 | 用　量 | | | | | |
| 人工及燃油动力 | 人工 | 工日 | 135.00 | — | — | — | — | — | — |
| | 汽油 综合 | kg | 6.12 | — | — | — | — | — | — |
| | 柴油 0# | kg | 5.09 | — | — | — | — | — | — |
| | 电 | kW·h | 0.78 | 28.600 | 32.410 | 64.100 | 66.340 | 72.000 | 94.600 |
| | 煤 | kg | 0.60 | — | — | — | — | — | — |
| | 木柴 | kg | 0.16 | — | — | — | — | — | — |
| | 水 | $m^3$ | 4.27 | — | — | — | — | — | — |

| 定额编号 | | | | 07072 | 07073 | 07074 | 07075 | 07076 |
|---|---|---|---|---|---|---|---|---|
| 项目 | | | | 卷板机 | | | | |
| | | | | 板厚×宽度(mm) | | | | |
| | | | | 30×3000 | 40×3500 | 40×4000 | 45×3500 | 70×3000 |
| 机型 | | | | 大 | 大 | 大 | 大 | 大 |
| **台班单价 (元)** | | | | **275.30** | **336.90** | **595.83** | **821.09** | **901.66** |
| 费用组成 | 折旧费 (元) | | | 129.29 | 151.61 | 280.26 | 469.90 | 516.85 |
| | 检修费 (元) | | | 22.81 | 26.74 | 73.19 | 81.85 | 91.18 |
| | 维护费 (元) | | | 17.57 | 20.59 | 56.35 | 63.03 | 70.21 |
| | 安拆及场外运输费 (元) | | | — | — | — | — | — |
| | 人工费 (元) | | | — | — | — | — | — |
| | 燃料动力费 (元) | | | 105.63 | 137.96 | 186.03 | 206.31 | 223.42 |
| | 其他费用 (元) | | | — | — | — | — | — |
| 名称 | | 单位 | 单价 | 用量 | | | | |
| 人工及燃油动力 | 人工 | 工日 | 135.00 | — | — | — | — | — |
| | 汽油 综合 | kg | 6.12 | — | — | — | — | — |
| | 柴油 0# | kg | 5.09 | — | — | — | — | — |
| | 电 | kW·h | 0.78 | 135.420 | 176.870 | 238.500 | 264.500 | 286.440 |
| | 煤 | kg | 0.60 | — | — | — | — | — |
| | 木柴 | kg | 0.16 | — | — | — | — | — |
| | 水 | $m^3$ | 4.27 | — | — | — | — | — |

| 定额编号 | | | | 07077 | 07078 | 07079 | 07080 | 07081 | 07082 |
|---|---|---|---|---|---|---|---|---|---|
| 项目 | | | | 联合冲剪机 | | 刨边机 | | 折方机 | |
| | | | | 板厚(mm) | | 加工长度(mm) | | 厚度×宽度(mm) | |
| | | | | 16 | 30 | 9000 | 12000 | 1.5×2000 | 2×1000 |
| 机型 | | | | 中 | 中 | 大 | 大 | 小 | 小 |
| **台班单价 (元)** | | | | **61.10** | **98.11** | **288.92** | **342.64** | **14.99** | **11.11** |
| 费用组成 | 折旧费 (元) | | | 31.55 | 60.30 | 151.66 | 189.58 | 4.83 | 2.64 |
| | 检修费 (元) | | | 9.56 | 12.77 | 37.71 | 45.34 | 0.98 | 0.54 |
| | 维护费 (元) | | | 9.85 | 13.15 | 40.35 | 48.52 | 0.41 | 0.23 |
| | 安拆及场外运输费 (元) | | | — | — | — | — | — | — |
| | 人工费 (元) | | | — | — | — | — | — | — |
| | 燃料动力费 (元) | | | 10.14 | 11.89 | 59.20 | 59.20 | 8.77 | 7.70 |
| | 其他费用 (元) | | | — | — | — | — | — | — |
| 名称 | | 单位 | 单价 | 用量 | | | | | |
| 人工及燃油动力 | 人工 | 工日 | 135.00 | — | — | — | — | — | — |
| | 汽油 综合 | kg | 6.12 | — | — | — | — | — | — |
| | 柴油 0# | kg | 5.09 | — | — | — | — | — | — |
| | 电 | kW·h | 0.78 | 13.000 | 15.240 | 75.900 | 75.900 | 11.240 | 9.870 |
| | 煤 | kg | 0.60 | — | — | — | — | — | — |
| | 木柴 | kg | 0.16 | — | — | — | — | — | — |
| | 水 | $m^3$ | 4.27 | — | — | — | — | — | — |

| 定额编号 | | | | 07083 | 07084 | 07085 | 07086 | 07087 | 07088 | 07089 |
|---|---|---|---|---|---|---|---|---|---|---|
| 项目 | | | | 折方机 | | 扳边机 | 咬口机 | | 坡口机 | |
| | | | | 厚度×宽度(mm) | | 厚度×宽度(mm) | 板厚(mm) | | 功率(kW) | |
| | | | | 2×1500 | 4×2000 | 2×1500 | 1.2 | 1.5 | 2.2 | 2.8 |
| 机型 | | | | 小 | 中 | 中 | 小 | 小 | 小 | 小 |
| **台班单价 (元)** | | | | **12.63** | **32.84** | **18.14** | **14.64** | **17.65** | **32.22** | **33.38** |
| 费用组成 | 折旧费 (元) | | | 3.56 | 17.58 | 5.90 | 3.82 | 6.01 | 15.46 | 16.07 |
| | 检修费 (元) | | | 0.72 | 3.72 | 1.25 | 0.22 | 0.35 | 0.91 | 0.95 |
| | 维护费 (元) | | | 0.30 | 1.56 | 0.52 | 0.62 | 0.99 | 2.18 | 2.27 |
| | 安拆及场外运输费 (元) | | | — | — | — | — | — | 8.44 | 8.44 |
| | 人工费 (元) | | | — | — | — | — | — | — | — |
| | 燃料动力费 (元) | | | 8.05 | 9.98 | 10.47 | 9.98 | 10.30 | 5.23 | 5.65 |
| | 其他费用 (元) | | | — | — | — | — | — | — | — |
| 名称 | | 单位 | 单价 | 用量 | | | | | | |
| 人工及燃油动力 | 人工 | 工日 | 135.00 | — | — | — | — | — | — | — |
| | 汽油 综合 | kg | 6.12 | — | — | — | — | — | — | — |
| | 柴油 0# | kg | 5.09 | — | — | — | — | — | — | — |
| | 电 | kW·h | 0.78 | 10.320 | 12.800 | 13.420 | 12.800 | 13.210 | 6.700 | 7.240 |
| | 煤 | kg | 0.60 | — | — | — | — | — | — | — |
| | 木柴 | kg | 0.16 | — | — | — | — | — | — | — |
| | 水 | $m^3$ | 4.27 | — | — | — | — | — | — | — |

| 定额编号 | | | | 07090 | 07091 | 07092 | 07093 | 07094 | 07095 | 07096 |
|---|---|---|---|---|---|---|---|---|---|---|
| 项目 | | | | 开卷机 | 开孔机 | | | 等离子切割机 | 半自动切割机 | 自动仿形切割机 |
| | | | | 厚度(mm) | 开孔直径(mm) | | | 电流(A) | 厚度(mm) | |
| | | | | 12 | 200 | 400 | 600 | 400 | 100 | 60 |
| 机型 | | | | 小 | 小 | 中 | 中 | 小 | 小 | 小 |
| **台班单价　(元)** | | | | **15.81** | **14.94** | **18.32** | **20.07** | **239.40** | **92.61** | **68.32** |
| 费用组成 | 折旧费　(元) | | | 4.64 | 3.07 | 3.21 | 4.37 | 34.29 | 1.09 | 3.28 |
| | 检修费　(元) | | | 0.27 | 0.18 | 0.19 | 0.26 | 6.05 | 0.32 | 0.83 |
| | 维护费　(元) | | | 0.45 | 0.30 | 0.32 | 0.43 | 36.10 | 2.01 | 5.17 |
| | 安拆及场外运输费　(元) | | | — | — | — | — | 11.95 | 12.75 | 12.75 |
| | 人工费　(元) | | | — | — | — | — | — | — | — |
| | 燃料动力费　(元) | | | 10.45 | 11.39 | 14.60 | 15.01 | 151.01 | 76.44 | 46.29 |
| | 其他费用　(元) | | | — | — | — | — | — | — | — |
| 名称 | | 单位 | 单价 | 用量 | | | | | | |
| 人工及燃油动力 | 人工 | 工日 | 135.00 | — | — | — | — | — | — | — |
| | 汽油 综合 | kg | 6.12 | — | — | — | — | — | — | — |
| | 柴油 0# | kg | 5.09 | — | — | — | — | — | — | — |
| | 电 | kW·h | 0.78 | 13.400 | 14.600 | 18.720 | 19.240 | 193.600 | 98.000 | 59.350 |
| | 煤 | kg | 0.60 | — | — | — | — | — | — | — |
| | 木柴 | kg | 0.16 | — | — | — | — | — | — | — |
| | 水 | $m^3$ | 4.27 | — | — | — | — | — | — | — |

| 定额编号 | | | | 07097 | 07098 | 07099 | 07100 | 07101 | 07102 |
|---|---|---|---|---|---|---|---|---|---|
| 项目 | | | | 弓锯床 | 管子切断机 | | | | 管子切断套丝机 |
| | | | | 锯料直径(mm) | 直径(mm) | | | | |
| | | | | 250 | 60 | 150 | 250 | 325 | 159 |
| 机型 | | | | 小 | 小 | 小 | 小 | 小 | 小 |
| **台班单价 (元)** | | | | **20.77** | **16.62** | **29.76** | **44.85** | **84.91** | **21.59** |
| 费用组成 | 折旧费 (元) | | | 6.82 | 3.28 | 6.01 | 12.56 | 32.27 | 2.73 |
| | 检修费 (元) | | | 0.65 | 0.82 | 2.33 | 2.67 | 6.83 | 0.45 |
| | 维护费 (元) | | | 0.98 | 2.29 | 4.87 | 5.58 | 14.27 | 1.50 |
| | 安拆及场外运输费 (元) | | | 8.44 | 6.49 | 6.49 | 6.49 | 6.49 | 6.49 |
| | 人工费 (元) | | | — | — | — | — | — | — |
| | 燃料动力费 (元) | | | 3.88 | 3.74 | 10.06 | 17.55 | 25.05 | 10.42 |
| | 其他费用 (元) | | | — | — | — | — | — | — |
| 名称 | | 单位 | 单价 | 用量 | | | | | |
| 人工及燃油动力 | 人工 | 工日 | 135.00 | — | — | — | — | — | — |
| | 汽油 综合 | kg | 6.12 | — | — | — | — | — | — |
| | 柴油 0# | kg | 5.09 | — | — | — | — | — | — |
| | 电 | kW·h | 0.78 | 4.970 | 4.800 | 12.900 | 22.500 | 32.110 | 13.360 |
| | 煤 | kg | 0.60 | — | — | — | — | — | — |
| | 木柴 | kg | 0.16 | — | — | — | — | — | — |
| | 水 | $m^3$ | 4.27 | — | — | — | — | — | — |

| 定额编号 | | | | 07103 | 07104 | 07105 | 07106 |
|---|---|---|---|---|---|---|---|
| 项目 | | | | 型钢剪断机 | 校直机 | 型钢矫正机 | 型钢组立机 |
| | | | | 剪断直径(mm) | | 厚度×宽度(mm) | |
| | | | | 500 | | 60×800 | |
| 机型 | | | | 中 | 小 | 中 | 中 |
| **台班单价　(元)** | | | | **82.19** | **30.23** | **67.49** | **57.93** |
| 费用组成 | 折旧费　(元) | | | 27.19 | 3.00 | 12.92 | 3.39 |
| | 检修费　(元) | | | 6.85 | 0.36 | 2.28 | 0.60 |
| | 维护费　(元) | | | 6.65 | 0.19 | 2.21 | 0.59 |
| | 安拆及场外运输费(元) | | | — | — | — | — |
| | 人工费　(元) | | | — | — | — | — |
| | 燃料动力费　(元) | | | 41.50 | 26.68 | 50.08 | 53.35 |
| | 其他费用　(元) | | | — | — | — | — |
| 名称 | | 单位 | 单价 | 用量 | | | |
| 人工及燃油动力 | 人工 | 工日 | 135.00 | — | — | — | — |
| | 汽油 综合 | kg | 6.12 | — | — | — | — |
| | 柴油 0# | kg | 5.09 | — | — | — | — |
| | 电 | kW·h | 0.78 | 53.200 | 34.210 | 64.200 | 68.400 |
| | 煤 | kg | 0.60 | — | — | — | — |
| | 木柴 | kg | 0.16 | — | — | — | — |
| | 水 | $m^3$ | 4.27 | — | — | — | — |

| 定额编号 | | | | 07107 | 07108 | 07109 | 07110 | 07111 | 07112 | 07113 | 07114 |
|---|---|---|---|---|---|---|---|---|---|---|---|
| 项目 | | | | 中频加热处理机 | | 中频感应炉 | 中频煨弯机 | | 钢材电动煨弯机 | | 法兰卷圆机 |
| | | | | 功率(kW) | | | | | 弯曲直径(mm) | | L40×4 |
| | | | | 50 | 100 | 250 | 160 | 250 | 500以内 | 500~1800 | |
| 机型 | | | | 小 | 中 | 小 | 小 | 中 | 小 | 中 | 小 |
| **台班单价 (元)** | | | | **38.98** | **98.69** | **43.47** | **74.70** | **94.84** | **53.71** | **63.74** | **34.75** |
| 费用组成 | 折旧费 (元) | | | 7.21 | 54.22 | 2.68 | 30.47 | 44.11 | 22.12 | 24.02 | 13.10 |
| | 检修费 (元) | | | 0.84 | 6.37 | 0.31 | 3.59 | 5.19 | 2.47 | 5.11 | 0.77 |
| | 维护费 (元) | | | 0.98 | 7.39 | 0.37 | 4.17 | 6.02 | 1.70 | 3.53 | 2.46 |
| | 安拆及场外运输费 (元) | | | — | — | — | 6.49 | 6.49 | 6.03 | 6.03 | 8.44 |
| | 人工费 (元) | | | — | — | — | — | — | — | — | — |
| | 燃料动力费 (元) | | | 29.95 | 30.71 | 40.11 | 29.98 | 33.03 | 21.39 | 25.05 | 9.98 |
| | 其他费用 (元) | | | — | — | — | — | — | — | — | — |
| 名称 | | 单位 | 单价 | 用量 | | | | | | | |
| 人工及燃油动力 | 人工 | 工日 | 135.00 | — | — | — | — | — | — | — | — |
| | 汽油 综合 | kg | 6.12 | — | — | — | — | — | — | — | — |
| | 柴油 0# | kg | 5.09 | — | — | — | — | — | — | — | — |
| | 电 | kW·h | 0.78 | 38.400 | 39.370 | 51.420 | 38.440 | 42.340 | 27.420 | 32.110 | 12.800 |
| | 煤 | kg | 0.60 | — | — | — | — | — | — | — | — |
| | 木柴 | kg | 0.16 | — | — | — | — | — | — | — | — |
| | 水 | $m^3$ | 4.27 | — | — | — | — | — | — | — | — |

| 定额编号 | | | | 07115 | 07116 | 07117 | 07118 | 07119 | 07120 | 07121 | 07122 | 07123 | 07124 |
|---|---|---|---|---|---|---|---|---|---|---|---|---|---|
| 项目 | | | | 电动弯管机 | | | 液压弯管机 | 切管机 | 空气锤 | | | | |
| | | | | 管径(mm) | | | 弯管能力(mm) | 9A151 | 锤体质量(kg) | | | | |
| | | | | 50 | 100 | 108 | $D60$ | | 75 | 150 | 400 | 750 | 1000 |
| 机型 | | | | 小 | 中 | 中 | 中 | 中 | 小 | 小 | 中 | 中 | 中 |
| **台班单价 (元)** | | | | **27.00** | **33.49** | **80.50** | **50.49** | **76.44** | **31.76** | **61.39** | **144.18** | **256.55** | **291.17** |
| 费用组成 | 折旧费 (元) | | | 3.82 | 7.64 | 39.04 | 18.29 | 22.75 | 10.16 | 13.44 | 29.40 | 118.52 | 140.61 |
| | 检修费 (元) | | | 0.45 | 0.89 | 4.60 | 2.15 | 8.63 | 1.19 | 2.32 | 6.28 | 13.94 | 16.53 |
| | 维护费 (元) | | | 0.53 | 1.04 | 5.33 | 2.50 | 18.04 | 1.53 | 2.96 | 8.04 | 17.85 | 21.16 |
| | 安拆及场外运输费 (元) | | | 6.49 | 6.49 | 6.49 | 6.49 | 1.97 | — | — | — | — | — |
| | 人工费 (元) | | | — | — | — | — | — | — | — | — | — | — |
| | 燃料动力费 (元) | | | 15.71 | 17.43 | 25.04 | 21.06 | 25.05 | 18.88 | 42.67 | 100.46 | 106.24 | 112.87 |
| | 其他费用 (元) | | | — | — | — | — | — | — | — | — | — | — |
| 名称 | | 单位 | 单价 | 用量 | | | | | | | | | |
| 人工及燃油动力 | 人工 | 工日 | 135.00 | — | — | — | — | — | — | — | — | — | — |
| | 汽油 综合 | kg | 6.12 | — | — | — | — | — | — | — | — | — | — |
| | 柴油 0# | kg | 5.09 | — | — | — | — | — | — | — | — | — | — |
| | 电 | kW·h | 0.78 | 20.140 | 22.340 | 32.100 | 27.000 | 32.110 | 24.200 | 54.700 | 128.800 | 136.200 | 144.700 |
| | 煤 | kg | 0.60 | — | — | — | — | — | — | — | — | — | — |
| | 木柴 | kg | 0.16 | — | — | — | — | — | — | — | — | — | — |
| | 水 | $m^3$ | 4.27 | — | — | — | — | — | — | — | — | — | — |

| 定额编号 | | | | 07125 | 07126 | 07127 | 07128 | 07129 |
|---|---|---|---|---|---|---|---|---|
| 项目 | | | | 摩擦压力机 | | 开式可倾压力机 | | |
| | | | | 压力(kN) | | | | |
| | | | | 1600 | 3000 | 630 | 800 | 1250 |
| 机型 | | | | 中 | 中 | 中 | 中 | 中 |
| **台班单价 (元)** | | | | **84.80** | **176.30** | **44.86** | **68.86** | **107.53** |
| 费用组成 | 折旧费 (元) | | | 45.33 | 85.99 | 29.35 | 42.31 | 69.34 |
| | 检修费 (元) | | | 2.66 | 5.83 | 2.07 | 2.70 | 4.08 |
| | 维护费 (元) | | | 4.21 | 9.21 | 3.46 | 4.51 | 6.81 |
| | 安拆及场外运输费 (元) | | | — | — | — | — | — |
| | 人工费 (元) | | | — | — | — | — | — |
| | 燃料动力费 (元) | | | 32.60 | 75.27 | 9.98 | 19.34 | 27.30 |
| | 其他费用 (元) | | | — | — | — | — | — |
| 名称 | | 单位 | 单价 | 用量 | | | | |
| 人工及燃油动力 | 人工 | 工日 | 135.00 | — | — | — | — | — |
| | 汽油 综合 | kg | 6.12 | — | — | — | — | — |
| | 柴油 0# | kg | 5.09 | — | — | — | — | — |
| | 电 | kW·h | 0.78 | 41.800 | 96.500 | 12.800 | 24.800 | 35.000 |
| | 煤 | kg | 0.60 | — | — | — | — | — |
| | 木柴 | kg | 0.16 | — | — | — | — | — |
| | 水 | $m^3$ | 4.27 | — | — | — | — | — |

| 定额编号 | | | | 07130 | 07131 | 07132 | 07133 | 07134 | 07135 | 07136 | 07137 |
|---|---|---|---|---|---|---|---|---|---|---|---|
| 项目 | | | | 液压机 | | | | | | | |
| | | | | 压力(kN) | | | | | | | |
| | | | | 500 | 800 | 1000 | 1200 | 2000 | 5000 | 8000 | 12000 |
| 机型 | | | | 小 | 小 | 小 | 小 | 小 | 小 | 小 | 小 |
| **台班单价 (元)** | | | | **140.82** | **154.11** | **164.14** | **184.15** | **202.82** | **245.25** | **595.27** | **901.88** |
| 费用组成 | 折旧费 (元) | | | 59.01 | 61.74 | 65.90 | 68.58 | 72.41 | 80.05 | 320.99 | 357.32 |
| | 检修费 (元) | | | 6.94 | 7.26 | 7.75 | 8.06 | 8.52 | 9.41 | 37.75 | 42.03 |
| | 维护费 (元) | | | 8.88 | 9.29 | 9.92 | 10.32 | 10.90 | 12.04 | 48.32 | 53.80 |
| | 安拆及场外运输费 (元) | | | — | — | — | — | — | — | — | — |
| | 人工费 (元) | | | — | — | — | — | — | — | — | — |
| | 燃料动力费 (元) | | | 65.99 | 75.82 | 80.57 | 97.19 | 110.99 | 143.75 | 188.21 | 448.73 |
| | 其他费用 (元) | | | — | — | — | — | — | — | — | — |
| 名称 | | 单位 | 单价 | 用量 | | | | | | | |
| 人工及燃油动力 | 人工 | 工日 | 135.00 | — | — | — | — | — | — | — | — |
| | 汽油 综合 | kg | 6.12 | — | — | — | — | — | — | — | — |
| | 柴油 0# | kg | 5.09 | — | — | — | — | — | — | — | — |
| | 电 | kW·h | 0.78 | 84.600 | 97.200 | 103.300 | 124.600 | 142.300 | 184.300 | 241.300 | 575.300 |
| | 煤 | kg | 0.60 | — | — | — | — | — | — | — | — |
| | 木柴 | kg | 0.16 | — | — | — | — | — | — | — | — |
| | 水 | $m^3$ | 4.27 | — | — | — | — | — | — | — | — |

| 定 额 编 号 | | | | 07138 | 07139 | 07140 | 07141 | 07142 | 07143 | 07144 |
|---|---|---|---|---|---|---|---|---|---|---|
| 项 目 | | | | 液压压接机 | | 钢筋挤压连接机 | 风动锻钎机 | 电动锻钎机 | 磨砖机 | |
| | | | | | | | | | 功率(kW) | |
| | | | | 压力(t) | | 直径(mm) | | | | |
| | | | | 100 | 200 | 40 | | | 4 | 4.5 |
| 机 型 | | | | 中 | 中 | 小 | 小 | 中 | 小 | 小 |
| **台班单价 (元)** | | | | **113.45** | **176.48** | **32.58** | **25.56** | **114.32** | **23.21** | **24.71** |
| 费用组成 | 折 旧 费 (元) | | | 24.30 | 40.33 | 11.49 | 9.03 | 17.53 | 6.14 | 6.65 |
| | 检 修 费 (元) | | | 1.43 | 9.48 | 0.68 | 1.07 | 2.06 | 0.37 | 0.39 |
| | 维 护 费 (元) | | | 1.52 | 10.05 | 1.49 | 0.75 | 1.40 | 0.46 | 0.49 |
| | 安拆及场外运输费 (元) | | | 5.63 | 5.63 | 7.03 | 14.71 | 14.71 | 8.44 | 8.44 |
| | 人 工 费 (元) | | | — | — | — | — | — | — | — |
| | 燃 料 动 力 费 (元) | | | 80.57 | 110.99 | 11.89 | — | 78.62 | 7.80 | 8.74 |
| | 其 他 费 用 (元) | | | — | — | — | — | — | — | — |
| 名 称 | | 单位 | 单价 | 用 量 | | | | | | |
| 人工及燃油动力 | 人工 | 工日 | 135.00 | — | — | — | — | — | — | — |
| | 汽油 综合 | kg | 6.12 | — | — | — | — | — | — | — |
| | 柴油 0# | kg | 5.09 | — | — | — | — | — | — | — |
| | 电 | kW·h | 0.78 | 103.300 | 142.300 | 15.240 | — | 100.800 | 10.000 | 11.200 |
| | 煤 | kg | 0.60 | — | — | — | — | — | — | — |
| | 木柴 | kg | 0.16 | — | — | — | — | — | — | — |
| | 水 | $m^3$ | 4.27 | — | — | — | — | — | — | — |

| 定额编号 | | | | 07145 | 07146 | 07147 | 07148 | 07149 | 07150 | 07151 |
|---|---|---|---|---|---|---|---|---|---|---|
| 项目 | | | | 切砖机 | | | | 钻砖机 | 岩石切割机 | 平面水磨石机 |
| | | | | 功率(kW) | | | | | | |
| | | | | 1.7 | 2.2 | 2.8 | 5.5 | 13 | 3 | |
| 机型 | | | | 小 | 小 | 小 | 小 | 小 | 小 | 小 |
| **台班单价 (元)** | | | | **22.33** | **25.93** | **28.43** | **32.80** | **15.92** | **48.61** | **21.71** |
| 费用组成 | 折旧费 (元) | | | 6.86 | 8.91 | 10.75 | 13.21 | 2.66 | 28.25 | 2.41 |
| | 检修费 (元) | | | 0.40 | 0.53 | 0.64 | 0.79 | 0.17 | 1.58 | 0.14 |
| | 维护费 (元) | | | 0.39 | 0.52 | 0.62 | 0.77 | 0.28 | 1.54 | 1.21 |
| | 安拆及场外运输费 (元) | | | 8.44 | 8.44 | 8.44 | 8.44 | 8.44 | 8.44 | 7.03 |
| | 人工费 (元) | | | — | — | — | — | — | — | — |
| | 燃料动力费 (元) | | | 6.24 | 7.53 | 7.98 | 9.59 | 4.37 | 8.80 | 10.92 |
| | 其他费用 (元) | | | — | — | — | — | — | — | — |
| 名称 | | 单位 | 单价 | 用量 | | | | | | |
| 人工及燃油动力 | 人工 | 工日 | 135.00 | — | — | — | — | — | — | — |
| | 汽油 综合 | kg | 6.12 | — | — | — | — | — | — | — |
| | 柴油 0# | kg | 5.09 | — | — | — | — | — | — | — |
| | 电 | kW·h | 0.78 | 8.000 | 9.650 | 10.230 | 12.300 | 5.600 | 11.280 | 14.000 |
| | 煤 | kg | 0.60 | — | — | — | — | — | — | — |
| | 木柴 | kg | 0.16 | — | — | — | — | — | — | — |
| | 水 | $m^3$ | 4.27 | — | — | — | — | — | — | — |

| 定额编号 | | | | 07152 | 07153 | 07154 | 07155 | 07156 | 07157 | 07158 | 07159 | 07160 |
|---|---|---|---|---|---|---|---|---|---|---|---|---|
| 项目 | | | | 立面水磨石机 | 喷砂除锈机 | 抛丸除锈机 | | | 涂料机 | | | |
| | | | | 功率(kW) | 能力($m^3$/min) | 直径(mm) | | | 处理直径(mm) | | | |
| | | | | 1.1 | 3 | 219 | 500 | 1000 | 300 | 1000 | 2000 | 3000 |
| 机型 | | | | 小 | 小 | 中 | 中 | 中 | 小 | 小 | 小 | 小 |
| **台班单价 (元)** | | | | **23.14** | **36.35** | **288.32** | **384.40** | **671.40** | **26.46** | **30.17** | **32.41** | **33.99** |
| 费用组成 | 折旧费 (元) | | | 5.95 | 6.72 | 199.06 | 271.08 | 492.09 | 2.66 | 4.85 | 5.94 | 6.62 |
| | 检修费 (元) | | | 0.33 | 0.76 | 23.42 | 31.88 | 57.87 | 0.34 | 0.62 | 0.76 | 0.86 |
| | 维护费 (元) | | | 2.81 | 1.08 | 33.49 | 45.59 | 82.76 | 0.36 | 0.66 | 0.81 | 0.91 |
| | 安拆及场外运输费 (元) | | | 7.03 | 5.63 | 5.63 | 5.63 | 5.63 | 5.63 | 5.63 | 5.63 | 5.63 |
| | 人工费 (元) | | | — | — | — | — | — | — | — | — | — |
| | 燃料动力费 (元) | | | 7.02 | 22.16 | 26.72 | 30.22 | 33.05 | 17.47 | 18.41 | 19.27 | 19.97 |
| | 其他费用 (元) | | | — | — | — | — | — | — | — | — | — |
| 名称 | | 单位 | 单价 | 用量 | | | | | | | | |
| 人工及燃油动力 | 人工 | 工日 | 135.00 | — | — | — | — | — | — | — | — | — |
| | 汽油 综合 | kg | 6.12 | — | — | — | — | — | — | — | — | — |
| | 柴油 0# | kg | 5.09 | — | — | — | — | — | — | — | — | — |
| | 电 | kW·h | 0.78 | 9.000 | 28.410 | 34.260 | 38.740 | 42.370 | 22.400 | 23.600 | 24.700 | 25.600 |
| | 煤 | kg | 0.60 | — | — | — | — | — | — | — | — | — |
| | 木柴 | kg | 0.16 | — | — | — | — | — | — | — | — | — |
| | 水 | $m^3$ | 4.27 | — | — | — | — | — | — | — | — | — |

| 定额编号 | | | | 07161 | 07162 | 07163 | 07164 | 07165 | 07166 | 07167 | 07168 | 07169 | 07170 |
|---|---|---|---|---|---|---|---|---|---|---|---|---|---|
| 项目 | | | | 万能母线煨弯机 | 封口机 | 数控钢筋调直切断机 | | 手提砂轮机 | 台式砂轮机 | 相贯线切割机 | 乙炔发生器 | 碳弧起刨机 | 电动扭力扳手 |
| | | | | | | 直径(mm) | | | | | 容量 $5mm^3$ | | |
| | | | | | | 1.8～3 | 3～7 | 150 | 250 | | | | |
| 机型 | | | | 小 | 小 | 小 | 中 | 小 | 小 | 中 | 小 | 小 | 小 |
| **台班单价　(元)** | | | | **30.14** | **37.62** | **42.21** | **153.26** | **4.37** | **4.65** | **83.34** | **7.31** | **56.28** | **7.73** |
| 费用组成 | 折旧费(元) | | | 8.59 | 19.11 | 20.08 | 72.30 | 0.43 | 0.43 | 25.59 | 1.07 | 5.33 | 1.42 |
| | 检修费(元) | | | 0.51 | 1.12 | 4.02 | 14.46 | 0.13 | 0.13 | 7.55 | 0.28 | 1.42 | 0.37 |
| | 维护费(元) | | | 1.11 | 2.47 | 3.01 | 10.84 | 0.42 | 0.42 | 25.15 | 0.83 | 4.15 | 0.84 |
| | 安拆及场外运输费(元) | | | 7.03 | 7.03 | 4.96 | 4.96 | — | — | — | 5.13 | 5.13 | 2.14 |
| | 人工费(元) | | | — | — | — | — | — | — | — | — | — | — |
| | 燃料动力费(元) | | | 12.90 | 7.89 | 10.14 | 50.70 | 3.39 | 3.67 | 25.05 | — | 40.25 | 2.96 |
| | 其他费用(元) | | | — | — | — | — | — | — | — | — | — | — |
| 名称 | | 单位 | 单价 | 用量 | | | | | | | | | |
| 人工及燃油动力 | 人工 | 工日 | 135.00 | — | — | — | — | — | — | — | — | — | — |
| | 汽油 综合 | kg | 6.12 | — | — | — | — | — | — | — | — | — | — |
| | 柴油 0# | kg | 5.09 | — | — | — | — | — | — | — | — | — | — |
| | 电 | kW·h | 0.78 | 16.540 | 10.120 | 13.000 | 65.000 | 4.350 | 4.700 | 32.110 | — | 51.600 | 3.800 |
| | 煤 | kg | 0.60 | — | — | — | — | — | — | — | — | — | — |
| | 木柴 | kg | 0.16 | — | — | — | — | — | — | — | — | — | — |
| | 水 | $m^3$ | 4.27 | — | — | — | — | — | — | — | — | — | — |

# 八、泵类机械

| 定额编号 | | | | 08001 | 08002 | 08003 | 08004 | 08005 | 08006 | 08007 | 08008 | 08009 | 08010 |
|---|---|---|---|---|---|---|---|---|---|---|---|---|---|
| 项目 | | | | 电动单级离心清水泵 | | | | | 内燃单级离心清水泵 | | | | |
| | | | | 出口直径(mm) | | | | | | | | | |
| | | | | 50 | 100 | 150 | 200 | 250 | 50 | 100 | 150 | 200 | 250 |
| 机型 | | | | 小 | 小 | 小 | 小 | 小 | 小 | 小 | 小 | 小 | 小 |
| **台班单价 (元)** | | | | **29.31** | **36.22** | **60.81** | **93.34** | **146.00** | **34.33** | **58.80** | **79.18** | **100.28** | **131.95** |
| 费用组成 | 折旧费 (元) | | | 1.71 | 2.59 | 3.69 | 4.85 | 7.17 | 3.00 | 4.09 | 7.51 | 9.55 | 19.11 |
| | 检修费 (元) | | | 0.77 | 1.17 | 1.65 | 2.16 | 3.20 | 1.34 | 2.35 | 3.51 | 5.43 | 10.90 |
| | 维护费 (元) | | | 1.86 | 2.81 | 3.98 | 5.20 | 7.70 | 2.40 | 4.20 | 6.29 | 9.73 | 19.51 |
| | 安拆及场外运输费 (元) | | | 7.03 | 7.03 | 7.03 | 7.03 | 7.03 | 7.03 | 7.03 | 7.03 | 7.03 | 7.03 |
| | 人工费 (元) | | | — | — | — | — | — | — | — | — | — | — |
| | 燃料动力费 (元) | | | 17.94 | 22.62 | 44.46 | 74.10 | 120.90 | 20.56 | 41.13 | 54.84 | 68.54 | 75.40 |
| | 其他费用 (元) | | | — | — | — | — | — | — | — | — | — | — |
| 名称 | | 单位 | 单价 | 用量 | | | | | | | | | |
| 人工及燃油动力 | 人工 | 工日 | 135.00 | — | — | — | — | — | — | — | — | — | — |
| | 汽油 综合 | kg | 6.12 | — | — | — | — | — | 3.360 | 6.720 | 8.960 | 11.200 | 12.320 |
| | 柴油 0# | kg | 5.09 | — | — | — | — | — | — | — | — | — | — |
| | 电 | kW·h | 0.78 | 23.000 | 29.000 | 57.000 | 95.000 | 155.000 | — | — | — | — | — |
| | 煤 | kg | 0.60 | — | — | — | — | — | — | — | — | — | — |
| | 木柴 | kg | 0.16 | — | — | — | — | — | — | — | — | — | — |
| | 水 | $m^3$ | 4.27 | — | — | — | — | — | — | — | — | — | — |

| 定额编号 | | | | 08011 | 08012 | 08013 | 08014 | 08015 | 08016 | 08017 |
|---|---|---|---|---|---|---|---|---|---|---|
| 项目 | | | | 电动多级离心清水泵 | | | | | | |
| | | | | 出口直径(mm) | | | | | | |
| | | | | 50 | 100 | | 150 | | 200 | |
| | | | | | 扬程(m) | | | | | |
| | | | | | 120 以下 | 120 以上 | 180 以下 | 180 以上 | 280 以下 | 280 以上 |
| 机型 | | | | 小 | 小 | 小 | 小 | 小 | 小 | 小 |
| **台班单价 (元)** | | | | **53.99** | **167.48** | **238.30** | **283.02** | **303.98** | **344.57** | **383.05** |
| 费用组成 | 折旧费 (元) | | | 4.09 | 6.82 | 10.24 | 12.28 | 13.65 | 17.06 | 21.16 |
| | 检修费 (元) | | | 1.95 | 3.61 | 4.90 | 7.73 | 10.99 | 12.22 | 15.32 |
| | 维护费 (元) | | | 5.04 | 9.31 | 12.63 | 19.95 | 28.36 | 31.53 | 39.53 |
| | 安拆及场外运输费 (元) | | | 7.03 | 7.03 | 7.03 | 7.03 | 7.03 | 7.03 | 7.03 |
| | 人工费 (元) | | | — | — | — | — | — | — | — |
| | 燃料动力费 (元) | | | 35.88 | 140.71 | 203.50 | 236.03 | 243.95 | 276.73 | 300.01 |
| | 其他费用 (元) | | | — | — | — | — | — | — | — |
| 名称 | | 单位 | 单价 | 用量 | | | | | | |
| 人工及燃油动力 | 人工 | 工日 | 135.00 | — | — | — | — | — | — | — |
| | 汽油 综合 | kg | 6.12 | — | — | — | — | — | — | — |
| | 柴油 0# | kg | 5.09 | — | — | — | — | — | — | — |
| | 电 | kW·h | 0.78 | 46.000 | 180.400 | 260.900 | 302.600 | 312.760 | 354.780 | 384.630 |
| | 煤 | kg | 0.60 | — | — | — | — | — | — | — |
| | 木柴 | kg | 0.16 | — | — | — | — | — | — | — |
| | 水 | $m^3$ | 4.27 | — | — | — | — | — | — | — |

| 定　额　编　号 | | | | 08018 | 08019 | 08020 | 08021 | 08022 |
|---|---|---|---|---|---|---|---|---|
| 项　　目 | | | | 单级自吸水泵 | 污水泵 | | | |
| | | | | 出口直径(mm) | | | | |
| | | | | 150 | 70 | 100 | 150 | 200 |
| 机　　型 | | | | 小 | 小 | 小 | 小 | 小 |
| **台班单价　(元)** | | | | **183.38** | **81.27** | **112.87** | **196.80** | **287.77** |
| 费用组成 | 折　旧　费　(元) | | | 12.56 | 2.46 | 4.09 | 5.73 | 18.02 |
| | 检　修　费　(元) | | | 2.45 | 0.43 | 1.00 | 1.46 | 4.68 |
| | 维　护　费　(元) | | | 4.95 | 1.38 | 3.25 | 4.74 | 15.15 |
| | 安拆及场外运输费　(元) | | | 5.63 | 7.03 | 7.03 | 7.03 | 7.03 |
| | 人　工　费　(元) | | | — | — | — | — | — |
| | 燃料动力费　(元) | | | 157.79 | 69.97 | 97.50 | 177.84 | 242.89 |
| | 其他费用　(元) | | | — | — | — | — | — |
| 名　称 | | 单位 | 单价 | 用　量 | | | | |
| 人工及燃油动力 | 人工 | 工日 | 135.00 | — | — | — | — | — |
| | 汽油 综合 | kg | 6.12 | — | — | — | — | — |
| | 柴油 0# | kg | 5.09 | 31.000 | — | — | — | — |
| | 电 | kW·h | 0.78 | — | 89.700 | 125.000 | 228.000 | 311.400 |
| | 煤 | kg | 0.60 | — | — | — | — | — |
| | 木柴 | kg | 0.16 | — | — | — | — | — |
| | 水 | $m^3$ | 4.27 | — | — | — | — | — |

| 定额编号 | | | | 08023 | 08024 | 08025 | 08026 | 08027 | 08028 | 08029 | 08030 | 08031 | 08032 |
|---|---|---|---|---|---|---|---|---|---|---|---|---|---|
| 项目 | | | | 泥浆泵 | | 耐腐蚀泵 | | | | 真空泵 | | 潜水泵 | |
| | | | | 出口直径(mm) | | | | | | 抽气速度 $(m^3/h)$ | | 出口直径(mm) | |
| | | | | 50 | 100 | 40 | 50 | 80 | 100 | 204 | 660 | 100 | 150 |
| 机型 | | | | 小 | 小 | 小 | 小 | 小 | 小 | 小 | 小 | 小 | 小 |
| **台班单价 (元)** | | | | **44.35** | **205.25** | **37.46** | **51.95** | **125.79** | **188.81** | **62.52** | **118.20** | **30.38** | **56.98** |
| 费用组成 | 折旧费(元) | | | 2.46 | 4.09 | 5.24 | 6.88 | 6.96 | 8.03 | 7.78 | 8.93 | 2.46 | 5.80 |
| | 检修费(元) | | | 0.70 | 2.63 | 0.93 | 1.21 | 1.23 | 1.42 | 1.38 | 1.58 | 0.43 | 1.02 |
| | 维护费(元) | | | 2.26 | 8.51 | 4.99 | 6.52 | 6.62 | 7.64 | 2.96 | 3.39 | 2.36 | 5.53 |
| | 安拆及场外运输费(元) | | | 7.03 | 7.03 | 7.03 | 7.03 | 7.03 | 7.03 | 8.44 | 8.44 | 5.63 | 5.63 |
| | 人工费(元) | | | — | — | — | — | — | — | — | — | — | — |
| | 燃料动力费(元) | | | 31.90 | 182.99 | 19.27 | 30.31 | 103.95 | 164.69 | 41.96 | 95.86 | 19.50 | 39.00 |
| | 其他费用(元) | | | — | — | — | — | — | — | — | — | — | — |
| 名称 | | 单位 | 单价 | 用量 | | | | | | | | | |
| 人工及燃油动力 | 人工 | 工日 | 135.00 | — | — | — | — | — | — | — | — | — | — |
| | 汽油 综合 | kg | 6.12 | — | — | — | — | — | — | — | — | — | — |
| | 柴油 0# | kg | 5.09 | — | — | — | — | — | — | — | — | — | — |
| | 电 | kW·h | 0.78 | 40.900 | 234.600 | 24.700 | 38.860 | 133.270 | 211.140 | 53.800 | 122.900 | 25.000 | 50.000 |
| | 煤 | kg | 0.60 | — | — | — | — | — | — | — | — | — | — |
| | 木柴 | kg | 0.16 | — | — | — | — | — | — | — | — | — | — |
| | 水 | $m^3$ | 4.27 | — | — | — | — | — | — | — | — | — | — |

| 定额编号 | | | | 08033 | 08034 | 08035 | 08036 | 08037 | 08038 |
|---|---|---|---|---|---|---|---|---|---|
| 项目 | | | | 砂泵 | | | 高压油泵 | | 齿轮油泵 |
| | | | | 出口直径(mm) | | | 压力(MPa) | | 流量(L/min) |
| | | | | 65 | 100 | 125 | 50 | 80 | 2.5 |
| 机型 | | | | 小 | 小 | 小 | 小 | 小 | 小 |
| **台班单价 (元)** | | | | **91.66** | **132.80** | **231.81** | **117.64** | **184.68** | **86.20** |
| 费用组成 | 折旧费 (元) | | | 7.06 | 15.46 | 25.90 | 4.37 | 6.89 | 2.25 |
| | 检修费 (元) | | | 1.25 | 2.74 | 4.58 | 0.77 | 1.22 | 0.39 |
| | 维护费 (元) | | | 4.71 | 10.30 | 17.23 | 2.57 | 4.06 | 1.31 |
| | 安拆及场外运输费 (元) | | | 8.44 | 8.44 | 8.44 | 5.63 | 5.63 | 5.63 |
| | 人工费 (元) | | | — | — | — | — | — | — |
| | 燃料动力费 (元) | | | 70.20 | 95.86 | 175.66 | 104.30 | 166.88 | 76.62 |
| | 其他费用 (元) | | | — | — | — | — | — | — |
| 名称 | | 单位 | 单价 | 用量 | | | | | |
| 人工及燃油动力 | 人工 | 工日 | 135.00 | — | — | — | — | — | — |
| | 汽油 综合 | kg | 6.12 | — | — | — | — | — | — |
| | 柴油 0# | kg | 5.09 | — | — | — | — | — | — |
| | 电 | kW·h | 0.78 | 90.000 | 122.900 | 225.200 | 133.720 | 213.950 | 98.230 |
| | 煤 | kg | 0.60 | — | — | — | — | — | — |
| | 木柴 | kg | 0.16 | — | — | — | — | — | — |
| | 水 | $m^3$ | 4.27 | — | — | — | — | — | — |

| 定额编号 | | | | 08039 | 08040 | 08041 | 08042 | 08043 | 08044 | 08045 |
|---|---|---|---|---|---|---|---|---|---|---|
| 项目 | | | | 试压泵 | | | | | | |
| | | | | 压力(MPa) | | | | | | |
| | | | | 2.5 | 3 | 4 | 6 | 10 | 25 | 30 |
| 机型 | | | | 小 | 小 | 小 | 小 | 小 | 小 | 小 |
| **台班单价 (元)** | | | | **15.62** | **18.64** | **19.07** | **20.91** | **22.54** | **21.19** | **21.74** |
| 费用组成 | 折旧费 (元) | | | 1.36 | 2.66 | 2.73 | 2.93 | 3.41 | 1.02 | 1.23 |
| | 检修费 (元) | | | 0.24 | 0.46 | 0.49 | 0.52 | 0.60 | 0.65 | 0.66 |
| | 维护费 (元) | | | 0.74 | 1.41 | 1.48 | 1.58 | 1.82 | 1.96 | 2.01 |
| | 安拆及场外运输费 (元) | | | 5.63 | 5.63 | 5.63 | 5.63 | 5.63 | 5.63 | 5.63 |
| | 人工费 (元) | | | — | — | — | — | — | — | — |
| | 燃料动力费 (元) | | | 7.65 | 8.48 | 8.74 | 10.25 | 11.08 | 11.93 | 12.21 |
| | 其他费用 (元) | | | — | — | — | — | — | — | — |
| 名称 | | 单位 | 单价 | 用量 | | | | | | |
| 人工及燃油动力 | 人工 | 工日 | 135.00 | — | — | — | — | — | — | — |
| | 汽油 综合 | kg | 6.12 | — | — | — | — | — | — | — |
| | 柴油 0# | kg | 5.09 | — | — | — | — | — | — | — |
| | 电 | kW·h | 0.78 | 9.810 | 10.870 | 11.200 | 13.140 | 14.210 | 15.300 | 15.660 |
| | 煤 | kg | 0.60 | — | — | — | — | — | — | — |
| | 木柴 | kg | 0.16 | — | — | — | — | — | — | — |
| | 水 | $m^3$ | 4.27 | — | — | — | — | — | — | — |

| 定额编号 | | | | 08046 | 08047 | 08048 | 08049 |
|---|---|---|---|---|---|---|---|
| 项目 | | | | 试压泵 | | | 射流井点泵 |
| | | | | 压力(MPa) | | | 最大抽吸深度(m) |
| | | | | 35 | 60 | 80 | 9.50 |
| 机型 | | | | 小 | 小 | 小 | 小 |
| **台班单价 (元)** | | | | **22.05** | **23.30** | **25.05** | **64.73** |
| 费用组成 | 折旧费(元) | | | 1.30 | 1.36 | 1.50 | 4.91 |
| | 检修费(元) | | | 0.68 | 0.69 | 0.89 | 2.58 |
| | 维护费(元) | | | 2.06 | 2.11 | 2.71 | 9.61 |
| | 安拆及场外运输费(元) | | | 5.63 | 5.63 | 5.63 | 5.63 |
| | 人工费(元) | | | — | — | — | — |
| | 燃料动力费(元) | | | 12.38 | 13.51 | 14.32 | 42.00 |
| | 其他费用(元) | | | — | — | — | — |
| 名称 | | 单位 | 单价 | 用量 | | | |
| 人工及燃油动力 | 人工 | 工日 | 135.00 | — | — | — | — |
| | 汽油 综合 | kg | 6.12 | — | — | — | — |
| | 柴油 0# | kg | 5.09 | — | — | — | — |
| | 电 | kW·h | 0.78 | 15.870 | 17.320 | 18.360 | 53.850 |
| | 煤 | kg | 0.60 | — | — | — | — |
| | 木柴 | kg | 0.16 | — | — | — | — |
| | 水 | $m^3$ | 4.27 | — | — | — | — |

# 九、焊接机械

| 定额编号 | | | | 09001 | 09002 | 09003 | 09004 | 09005 | 09006 | 09007 | 09008 | 09009 | 09010 |
|---|---|---|---|---|---|---|---|---|---|---|---|---|---|
| 项目 | | | | 交流弧焊机 | | | | | 硅整流弧焊机 | | | 多功能弧焊整流器 | |
| | | | | 容量(kV·A) | | | | | | | | 电流(A) | |
| | | | | 21 | 32 | 42 | 50 | 80 | 15 | 20 | 25 | 630 | 1000 |
| 机型 | | | | 小 | 小 | 小 | 小 | 小 | 小 | 小 | 小 | 小 | 小 |
| **台班单价 (元)** | | | | **63.33** | **92.84** | **129.55** | **140.78** | **188.89** | **50.39** | **61.83** | **68.62** | **80.54** | **108.92** |
| 费用组成 | 折旧费 (元) | | | 1.80 | 2.46 | 2.95 | 3.06 | 3.55 | 4.64 | 5.40 | 7.10 | 10.17 | 15.49 |
| | 检修费 (元) | | | 0.41 | 0.54 | 0.66 | 0.68 | 0.79 | 0.81 | 0.95 | 1.25 | 2.28 | 3.46 |
| | 维护费 (元) | | | 1.36 | 1.80 | 2.20 | 2.26 | 2.62 | 2.80 | 3.28 | 4.32 | 6.67 | 10.12 |
| | 安拆及场外运输费 (元) | | | 12.75 | 12.75 | 12.75 | 12.75 | 12.75 | 11.95 | 11.95 | 11.95 | 12.75 | 12.75 |
| | 人工费 (元) | | | — | — | — | — | — | — | — | — | — | — |
| | 燃料动力费 (元) | | | 47.01 | 75.29 | 110.99 | 122.03 | 169.18 | 30.19 | 40.25 | 44.00 | 48.67 | 67.10 |
| | 其他费用 (元) | | | — | — | — | — | — | — | — | — | — | — |
| | 名称 | 单位 | 单价 | 用量 | | | | | | | | | |
| 人工及燃油动力 | 人工 | 工日 | 135.00 | — | — | — | — | — | — | — | — | — | — |
| | 汽油 综合 | kg | 6.12 | — | — | — | — | — | — | — | — | — | — |
| | 柴油 0# | kg | 5.09 | — | — | — | — | — | — | — | — | — | — |
| | 电 | kW·h | 0.78 | 60.270 | 96.530 | 142.300 | 156.450 | 216.900 | 38.700 | 51.600 | 56.410 | 62.400 | 86.020 |
| | 煤 | kg | 0.60 | — | — | — | — | — | — | — | — | — | — |
| | 木柴 | kg | 0.16 | — | — | — | — | — | — | — | — | — | — |
| | 水 | $m^3$ | 4.27 | — | — | — | — | — | — | — | — | — | — |

| 定额编号 | | | | 09011 | 09012 | 09013 | 09014 | 09015 | 09016 | 09017 |
|---|---|---|---|---|---|---|---|---|---|---|
| 项目 | | | | 直流弧焊机 | | | | 汽油电焊机 | | 柴油电焊机 |
| | | | | 功率(kW) | | | | 电流(A) | | |
| | | | | 10 | 20 | 32 | 40 | 160 | 300 | 500 |
| 机型 | | | | 小 | 小 | 小 | 小 | 小 | 小 | 小 |
| **台班单价 (元)** | | | | **46.19** | **78.72** | **97.11** | **102.79** | **198.26** | **225.35** | **213.56** |
| 费用组成 | 折旧费 (元) | | | 2.46 | 4.59 | 5.51 | 7.04 | 11.23 | 16.50 | 19.54 |
| | 检修费 (元) | | | 0.55 | 1.03 | 1.24 | 1.57 | 2.51 | 3.70 | 4.37 |
| | 维护费 (元) | | | 2.19 | 3.83 | 4.60 | 5.82 | 2.99 | 4.40 | 5.20 |
| | 安拆及场外运输费 (元) | | | 12.75 | 12.75 | 12.75 | 12.75 | 9.56 | 9.56 | 9.56 |
| | 人工费 (元) | | | — | — | — | — | — | — | — |
| | 燃料动力费 (元) | | | 28.24 | 56.52 | 73.01 | 75.61 | 171.97 | 191.19 | 174.89 |
| | 其他费用 (元) | | | — | — | — | — | — | — | — |
| 名称 | | 单位 | 单价 | 用量 | | | | | | |
| 人工及燃油动力 | 人工 | 工日 | 135.00 | — | — | — | — | — | — | — |
| | 汽油 综合 | kg | 6.12 | — | — | — | — | 28.100 | 31.240 | — |
| | 柴油 0# | kg | 5.09 | — | — | — | — | — | — | 34.360 |
| | 电 | kW·h | 0.78 | 36.200 | 72.460 | 93.600 | 96.940 | — | — | — |
| | 煤 | kg | 0.60 | — | — | — | — | — | — | — |
| | 木柴 | kg | 0.16 | — | — | — | — | — | — | — |
| | 水 | $m^3$ | 4.27 | — | — | — | — | — | — | — |

| 定额编号 | | | | 09018 | 09019 | 09020 | 09021 | 09022 | 09023 |
|---|---|---|---|---|---|---|---|---|---|
| 项目 | | | | 点焊机 | | | | 对焊机 | |
| | | | | 容量(kV·A) | | | | | |
| | | | | 短臂 50 | 长臂 75 | 100 | 多头 6×35 | 75 | 150 |
| 机型 | | | | 小 | 中 | 中 | 中 | 小 | 小 |
| **台班单价　(元)** | | | | **103.51** | **146.78** | **196.87** | **295.82** | **119.25** | **123.80** |
| 费用组成 | 折旧费　(元) | | | 5.46 | 7.15 | 12.39 | 21.84 | 5.90 | 6.62 |
| | 检修费　(元) | | | 1.22 | 1.60 | 2.77 | 5.18 | 1.32 | 1.49 |
| | 维护费　(元) | | | 3.57 | 4.67 | 8.09 | 15.12 | 4.12 | 4.66 |
| | 安拆及场外运输费　(元) | | | 12.75 | 12.75 | 12.75 | 12.75 | 12.75 | 12.75 |
| | 人工费　(元) | | | — | — | — | — | — | — |
| | 燃料动力费　(元) | | | 80.51 | 120.61 | 160.87 | 240.93 | 95.16 | 98.28 |
| | 其他费用　(元) | | | — | — | — | — | — | — |
| 名称 | | 单位 | 单价 | 用量 | | | | | |
| 人工及燃油动力 | 人工 | 工日 | 135.00 | — | — | — | — | — | — |
| | 汽油 综合 | kg | 6.12 | — | — | — | — | — | — |
| | 柴油 0# | kg | 5.09 | — | — | — | — | — | — |
| | 电 | kW·h | 0.78 | 103.220 | 154.630 | 206.240 | 308.880 | 122.000 | 126.000 |
| | 煤 | kg | 0.60 | — | — | — | — | — | — |
| | 木柴 | kg | 0.16 | — | — | — | — | — | — |
| | 水 | $m^3$ | 4.27 | — | — | — | — | — | — |

| 定额编号 | | | | 09024 | 09025 | 09026 | 09027 | 09028 | 09029 | 09030 | 09031 | 09032 | 09033 |
|---|---|---|---|---|---|---|---|---|---|---|---|---|---|
| 项目 | | | | 热熔对接焊机 | | | | 电熔焊机 | 对熔焊机 | 氩弧焊机 | 二氧化碳气体保护焊机 | | 等离子弧焊机 |
| | | | | 直径(mm) | | | | ONDINE | BF250 | 电流(A) | | | |
| | | | | 160 | 250 | 630 | 800 | | | 500 | 250 | 500 | 300 |
| 机型 | | | | 小 | 小 | 小 | 小 | 小 | 小 | 中 | 小 | 小 | 小 |
| **台班单价 (元)** | | | | **17.98** | **21.37** | **47.29** | **55.85** | **75.09** | **211.48** | **97.67** | **56.85** | **132.92** | **227.15** |
| 费用组成 | 折旧费 (元) | | | 1.44 | 2.16 | 6.22 | 6.49 | 19.66 | 98.28 | 12.28 | 4.09 | 34.29 | 25.59 |
| | 检修费 (元) | | | 0.32 | 0.48 | 1.39 | 1.45 | 4.40 | 21.99 | 2.53 | 2.36 | 6.05 | 4.58 |
| | 维护费 (元) | | | 0.34 | 0.51 | 1.47 | 1.54 | 4.66 | 23.31 | 8.59 | 12.17 | 31.14 | 24.75 |
| | 安拆及场外运输费 (元) | | | 12.75 | 12.75 | 12.75 | 12.75 | 12.75 | 12.75 | 19.12 | 19.12 | 19.12 | 19.12 |
| | 人工费 (元) | | | — | — | — | — | — | — | — | — | — | — |
| | 燃料动力费 (元) | | | 3.13 | 5.47 | 25.46 | 33.62 | 33.62 | 55.15 | 55.15 | 19.11 | 42.32 | 153.11 |
| | 其他费用 (元) | | | — | — | — | — | — | — | — | — | — | — |
| 名称 | | 单位 | 单价 | 用量 | | | | | | | | | |
| 人工及燃油动力 | 人工 | 工日 | 135.00 | — | — | — | — | — | — | — | — | — | — |
| | 汽油 综合 | kg | 6.12 | — | — | — | — | — | — | — | — | — | — |
| | 柴油 0# | kg | 5.09 | — | — | — | — | — | — | — | — | — | — |
| | 电 | kW·h | 0.78 | 4.010 | 7.010 | 32.640 | 43.100 | 43.100 | 70.700 | 70.700 | 24.500 | 54.260 | 196.300 |
| | 煤 | kg | 0.60 | — | — | — | — | — | — | — | — | — | — |
| | 木柴 | kg | 0.16 | — | — | — | — | — | — | — | — | — | — |
| | 水 | $m^3$ | 4.27 | — | — | — | — | — | — | — | — | — | — |

| 定额编号 | | | | 09034 | 09035 | 09036 | 09037 | 09038 | 09039 |
|---|---|---|---|---|---|---|---|---|---|
| 项目 | | | | 自动埋弧焊机 | | | 电渣焊机 | 缝焊机 | 土工膜焊接机 |
| | | | | 电流(A) | | | | 容量(kV·A) | 厚度(mm) |
| | | | | 500 | 1200 | 1500 | 1000 | 150 | 8～160 |
| 机型 | | | | 小 | 小 | 小 | 中 | 中 | 小 |
| **台班单价　(元)** | | | | **110.61** | **193.92** | **275.42** | **174.04** | **318.20** | **38.81** |
| 费用组成 | 折旧费　(元) | | | 12.56 | 16.38 | 22.93 | 30.57 | 11.47 | 3.67 |
| | 检修费　(元) | | | 1.87 | 2.49 | 3.08 | 3.84 | 2.52 | 0.82 |
| | 维护费　(元) | | | 9.95 | 13.24 | 16.39 | 12.22 | 8.01 | 2.38 |
| | 安拆及场外运输费　(元) | | | 12.75 | 12.75 | 12.75 | 12.75 | 12.75 | 12.75 |
| | 人工费　(元) | | | — | — | — | — | — | — |
| | 燃料动力费　(元) | | | 73.48 | 149.06 | 220.27 | 114.66 | 283.45 | 19.19 |
| | 其他费用　(元) | | | — | — | — | — | — | — |
| 名称 | | 单位 | 单价 | 用量 | | | | | |
| 人工及燃油动力 | 人工 | 工日 | 135.00 | — | — | — | — | — | — |
| | 汽油 综合 | kg | 6.12 | — | — | — | — | — | — |
| | 柴油 0# | kg | 5.09 | — | — | — | — | — | — |
| | 电 | kW·h | 0.78 | 94.200 | 191.100 | 282.400 | 147.000 | 363.400 | 24.600 |
| | 煤 | kg | 0.60 | — | — | — | — | — | — |
| | 木柴 | kg | 0.16 | — | — | — | — | — | — |
| | 水 | $m^3$ | 4.27 | — | — | — | — | — | — |

| 定额编号 | | | | 09040 | 09041 | 09042 | 09043 | 09044 |
|---|---|---|---|---|---|---|---|---|
| 项目 | | | | 电焊条烘干箱 | | | | |
| | | | | 容量($cm^3$) | | | | |
| | | | | 45×35×45 | 55×45×55 | 60×50×75 | 80×80×100 | 75×105×135 |
| 机型 | | | | 小 | 小 | 小 | 小 | 小 |
| **台班单价 (元)** | | | | **8.99** | **12.80** | **16.84** | **40.59** | **64.24** |
| 费用组成 | 折旧费 (元) | | | 1.98 | 2.46 | 2.73 | 4.71 | 7.51 |
| | 检修费 (元) | | | 0.65 | 0.93 | 1.20 | 1.80 | 1.94 |
| | 维护费 (元) | | | 1.13 | 1.61 | 2.07 | 3.11 | 3.35 |
| | 安拆及场外运输费 (元) | | | — | — | — | — | — |
| | 人工费 (元) | | | — | — | — | — | — |
| | 燃料动力费 (元) | | | 5.23 | 7.80 | 10.84 | 30.97 | 51.44 |
| | 其他费用 (元) | | | — | — | — | — | — |
| 名称 | | 单位 | 单价 | 用量 | | | | |
| 人工及燃油动力 | 人工 | 工日 | 135.00 | — | — | — | — | — |
| | 汽油 综合 | kg | 6.12 | — | — | — | — | — |
| | 柴油 0# | kg | 5.09 | — | — | — | — | — |
| | 电 | kW·h | 0.78 | 6.700 | 10.000 | 13.900 | 39.700 | 65.950 |
| | 煤 | kg | 0.60 | — | — | — | — | — |
| | 木柴 | kg | 0.16 | — | — | — | — | — |
| | 水 | $m^3$ | 4.27 | — | — | — | — | — |

# 十、动力机械

| 定额编号 | | | | 10001 | 10002 | 10003 | 10004 | 10005 | 10006 | 10007 |
|---|---|---|---|---|---|---|---|---|---|---|
| 项目 | | | | 汽油发电机组 | | | 柴油发电机组 | | | |
| | | | | 功率(kW) | | | | | | |
| | | | | 3 | 6 | 10 | 30 | 50 | 60 | 75 |
| 机型 | | | | 小 | 小 | 小 | 中 | 中 | 中 | 中 |
| **台班单价　(元)** | | | | **212.07** | **247.70** | **270.44** | **409.55** | **668.54** | **679.03** | **682.97** |
| 费用组成 | 折旧费　(元) | | | 1.46 | 3.57 | 4.37 | 7.28 | 9.10 | 10.92 | 12.74 |
| | 检修费　(元) | | | 0.39 | 1.01 | 1.16 | 1.93 | 2.41 | 2.89 | 3.39 |
| | 维护费　(元) | | | 1.49 | 3.91 | 4.47 | 6.29 | 7.86 | 9.43 | 11.05 |
| | 安拆及场外运输费　(元) | | | 11.00 | 11.00 | 11.00 | 13.20 | 13.20 | 13.20 | 13.20 |
| | 人工费　(元) | | | 135.00 | 135.00 | 135.00 | 135.00 | 270.00 | 270.00 | 270.00 |
| | 燃料动力费　(元) | | | 62.73 | 93.21 | 114.44 | 245.85 | 365.97 | 372.59 | 372.59 |
| | 其他费用　(元) | | | — | — | — | — | — | — | — |
| 名称 | | 单位 | 单价 | 用量 | | | | | | |
| 人工及燃油动力 | 人工 | 工日 | 135.00 | 1.000 | 1.000 | 1.000 | 1.000 | 2.000 | 2.000 | 2.000 |
| | 汽油 综合 | kg | 6.12 | 10.250 | 15.230 | 18.700 | — | — | — | — |
| | 柴油 0# | kg | 5.09 | — | — | — | 48.300 | 71.900 | 73.200 | 73.200 |
| | 电 | kW·h | 0.78 | — | — | — | — | — | — | — |
| | 煤 | kg | 0.60 | — | — | — | — | — | — | — |
| | 木柴 | kg | 0.16 | — | — | — | — | — | — | — |
| | 水 | $m^3$ | 4.27 | — | — | — | — | — | — | — |

| 定额编号 | | | | 10008 | 10009 | 10010 | 10011 | 10012 | 10013 | 10014 |
|---|---|---|---|---|---|---|---|---|---|---|
| 项目 | | | | 柴油发电机组 | | | | | | |
| | | | | 功率(kW) | | | | | | |
| | | | | 90 | 100 | 120 | 150 | 200 | 300 | 400 |
| 机型 | | | | 中 | 中 | 中 | 中 | 中 | 大 | 大 |
| **台班单价 (元)** | | | | **857.30** | **915.88** | **1109.87** | **1293.75** | **1570.94** | **2205.85** | **2275.19** |
| 费用组成 | 折旧费 (元) | | | 14.56 | 16.38 | 18.20 | 21.84 | 26.93 | 38.22 | 55.69 |
| | 检修费 (元) | | | 3.86 | 4.37 | 4.82 | 5.79 | 8.01 | 10.13 | 15.00 |
| | 维护费 (元) | | | 12.58 | 14.26 | 15.72 | 18.87 | 26.11 | 27.65 | 40.95 |
| | 安拆及场外运输费 (元) | | | 13.20 | 13.20 | 13.20 | 13.20 | 13.20 | 13.20 | 13.20 |
| | 人工费 (元) | | | 270.00 | 270.00 | 270.00 | 270.00 | 270.00 | 270.00 | 270.00 |
| | 燃料动力费 (元) | | | 543.10 | 597.67 | 787.93 | 964.05 | 1226.69 | 1846.65 | 1880.35 |
| | 其他费用 (元) | | | — | — | — | — | — | — | — |
| 名称 | | 单位 | 单价 | 用量 | | | | | | |
| 人工及燃油动力 | 人工 | 工日 | 135.00 | 2.000 | 2.000 | 2.000 | 2.000 | 2.000 | 2.000 | 2.000 |
| | 汽油 综合 | kg | 6.12 | — | — | — | — | — | — | — |
| | 柴油 0# | kg | 5.09 | 106.700 | 117.420 | 154.800 | 189.400 | 241.000 | 362.800 | 369.420 |
| | 电 | kW·h | 0.78 | — | — | — | — | — | — | — |
| | 煤 | kg | 0.60 | — | — | — | — | — | — | — |
| | 木柴 | kg | 0.16 | — | — | — | — | — | — | — |
| | 水 | $m^3$ | 4.27 | — | — | — | — | — | — | — |

| 定额编号 | | | | 10015 | 10016 | 10017 | 10018 | 10019 | 10020 | 10021 | 10022 | 10023 |
|---|---|---|---|---|---|---|---|---|---|---|---|---|
| 项目 | | | | 电动空气压缩机 | | | | | | | | |
| | | | | 排气量($m^3$/min) | | | | | | | | |
| | | | | 0.3 | 0.6 | 1 | 3 | 6 | 9 | 10 | 20 | 40 |
| 机型 | | | | 小 | 小 | 小 | 小 | 小 | 小 | 中 | 中 | 大 |
| **台班单价　(元)** | | | | **25.61** | **33.06** | **48.22** | **122.54** | **224.45** | **346.77** | **394.85** | **568.57** | **781.30** |
| 费用组成 | 折旧费（元） | | | 0.83 | 1.24 | 2.48 | 13.65 | 23.58 | 30.44 | 36.40 | 67.01 | 136.49 |
| | 检修费（元） | | | 0.40 | 0.53 | 0.76 | 4.87 | 7.48 | 10.75 | 10.95 | 20.52 | 47.49 |
| | 维护费（元） | | | 1.92 | 2.51 | 3.65 | 10.27 | 15.79 | 22.68 | 23.10 | 43.30 | 78.36 |
| | 安拆及场外运输费（元） | | | 9.90 | 9.90 | 9.90 | 9.90 | 9.90 | 9.90 | 9.90 | 28.54 | 28.54 |
| | 人工费（元） | | | — | — | — | — | — | — | — | — | — |
| | 燃料动力费（元） | | | 12.56 | 18.88 | 31.43 | 83.85 | 167.70 | 273.00 | 314.50 | 409.20 | 490.42 |
| | 其他费用（元） | | | — | — | — | — | — | — | — | — | — |
| 名称 | | 单位 | 单价 | 用量 | | | | | | | | |
| 人工及燃油动力 | 人工 | 工日 | 135.00 | — | — | — | — | — | — | — | — | — |
| | 汽油 综合 | kg | 6.12 | — | — | — | — | — | — | — | — | — |
| | 柴油 0# | kg | 5.09 | — | — | — | — | — | — | — | — | — |
| | 电 | kW·h | 0.78 | 16.100 | 24.200 | 40.300 | 107.500 | 215.000 | 350.000 | 403.200 | 524.620 | 628.740 |
| | 煤 | kg | 0.60 | — | — | — | — | — | — | — | — | — |
| | 木柴 | kg | 0.16 | — | — | — | — | — | — | — | — | — |
| | 水 | $m^3$ | 4.27 | — | — | — | — | — | — | — | — | — |

| 定额编号 | | | | 10024 | 10025 | 10026 | 10027 | 10028 | 10029 |
|---|---|---|---|---|---|---|---|---|---|
| 项目 | | | | 内燃空气压缩机 | | | | | |
| | | | | 排气量($m^3$/min) | | | | | |
| | | | | 3 | 6 | 9 | 12 | 17 | 30 |
| 机型 | | | | 中 | 中 | 中 | 中 | 中 | 大 |
| **台班单价 (元)** | | | | **329.10** | **417.52** | **518.40** | **610.40** | **1106.87** | **2256.94** |
| 费用组成 | 折旧费(元) | | | 14.81 | 25.64 | 33.09 | 41.57 | 52.94 | 112.92 |
| | 检修费(元) | | | 7.56 | 13.03 | 16.63 | 19.94 | 24.07 | 44.65 |
| | 维护费(元) | | | 25.09 | 43.25 | 55.20 | 66.19 | 79.91 | 148.22 |
| | 安拆及场外运输费(元) | | | 16.34 | 16.34 | 16.34 | 16.34 | 28.54 | 28.54 |
| | 人工费(元) | | | 135.00 | 135.00 | 135.00 | 135.00 | 135.00 | 135.00 |
| | 燃料动力费(元) | | | 130.30 | 184.26 | 262.14 | 331.36 | 786.41 | 1787.61 |
| | 其他费用(元) | | | — | — | — | — | — | — |
| 名称 | | 单位 | 单价 | 用量 | | | | | |
| 人工及燃油动力 | 人工 | 工日 | 135.00 | 1.000 | 1.000 | 1.000 | 1.000 | 1.000 | 1.000 |
| | 汽油 综合 | kg | 6.12 | — | — | — | — | — | — |
| | 柴油 0# | kg | 5.09 | 25.600 | 36.200 | 51.500 | 65.100 | 154.500 | 351.200 |
| | 电 | kW·h | 0.78 | — | — | — | — | — | — |
| | 煤 | kg | 0.60 | — | — | — | — | — | — |
| | 木柴 | kg | 0.16 | — | — | — | — | — | — |
| | 水 | $m^3$ | 4.27 | — | — | — | — | — | — |

| 定额编号 | | | | | 10030 | 10031 | 10032 | 10033 | 10034 | 10035 |
|---|---|---|---|---|---|---|---|---|---|---|
| 项目 | | | | | 内燃空气压缩机 | 无油空气压缩机 | | 工业锅炉 | | |
| | | | | | 排气量($m^3$/min) | | | 蒸发量(t/h) | | |
| | | | | | 40 | 9 | 20 | 1 | 2 | 4 |
| 机型 | | | | | 大 | 小 | 中 | 中 | 中 | 中 |
| **台班单价　(元)** | | | | | **3094.95** | **379.51** | **685.62** | **1015.23** | **1681.90** | **2130.17** |
| 费用组成 | 折旧费(元) | | | | 122.43 | 49.43 | 117.18 | 55.28 | 76.78 | 121.82 |
| | 检修费(元) | | | | 59.88 | 22.08 | 52.36 | 13.79 | 15.08 | 24.42 |
| | 维护费(元) | | | | 142.51 | 30.48 | 72.25 | 7.17 | 7.84 | 12.70 |
| | 安拆及场外运输费(元) | | | | 28.54 | 28.54 | 28.54 | 80.26 | 80.26 | 80.26 |
| | 人工费(元) | | | | 135.00 | — | — | 135.00 | 135.00 | 135.00 |
| | 燃料动力费(元) | | | | 2606.59 | 248.98 | 415.29 | 723.73 | 1366.94 | 1755.97 |
| | 其他费用(元) | | | | — | — | — | — | — | — |
| 名称 | | 单位 | 单价 | | 用量 | | | | | |
| 人工及燃油动力 | 人工 | 工日 | 135.00 | | 1.000 | — | — | 1.000 | 1.000 | 1.000 |
| | 汽油 综合 | kg | 6.12 | | — | — | — | — | — | — |
| | 柴油 0# | kg | 5.09 | | 512.100 | — | — | — | — | — |
| | 电 | kW·h | 0.78 | | — | 319.200 | 532.420 | — | — | — |
| | 煤 | kg | 0.60 | | — | — | — | 1150.000 | 2173.000 | 2785.000 |
| | 木柴 | kg | 0.16 | | — | — | — | 16.000 | 21.000 | 24.000 |
| | 水 | $m^3$ | 4.27 | | — | — | — | 7.300 | 14.000 | 19.000 |

# 十一、地下工程机械

| 定额编号 | | | | 11001 | 11002 | 11003 | 11004 | 11005 |
|---|---|---|---|---|---|---|---|---|
| 项目 | | | | 干式出土盾构掘进机 | | | | |
| | | | | 直径(mm) | | | | |
| | | | | 3500 | 5000 | 7000 | 10000 | 12000 |
| 机型 | | | | 特 | 特 | 特 | 特 | 特 |
| **台班单价 (元)** | | | | **1056.55** | **1582.14** | **2097.72** | **3699.68** | **4886.96** |
| 费用组成 | 折旧费 (元) | | | 669.59 | 1002.67 | 1329.42 | 2344.64 | 3097.07 |
| | 检修费 (元) | | | 141.74 | 212.26 | 281.43 | 496.35 | 655.64 |
| | 维护费 (元) | | | 245.22 | 367.21 | 486.87 | 858.69 | 1134.25 |
| | 安拆及场外运输费 (元) | | | — | — | — | — | — |
| | 人工费 (元) | | | — | — | — | — | — |
| | 燃料动力费 (元) | | | — | — | — | — | — |
| | 其他费用 (元) | | | — | — | — | — | — |
| 名称 | | 单位 | 单价 | 用量 | | | | |
| 人工及燃油动力 | 人工 | 工日 | 135.00 | — | — | — | — | — |
| | 汽油 综合 | kg | 6.12 | — | — | — | — | — |
| | 柴油 0# | kg | 5.09 | — | — | — | — | — |
| | 电 | kW·h | 0.78 | — | — | — | — | — |
| | 煤 | kg | 0.60 | — | — | — | — | — |
| | 木柴 | kg | 0.16 | — | — | — | — | — |
| | 水 | $m^3$ | 4.27 | — | — | — | — | — |

| 定额编号 | | | | 11006 | 11007 | 11008 | 11009 | 11010 | 11011 | 11012 | 11013 | 11014 |
|---|---|---|---|---|---|---|---|---|---|---|---|---|
| 项目 | | | | 水力出土盾构掘进机 | | | | | | 气压平衡式盾构掘进机 | | |
| | | | | 直径(mm) | | | | | | | | |
| | | | | 3500 | 5000 | 6000 | 7000 | 10000 | 12000 | 3500 | 5000 | 7000 |
| 机型 | | | | 特 | 特 | 特 | 特 | 特 | 特 | 特 | 特 | 特 |
| **台班单价 (元)** | | | | **1155.47** | **1625.82** | **1933.93** | **2116.21** | **3836.12** | **6354.88** | **2129.05** | **2415.56** | **3240.65** |
| 费用组成 | 折旧费 (元) | | | 766.19 | 1078.09 | 1310.34 | 1403.27 | 2543.74 | 4213.92 | 1442.36 | 1636.48 | 2195.45 |
| | 检修费 (元) | | | 144.18 | 202.86 | 230.96 | 264.05 | 478.66 | 792.95 | 271.42 | 307.94 | 413.12 |
| | 维护费 (元) | | | 245.10 | 344.87 | 392.63 | 448.89 | 813.72 | 1348.01 | 415.27 | 471.14 | 632.08 |
| | 安拆及场外运输费 (元) | | | — | — | — | — | — | — | — | — | — |
| | 人工费 (元) | | | — | — | — | — | — | — | — | — | — |
| | 燃料动力费 (元) | | | — | — | — | — | — | — | — | — | — |
| | 其他费用 (元) | | | — | — | — | — | — | — | — | — | — |
| 名称 | | 单位 | 单价 | 用量 | | | | | | | | |
| 人工及燃油动力 | 人工 | 工日 | 135.00 | — | — | — | — | — | — | — | — | — |
| | 汽油 综合 | kg | 6.12 | — | — | — | — | — | — | — | — | — |
| | 柴油 0# | kg | 5.09 | — | — | — | — | — | — | — | — | — |
| | 电 | kW·h | 0.78 | — | — | — | — | — | — | — | — | — |
| | 煤 | kg | 0.60 | — | — | — | — | — | — | — | — | — |
| | 木柴 | kg | 0.16 | — | — | — | — | — | — | — | — | — |
| | 水 | $m^3$ | 4.27 | — | — | — | — | — | — | — | — | — |

| 定额编号 | | | | 11015 | 11016 | 11017 | 11018 | 11019 | 11020 | 11021 | 11022 |
|---|---|---|---|---|---|---|---|---|---|---|---|
| 项目 | | | | 刀盘式干出土土压平衡盾构掘进机 | | | | 刀盘式水力出土泥水平衡盾构掘进机 | | | |
| | | | | 直径(mm) | | | | | | | |
| | | | | 3500 | 5000 | 7000 | 11500 | 3500 | 5000 | 7000 | 11500 |
| 机型 | | | | 特 | 特 | 特 | 特 | 特 | 特 | 特 | 特 |
| **台班单价 (元)** | | | | **1936.91** | **3250.71** | **6687.80** | **13136.60** | **2208.27** | **3384.91** | **7020.28** | **13822.57** |
| 费用组成 | 折旧费 (元) | | | 1227.50 | 2060.12 | 3821.84 | 8298.85 | 1405.13 | 2153.84 | 4185.82 | 8833.91 |
| | 检修费 (元) | | | 259.86 | 436.11 | 1049.80 | 1772.07 | 297.46 | 455.95 | 1049.80 | 1847.65 |
| | 维护费 (元) | | | 449.55 | 754.48 | 1816.16 | 3065.68 | 505.68 | 775.12 | 1784.66 | 3141.01 |
| | 安拆及场外运输费 (元) | | | — | — | — | — | — | — | — | — |
| | 人工费 (元) | | | — | — | — | — | — | — | — | — |
| | 燃料动力费 (元) | | | — | — | — | — | — | — | — | — |
| | 其他费用 (元) | | | — | — | — | — | — | — | — | — |
| 名称 | | 单位 | 单价 | 用量 | | | | | | | |
| 人工及燃油动力 | 人工 | 工日 | 135.00 | — | — | — | — | — | — | — | — |
| | 汽油 综合 | kg | 6.12 | — | — | — | — | — | — | — | — |
| | 柴油 0# | kg | 5.09 | — | — | — | — | — | — | — | — |
| | 电 | kW·h | 0.78 | — | — | — | — | — | — | — | — |
| | 煤 | kg | 0.60 | — | — | — | — | — | — | — | — |
| | 木柴 | kg | 0.16 | — | — | — | — | — | — | — | — |
| | 水 | $m^3$ | 4.27 | — | — | — | — | — | — | — | — |

| 定额编号 | | | | 11023 | 11024 | 11025 | 11026 | 11027 | 11028 |
|---|---|---|---|---|---|---|---|---|---|
| 项目 | | | | 盾构同步压浆泵 | 盾构医疗闸设备 | 垂直顶升设备 | 履带式绳索抓斗成槽机 | 履带式抓斗成槽机 | |
| | | | | $D2.1m \times 7m$ | | | 550A－50 MHL－630 | KH180M HL－800 | KH180M HL－1200 |
| 机型 | | | | 大 | 中 | 中 | 特 | 特 | 特 |
| **台班单价（元）** | | | | **565.15** | **313.80** | **1456.65** | **1916.28** | **2617.54** | **3918.42** |
| 费用组成 | 折旧费（元） | | | 266.97 | 82.80 | 199.55 | 678.10 | 1028.99 | 1656.11 |
| | 检修费（元） | | | 37.68 | 11.68 | 28.17 | 168.06 | 255.02 | 410.44 |
| | 维护费（元） | | | 44.09 | 25.82 | 55.21 | 236.96 | 359.58 | 578.73 |
| | 安拆及场外运输费（元） | | | 40.77 | 28.54 | 38.05 | — | — | — |
| | 人工费（元） | | | 135.00 | 135.00 | 675.00 | 270.00 | 270.00 | 270.00 |
| | 燃料动力费（元） | | | 40.64 | 29.96 | 460.67 | 563.16 | 703.95 | 1003.14 |
| | 其他费用（元） | | | — | — | — | — | — | — |
| 名称 | | 单位 | 单价 | 用量 | | | | | |
| 人工及燃油动力 | 人工 | 工日 | 135.00 | 1.000 | 1.000 | 5.000 | 2.000 | 2.000 | 2.000 |
| | 汽油 综合 | kg | 6.12 | — | — | — | — | — | — |
| | 柴油 0# | kg | 5.09 | — | — | — | 110.640 | 138.300 | 197.080 |
| | 电 | kW·h | 0.78 | 52.100 | 38.410 | 590.600 | — | — | — |
| | 煤 | kg | 0.60 | — | — | — | — | — | — |
| | 木柴 | kg | 0.16 | — | — | — | — | — | — |
| | 水 | $m^3$ | 4.27 | — | — | — | — | — | — |

| 定额编号 | | | | 11029 | 11030 | 11031 | 11032 | 11033 | 11034 |
|---|---|---|---|---|---|---|---|---|---|
| 项目 | | | | 履带式抓斗成槽机 | 导杆式液压抓斗成槽机 | 井架式液压抓斗成槽机 | 反循环钻机 | 多头钻成槽机 | 超声波测壁机 |
| | | | | SG60A | E50KRC2/45K2502 | | 60P45A | BW | |
| 机型 | | | | 特 | 特 | 大 | 特 | 特 | 小 |
| **台班单价 (元)** | | | | **3817.79** | **4003.50** | **768.57** | **2892.72** | **5184.70** | **228.58** |
| 费用组成 | 折旧费 (元) | | | 1715.93 | 1787.34 | 111.78 | 1572.93 | 2576.56 | 35.12 |
| | 检修费 (元) | | | 339.16 | 462.45 | 28.92 | 285.49 | 440.16 | 9.09 |
| | 维护费 (元) | | | 478.21 | 652.05 | 141.73 | 499.62 | 1373.29 | 15.00 |
| | 安拆及场外运输费 (元) | | | — | — | — | — | — | 5.63 |
| | 人工费 (元) | | | 270.00 | 270.00 | 270.00 | 270.00 | 405.00 | 135.00 |
| | 燃料动力费 (元) | | | 1014.49 | 831.66 | 216.14 | 264.68 | 389.69 | 28.74 |
| | 其他费用 (元) | | | — | — | — | — | — | — |
| 名称 | | 单位 | 单价 | 用量 | | | | | |
| 人工及燃油动力 | 人工 | 工日 | 135.00 | 2.000 | 2.000 | 2.000 | 2.000 | 3.000 | 1.000 |
| | 汽油 综合 | kg | 6.12 | — | — | — | — | — | — |
| | 柴油 0# | kg | 5.09 | 199.310 | 163.390 | — | 52.000 | — | — |
| | 电 | kW·h | 0.78 | — | — | 277.100 | — | 499.600 | 36.850 |
| | 煤 | kg | 0.60 | — | — | — | — | — | — |
| | 木柴 | kg | 0.16 | — | — | — | — | — | — |
| | 水 | $m^3$ | 4.27 | — | — | — | — | — | — |

| 定额编号 | | | | 11035 | 11036 | 11037 | 11038 | 11039 | 11040 | 11041 |
|---|---|---|---|---|---|---|---|---|---|---|
| 项目 | | | | 泥浆制作循环设备 | 锁口管顶升机 | 沉井钻吸机组 | 潜水电钻 | | 工程地质液压钻机 | 液压钻机 |
| | | | | | | KH180－2 配 GZQ1250A | 75 型 | 80 型 | | G－2A |
| 机型 | | | | 大 | 中 | 大 | 中 | 中 | 小 | 中 |
| **台班单价（元）** | | | | **1596.76** | **398.44** | **3671.55** | **117.06** | **143.01** | **484.95** | **484.95** |
| 费用组成 | 折旧费（元） | | | 600.61 | 46.41 | 1033.60 | 28.87 | 37.57 | 37.26 | 37.26 |
| | 检修费（元） | | | 42.38 | 4.91 | 409.54 | 2.04 | 2.65 | 3.95 | 3.95 |
| | 维护费（元） | | | 64.00 | 21.57 | 556.97 | 4.74 | 6.14 | 4.22 | 4.22 |
| | 安拆及场外运输费（元） | | | 91.73 | 5.63 | — | 19.12 | 19.12 | 12.75 | 12.75 |
| | 人工费（元） | | | 405.00 | 270.00 | 405.00 | — | — | 270.00 | 270.00 |
| | 燃料动力费（元） | | | 393.04 | 49.92 | 1266.44 | 62.29 | 77.53 | 156.77 | 156.77 |
| | 其他费用（元） | | | — | — | — | — | — | — | — |
| 名称 | | 单位 | 单价 | 用量 | | | | | | |
| 人工及燃油动力 | 人工 | 工日 | 135.00 | 3.000 | 2.000 | 3.000 | — | — | 2.000 | 2.000 |
| | 汽油 综合 | kg | 6.12 | — | — | — | — | — | — | — |
| | 柴油 0# | kg | 5.09 | — | — | 67.800 | — | — | 30.800 | 30.800 |
| | 电 | kW·h | 0.78 | 503.900 | 64.000 | 1181.200 | 79.860 | 99.400 | — | — |
| | 煤 | kg | 0.60 | — | — | — | — | — | — | — |
| | 木柴 | kg | 0.16 | — | — | — | — | — | — | — |
| | 水 | $m^3$ | 4.27 | — | — | — | — | — | — | — |

| 定额编号 | | | | 11042 | 11043 | 11044 | 11045 | 11046 | 11047 | 11048 |
|---|---|---|---|---|---|---|---|---|---|---|
| 项目 | | | | 刀盘式土压平衡顶管掘进机 | | | | | | |
| | | | | 管径(mm) | | | | | | |
| | | | | 1650 | 1800 | 2000 | 2200 | 2460 | 2800 | 3000 |
| 机型 | | | | 特 | 特 | 特 | 特 | 特 | 特 | 特 |
| **台班单价 (元)** | | | | **468.16** | **614.41** | **670.64** | **733.85** | **1407.51** | **1520.38** | **1637.17** |
| 费用组成 | 折旧费 (元) | | | 302.94 | 403.29 | 444.06 | 478.96 | 914.08 | 1004.59 | 1083.63 |
| | 检修费 (元) | | | 58.18 | 74.34 | 79.78 | 89.75 | 173.74 | 181.62 | 194.91 |
| | 维护费 (元) | | | 107.04 | 136.78 | 146.80 | 165.14 | 319.69 | 334.17 | 358.63 |
| | 安拆及场外运输费 (元) | | | — | — | — | — | — | — | — |
| | 人工费 (元) | | | — | — | — | — | — | — | — |
| | 燃料动力费 (元) | | | — | — | — | — | — | — | — |
| | 其他费用 (元) | | | — | — | — | — | — | — | — |
| 名称 | | 单位 | 单价 | 用量 | | | | | | |
| 人工及燃油动力 | 人工 | 工日 | 135.00 | — | — | — | — | — | — | — |
| | 汽油 综合 | kg | 6.12 | — | — | — | — | — | — | — |
| | 柴油 0# | kg | 5.09 | — | — | — | — | — | — | — |
| | 电 | kW·h | 0.78 | — | — | — | — | — | — | — |
| | 煤 | kg | 0.60 | — | — | — | — | — | — | — |
| | 木柴 | kg | 0.16 | — | — | — | — | — | — | — |
| | 水 | $m^3$ | 4.27 | — | — | — | — | — | — | — |

| 定额编号 | | | | 11049 | 11050 | 11051 | 11052 | 11053 | 11054 | 11055 | 11056 | 11057 |
|---|---|---|---|---|---|---|---|---|---|---|---|---|
| 项目 | | | | 挤压法顶管设备 | | | | | | | | |
| | | | | 管径(mm) | | | | | | | | |
| | | | | 1000 | 1200 | 1400 | 1500 | 1650 | 1800 | 2000 | 2200 | 2400 |
| 机型 | | | | 中 | 中 | 中 | 中 | 中 | 中 | 中 | 中 | 中 |
| **台班单价　(元)** | | | | **154.05** | **159.42** | **193.43** | **202.98** | **215.65** | **273.86** | **280.25** | **315.37** | **372.57** |
| 费用组成 | 折旧费（元） | | | 20.13 | 23.37 | 23.95 | 27.81 | 33.56 | 50.78 | 52.34 | 72.00 | 104.43 |
| | 检修费（元） | | | 3.55 | 4.12 | 4.22 | 4.91 | 5.92 | 8.96 | 9.23 | 12.70 | 18.42 |
| | 维护费（元） | | | 9.73 | 11.29 | 11.57 | 13.45 | 16.22 | 24.54 | 25.30 | 34.79 | 50.46 |
| | 安拆及场外运输费（元） | | | 3.75 | 3.75 | 3.75 | 3.75 | 3.75 | 3.75 | 3.75 | 3.75 | 3.75 |
| | 人工费（元） | | | — | — | — | — | — | — | — | — | — |
| | 燃料动力费（元） | | | 116.89 | 116.89 | 149.94 | 153.06 | 156.20 | 185.83 | 189.63 | 192.13 | 195.51 |
| | 其他费用（元） | | | — | — | — | — | — | — | — | — | — |
| 名称 | | 单位 | 单价 | 用量 | | | | | | | | |
| 人工及燃油动力 | 人工 | 工日 | 135.00 | — | — | — | — | — | — | — | — | — |
| | 汽油 综合 | kg | 6.12 | — | — | — | — | — | — | — | — | — |
| | 柴油 0# | kg | 5.09 | — | — | — | — | — | — | — | — | — |
| | 电 | kW·h | 0.78 | 149.860 | 149.860 | 192.230 | 196.230 | 200.260 | 238.240 | 243.120 | 246.320 | 250.660 |
| | 煤 | kg | 0.60 | — | — | — | — | — | — | — | — | — |
| | 木柴 | kg | 0.16 | — | — | — | — | — | — | — | — | — |
| | 水 | $m^3$ | 4.27 | — | — | — | — | — | — | — | — | — |

| 定额编号 | | | | 11058 | 11059 | 11060 | 11061 | 11062 | 11063 | 11064 | 11065 | 11066 |
|---|---|---|---|---|---|---|---|---|---|---|---|---|
| 项目 | | | | 遥控顶管掘进机 | | | | | 人工挖土法顶管设备 | | | |
| | | | | 管径(mm) | | | | | | | | |
| | | | | 800 | 1200 | 1350 | 1650 | 1800 | 1200 | 1650 | 2000 | 2460 |
| 机型 | | | | 特 | 特 | 特 | 特 | 特 | 小 | 小 | 小 | 中 |
| **台班单价 (元)** | | | | **1444.45** | **1564.93** | **1697.47** | **1815.93** | **1985.82** | **139.48** | **183.66** | **224.56** | **226.54** |
| 费用组成 | 折旧费 (元) | | | 811.69 | 890.02 | 964.27 | 1029.13 | 1140.47 | 9.68 | 12.19 | 12.99 | 13.21 |
| | 检修费 (元) | | | 143.19 | 157.01 | 170.11 | 181.55 | 201.19 | 1.71 | 2.15 | 2.30 | 2.33 |
| | 维护费 (元) | | | 263.47 | 288.90 | 312.99 | 334.05 | 370.19 | 7.45 | 9.37 | 10.01 | 10.14 |
| | 安拆及场外运输费 (元) | | | 25.37 | 25.37 | 25.37 | 25.37 | 25.37 | 3.75 | 3.75 | 3.75 | 3.75 |
| | 人工费 (元) | | | — | — | — | — | — | — | — | — | — |
| | 燃料动力费 (元) | | | 200.73 | 203.63 | 224.73 | 245.83 | 248.60 | 116.89 | 156.20 | 195.51 | 197.11 |
| | 其他费用 (元) | | | — | — | — | — | — | — | — | — | — |
| 名称 | | 单位 | 单价 | 用量 | | | | | | | | |
| 人工及燃油动力 | 人工 | 工日 | 135.00 | — | — | — | — | — | — | — | — | — |
| | 汽油 综合 | kg | 6.12 | — | — | — | — | — | — | — | — | — |
| | 柴油 0# | kg | 5.09 | — | — | — | — | — | — | — | — | — |
| | 电 | kW·h | 0.78 | 257.340 | 261.070 | 288.120 | 315.170 | 318.720 | 149.860 | 200.260 | 250.660 | 252.710 |
| | 煤 | kg | 0.60 | — | — | — | — | — | — | — | — | — |
| | 木柴 | kg | 0.16 | — | — | — | — | — | — | — | — | — |
| | 水 | $m^3$ | 4.27 | — | — | — | — | — | — | — | — | — |

| 定额编号 | | | | 11067 | 11068 | 11069 | 11070 | 11071 | 11072 | 11073 | 11074 | 11075 |
|---|---|---|---|---|---|---|---|---|---|---|---|---|
| 项目 | | | | 液压柜 | 悬臂式掘进机 | 轨道车 | | | 电力机车 | 动力稳定车 | 配砟整形车 | 起拔道捣固车 |
| | | | | 动力系统 | 功率(kW) | | | | | | 工作能力(m/h) | |
| | | | | | 318 | 120 | 210 | 290 | | | 1200 | 1100 |
| 机型 | | | | 中 | 特 | 小 | 小 | 小 | 中 | 中 | 中 | 大 |
| **台班单价　(元)** | | | | **200.37** | **5043.01** | **293.34** | **471.91** | **536.97** | **1325.53** | **4562.65** | **1626.22** | **5473.94** |
| 费用组成 | 折旧费　(元) | | | 6.19 | 4798.77 | 143.28 | 230.53 | 262.31 | 647.49 | 2228.76 | 794.37 | 2673.89 |
| | 检修费　(元) | | | 0.66 | 86.00 | 40.45 | 65.06 | 74.03 | 182.76 | 629.08 | 224.22 | 754.73 |
| | 维护费　(元) | | | 3.54 | 158.24 | 109.61 | 176.32 | 200.63 | 495.28 | 1704.81 | 607.63 | 2045.32 |
| | 安拆及场外运输费　(元) | | | — | — | — | — | — | — | — | — | — |
| | 人工费　(元) | | | — | — | — | — | — | — | — | — | — |
| | 燃料动力费　(元) | | | 189.98 | — | — | — | — | — | — | — | — |
| | 其他费用　(元) | | | — | — | — | — | — | — | — | — | — |
| 名称 | | 单位 | 单价 | 用量 | | | | | | | | |
| 人工及燃油动力 | 人工 | 工日 | 135.00 | — | — | — | — | — | — | — | — | — |
| | 汽油 综合 | kg | 6.12 | — | — | — | — | — | — | — | — | — |
| | 柴油 0# | kg | 5.09 | — | — | — | — | — | — | — | — | — |
| | 电 | kW·h | 0.78 | 243.560 | — | — | — | — | — | — | — | — |
| | 煤 | kg | 0.60 | — | — | — | — | — | — | — | — | — |
| | 木柴 | kg | 0.16 | — | — | — | — | — | — | — | — | — |
| | 水 | $m^3$ | 4.27 | — | — | — | — | — | — | — | — | — |

| 定额编号 | | | | 11076 | 11077 | 11078 | 11079 | 11080 | 11081 | 11082 |
| --- | --- | --- | --- | --- | --- | --- | --- | --- | --- | --- |
| 项目 | | | | 电气化安装作业车 | 移动式焊轨机组 | 双液压注浆泵 | 液压注浆泵 | 三臂凿岩台车 | 装药台车 | 土压平衡矩形盾构机 |
| | | | | | | PH2×5 | HYB50/50-1 型 | H178 | DT-100 | 11830×7270 |
| 机型 | | | | 中 | 大 | 中 | 中 | 大 | 大 | 特 |
| **台班单价 (元)** | | | | **932.78** | **5369.62** | **164.42** | **75.11** | **7164.12** | **1845.21** | **22949.40** |
| 费用组成 | 折旧费 (元) | | | 455.64 | 2622.93 | 91.21 | 37.84 | 2740.44 | 925.39 | 20114.94 |
| | 检修费 (元) | | | 128.61 | 740.35 | 20.73 | 8.61 | 1192.37 | 247.93 | 1049.80 |
| | 维护费 (元) | | | 348.53 | 2006.34 | 19.90 | 8.27 | 3231.31 | 671.89 | 1784.66 |
| | 安拆及场外运输费 (元) | | | — | — | 8.20 | 8.20 | — | — | — |
| | 人工费 (元) | | | — | — | — | — | — | — | — |
| | 燃料动力费 (元) | | | — | — | 24.38 | 12.19 | — | — | — |
| | 其他费用 (元) | | | — | — | — | — | — | — | — |
| 名称 | | 单位 | 单价 | 用量 | | | | | | |
| 人工及燃油动力 | 人工 | 工日 | 135.00 | — | — | — | — | — | — | — |
| | 汽油 综合 | kg | 6.12 | — | — | — | — | — | — | — |
| | 柴油 0# | kg | 5.09 | — | — | — | — | — | — | — |
| | 电 | kW·h | 0.78 | — | — | 31.260 | 15.630 | — | — | — |
| | 煤 | kg | 0.60 | — | — | — | — | — | — | — |
| | 木柴 | kg | 0.16 | — | — | — | — | — | — | — |
| | 水 | $m^3$ | 4.27 | — | — | — | — | — | — | — |

| 定额编号 | | | | 11083 | 11084 | 11085 | 11086 | 11087 | 11088 | 11089 | 11090 |
|---|---|---|---|---|---|---|---|---|---|---|---|
| 项目 | | | | 矩形顶管设备 | 矩形顶管附属设备 | 盐水螺杆机组 | 三向倾卸轮胎式装载机 | 定向钻机非开挖铺管钻机 | | | 多点远距离测温系统 |
| | | | | 6900×4200 | | TBS700.2JF | | ST-25型 | ST-35型 | ST-40型 | CW500 |
| 机型 | | | | 特 | 特 | 特 | 大 | 大 | 大 | 大 | 特 |
| 台班单价（元） | | | | **8568.75** | **2309.83** | **848.00** | **1050.97** | **1801.16** | **2263.97** | **2703.06** | **18.67** |
| 费用组成 | 折旧费（元） | | | 4802.96 | 487.68 | 124.63 | 505.53 | 454.98 | 625.60 | 739.34 | 4.96 |
| | 检修费（元） | | | 1394.74 | 674.87 | 12.32 | 147.42 | 118.10 | 150.91 | 177.15 | 1.21 |
| | 维护费（元） | | | 2371.05 | 1147.28 | 24.65 | 398.02 | 200.77 | 256.55 | 301.16 | 2.09 |
| | 安拆及场外运输费（元） | | | — | — | — | — | 111.11 | 111.11 | 111.11 | — |
| | 人工费（元） | | | — | — | — | — | — | — | — | — |
| | 燃料动力费（元） | | | — | — | 686.40 | — | 916.20 | 1119.80 | 1374.30 | 10.41 |
| | 其他费用（元） | | | — | — | — | — | — | — | — | — |
| 名称 | | 单位 | 单价 | 用量 | | | | | | | |
| 人工及燃油动力 | 人工 | 工日 | 135.00 | — | — | — | — | — | — | — | — |
| | 汽油 综合 | kg | 6.12 | — | — | — | — | — | — | — | — |
| | 柴油 0# | kg | 5.09 | — | — | — | — | 180.000 | 220.000 | 270.000 | — |
| | 电 | kW·h | 0.78 | — | — | 880.000 | — | — | — | — | 13.340 |
| | 煤 | kg | 0.60 | — | — | — | — | — | — | — | — |
| | 木柴 | kg | 0.16 | — | — | — | — | — | — | — | — |
| | 水 | $m^3$ | 4.27 | — | — | — | — | — | — | — | — |

# 十二、其他机械

| 定额编号 | | | | 12001 | 12002 | 12003 | 12004 | 12005 |
|---|---|---|---|---|---|---|---|---|
| 项目 | | | | 轴流通风机 | | | | |
| | | | | 功率(kW) | | | | |
| | | | | 7.5 | 30 | 100 | 150 | 220 |
| 机型 | | | | 小 | 小 | 小 | 小 | 小 |
| **台班单价 (元)** | | | | **45.40** | **146.68** | **452.16** | **555.34** | **581.56** |
| 费用组成 | 折旧费(元) | | | 3.87 | 7.37 | 15.20 | 78.78 | 88.45 |
| | 检修费(元) | | | 0.47 | 1.44 | 3.20 | 14.51 | 17.44 |
| | 维护费(元) | | | 1.19 | 3.62 | 5.99 | 27.14 | 32.61 |
| | 安拆及场外运输费(元) | | | 8.44 | 8.44 | 8.44 | 8.44 | 8.44 |
| | 人工费(元) | | | — | — | — | — | — |
| | 燃料动力费(元) | | | 31.43 | 125.81 | 419.33 | 426.47 | 434.62 |
| | 其他费用(元) | | | — | — | — | — | — |
| 名称 | | 单位 | 单价 | 用量 | | | | |
| 人工及燃油动力 | 人工 | 工日 | 135.00 | — | — | — | — | — |
| | 汽油 综合 | kg | 6.12 | — | — | — | — | — |
| | 柴油 0# | kg | 5.09 | — | — | — | — | — |
| | 电 | kW·h | 0.78 | 40.300 | 161.300 | 537.600 | 546.760 | 557.210 |
| | 煤 | kg | 0.60 | — | — | — | — | — |
| | 木柴 | kg | 0.16 | — | — | — | — | — |
| | 水 | $m^3$ | 4.27 | — | — | — | — | — |

| 定额编号 | | | | 12006 | 12007 | 12008 | 12009 | 12010 |
|---|---|---|---|---|---|---|---|---|
| 项目 | | | | 离心通风机 | | | | 吹风机 |
| | | | | 能力($m^3$/min) | | | | |
| | | | | 1300 | 1800 | 2500 | 3200 | 4 |
| 机型 | | | | 小 | 小 | 小 | 小 | 小 |
| 台班单价 (元) | | | | **88.88** | **146.84** | **254.83** | **471.15** | **21.11** |
| 费用组成 | 折旧费 (元) | | | 6.55 | 10.04 | 13.27 | 16.38 | 4.50 |
| | 检修费 (元) | | | 1.78 | 2.00 | 3.15 | 4.03 | 0.78 |
| | 维护费 (元) | | | 3.32 | 3.75 | 3.93 | 5.04 | 1.95 |
| | 安拆及场外运输费 (元) | | | 7.03 | 7.03 | 7.03 | 7.03 | 8.44 |
| | 人工费 (元) | | | — | — | — | — | — |
| | 燃料动力费 (元) | | | 70.20 | 124.02 | 227.45 | 438.67 | 5.44 |
| | 其他费用 (元) | | | — | — | — | — | — |
| 名称 | | 单位 | 单价 | 用量 | | | | |
| 人工及燃油动力 | 人工 | 工日 | 135.00 | — | — | — | — | — |
| | 汽油 综合 | kg | 6.12 | — | — | — | — | — |
| | 柴油 0# | kg | 5.09 | — | — | — | — | — |
| | 电 | kW·h | 0.78 | 90.000 | 159.000 | 291.600 | 562.400 | 6.980 |
| | 煤 | kg | 0.60 | — | — | — | — | — |
| | 木柴 | kg | 0.16 | — | — | — | — | — |
| | 水 | $m^3$ | 4.27 | — | — | — | — | — |

| 定额编号 | | | | 12011 | 12012 | 12013 | 12014 | 12015 |
|---|---|---|---|---|---|---|---|---|
| 项目 | | | | 鼓风机 | | | | |
| | | | | 能力($m^3$/min) | | | | |
| | | | | 8 | 18 | 50 | 129 | 700 |
| 机型 | | | | 小 | 小 | 小 | 小 | 小 |
| **台班单价 (元)** | | | | **26.17** | **41.62** | **54.36** | **62.54** | **279.27** |
| 费用组成 | 折旧费 (元) | | | 3.45 | 12.35 | 16.89 | 19.21 | 68.55 |
| | 检修费 (元) | | | 0.70 | 2.28 | 4.22 | 5.58 | 54.24 |
| | 维护费 (元) | | | 1.69 | 5.51 | 10.22 | 13.51 | 131.27 |
| | 安拆及场外运输费 (元) | | | 8.44 | 8.44 | 8.44 | 8.44 | 8.44 |
| | 人工费 (元) | | | — | — | — | — | — |
| | 燃料动力费 (元) | | | 11.89 | 13.04 | 14.59 | 15.80 | 16.77 |
| | 其他费用 (元) | | | — | — | — | — | — |
| 名称 | | 单位 | 单价 | 用量 | | | | |
| 人工及燃油动力 | 人工 | 工日 | 135.00 | — | — | — | — | — |
| | 汽油 综合 | kg | 6.12 | — | — | — | — | — |
| | 柴油 0# | kg | 5.09 | — | — | — | — | — |
| | 电 | kW·h | 0.78 | 15.240 | 16.720 | 18.700 | 20.260 | 21.500 |
| | 煤 | kg | 0.60 | — | — | — | — | — |
| | 木柴 | kg | 0.16 | — | — | — | — | — |
| | 水 | $m^3$ | 4.27 | — | — | — | — | — |

| 定额编号 | | | | 12016 | 12017 | 12018 | 12019 | 12020 | 12021 | 12022 |
|---|---|---|---|---|---|---|---|---|---|---|
| 项目 | | | | 反吸式除尘机 | 组合烘箱 | 箱式加热炉 | | | 硅整流充电机 | 滤油机 |
| | | | | D2－FX1 | | RJX－45－9 | RJX－75－9 | RJX－50－13 | 90A/190V | LX100 型 |
| 机型 | | | | 小 | 小 | 小 | 小 | 小 | 小 | 小 |
| **台班单价（元）** | | | | **73.65** | **134.40** | **128.24** | **148.01** | **139.34** | **207.90** | **44.32** |
| 费用组成 | 折旧费（元） | | | 22.79 | 16.65 | 13.68 | 20.80 | 22.28 | 7.04 | 6.55 |
| | 检修费（元） | | | 4.02 | 2.94 | 0.80 | 1.30 | 1.22 | 0.42 | 0.38 |
| | 维护费（元） | | | 4.55 | 3.02 | 0.85 | 1.38 | 1.29 | 1.31 | 0.87 |
| | 安拆及场外运输费（元） | | | 5.63 | 5.63 | 6.75 | 6.75 | 6.75 | 5.63 | 8.44 |
| | 人工费（元） | | | — | — | — | — | — | 135.00 | — |
| | 燃料动力费（元） | | | 36.66 | 106.16 | 106.16 | 117.78 | 107.80 | 58.50 | 28.08 |
| | 其他费用（元） | | | — | — | — | — | — | — | — |
| 名称 | | 单位 | 单价 | 用量 | | | | | | |
| 人工及燃油动力 | 人工 | 工日 | 135.00 | — | — | — | — | — | 1.000 | — |
| | 汽油 综合 | kg | 6.12 | — | — | — | — | — | — | — |
| | 柴油 0# | kg | 5.09 | — | — | — | — | — | — | — |
| | 电 | kW·h | 0.78 | 47.000 | 136.100 | 136.100 | 151.000 | 138.200 | 75.000 | 36.000 |
| | 煤 | kg | 0.60 | — | — | — | — | — | — | — |
| | 木柴 | kg | 0.16 | — | — | — | — | — | — | — |
| | 水 | $m^3$ | 4.27 | — | — | — | — | — | — | — |

| 定额编号 | | | | 12023 | 12024 | 12025 | 12026 | 12027 | 12028 | 12029 |
|---|---|---|---|---|---|---|---|---|---|---|
| 项目 | | | | 潜水设备 | 潜水减压仓 | 通井机 | 高压压风机车 | 井点降水钻机 | 液压升降机 | 泥浆拌和机 |
| | | | | | | 功率(kW) | | | 提升高度 | 100 ~ 150L |
| | | | | | | 66 | 300 | | 9m | |
| 机型 | | | | 小 | 中 | 大 | 大 | 小 | 小 | 小 |
| **台班单价 (元)** | | | | **89.19** | **166.83** | **672.17** | **2165.81** | **32.18** | **25.07** | **160.80** |
| 费用组成 | 折旧费 (元) | | | 22.52 | 89.46 | 62.56 | 55.33 | 17.74 | 6.82 | 11.23 |
| | 检修费 (元) | | | 3.98 | 15.78 | 17.64 | 59.75 | 0.87 | 2.28 | 0.55 |
| | 维护费 (元) | | | 55.66 | 50.97 | 47.62 | 167.31 | 2.09 | 8.94 | 2.31 |
| | 安拆及场外运输费 (元) | | | 7.03 | 10.62 | — | — | 7.03 | 7.03 | 3.91 |
| | 人工费 (元) | | | — | — | 270.00 | 135.00 | — | — | 135.00 |
| | 燃料动力费 (元) | | | — | — | 274.35 | 1748.42 | 4.45 | — | 7.80 |
| | 其他费用 (元) | | | — | — | — | — | — | — | — |
| 名称 | | 单位 | 单价 | 用量 | | | | | | |
| 人工及燃油动力 | 人工 | 工日 | 135.00 | — | — | 2.000 | 1.000 | — | — | 1.000 |
| | 汽油 综合 | kg | 6.12 | — | — | — | — | — | — | — |
| | 柴油 0# | kg | 5.09 | — | — | 53.900 | 343.500 | — | — | — |
| | 电 | kW·h | 0.78 | — | — | — | — | 5.700 | — | 10.000 |
| | 煤 | kg | 0.60 | — | — | — | — | — | — | — |
| | 木柴 | kg | 0.16 | — | — | — | — | — | — | — |
| | 水 | $m^3$ | 4.27 | — | — | — | — | — | — | — |

| 定额编号 | | | | 12030 | 12031 | 12032 | 12033 | 12034 | 12035 | 12036 |
|---|---|---|---|---|---|---|---|---|---|---|
| 项目 | | | | 超声波探伤机 | | | X射线探伤机 | | | |
| | | | | CTS－8 | CTS－22 | CTS－26 | 1605 | 2005 | 2505 | 3005 |
| 机型 | | | | 小 | 小 | 小 | 小 | 小 | 小 | 小 |
| **台班单价（元）** | | | | **173.71** | **198.94** | **210.51** | **163.96** | **182.40** | **196.59** | **243.88** |
| 费用组成 | 折旧费（元） | | | 9.61 | 12.16 | 14.76 | 9.61 | 17.94 | 22.40 | 42.94 |
| | 检修费（元） | | | 4.79 | 6.07 | 7.36 | 3.39 | 6.33 | 7.90 | 15.17 |
| | 维护费（元） | | | 8.92 | 13.71 | 16.63 | 7.67 | 14.30 | 17.85 | 34.29 |
| | 安拆及场外运输费（元） | | | 5.87 | 5.87 | 5.87 | 5.87 | 5.87 | 5.87 | 5.87 |
| | 人工费（元） | | | 135.00 | 135.00 | 135.00 | 135.00 | 135.00 | 135.00 | 135.00 |
| | 燃料动力费（元） | | | 9.52 | 26.13 | 30.89 | 2.42 | 2.96 | 7.57 | 10.61 |
| | 其他费用（元） | | | — | — | — | — | — | — | — |
| 名称 | | 单位 | 单价 | 用量 | | | | | | |
| 人工及燃油动力 | 人工 | 工日 | 135.00 | 1.000 | 1.000 | 1.000 | 1.000 | 1.000 | 1.000 | 1.000 |
| | 汽油 综合 | kg | 6.12 | — | — | — | — | — | — | — |
| | 柴油 0# | kg | 5.09 | — | — | — | — | — | — | — |
| | 电 | kW·h | 0.78 | 12.200 | 33.500 | 39.600 | 3.100 | 3.800 | 9.700 | 13.600 |
| | 煤 | kg | 0.60 | — | — | — | — | — | — | — |
| | 木柴 | kg | 0.16 | — | — | — | — | — | — | — |
| | 水 | $m^3$ | 4.27 | — | — | — | — | — | — | — |

| 定额编号 | | | | 12037 | 12038 | 12039 | 12040 |
|---|---|---|---|---|---|---|---|
| 项目 | | | | 周向X射线探伤机 | 磁粉探伤机 | | |
| | | | | 携带式2005 | 周向磁化电流(A) | | |
| | | | | | 6000 | 9000 | 12500 |
| 机型 | | | | 小 | 小 | 小 | 小 |
| **台班单价 (元)** | | | | **202.75** | **245.18** | **293.01** | **518.85** |
| 费用组成 | 折旧费(元) | | | 23.09 | 40.34 | 47.40 | 125.58 |
| | 检修费(元) | | | 13.57 | 23.80 | 28.05 | 74.41 |
| | 维护费(元) | | | 22.26 | 35.46 | 41.79 | 110.88 |
| | 安拆及场外运输费(元) | | | 5.87 | 4.89 | 4.89 | 4.89 |
| | 人工费(元) | | | 135.00 | 135.00 | 135.00 | 135.00 |
| | 燃料动力费(元) | | | 2.96 | 5.69 | 35.88 | 68.09 |
| | 其他费用(元) | | | — | — | — | — |
| 名称 | | 单位 | 单价 | 用量 | | | |
| 人工及燃油动力 | 人工 | 工日 | 135.00 | 1.000 | 1.000 | 1.000 | 1.000 |
| | 汽油 综合 | kg | 6.12 | — | — | — | — |
| | 柴油 0# | kg | 5.09 | — | — | — | — |
| | 电 | kW·h | 0.78 | 3.800 | 7.300 | 46.000 | 87.300 |
| | 煤 | kg | 0.60 | — | — | — | — |
| | 木柴 | kg | 0.16 | — | — | — | — |
| | 水 | $m^3$ | 4.27 | — | — | — | — |

| 定额编号 | | | | 12041 | 12042 | 12043 | 12044 | 12045 | 12046 | 12047 |
|---|---|---|---|---|---|---|---|---|---|---|
| 项目 | | | | 工程修理车 | | 热熔焊接机 | | | 多角焊接机 | 电熔焊接机 |
| | | | | JX－12A | EQ－141 | SH－63 | SHD－160C | SHD－630 | DSH－250 | DRH－160A |
| 机型 | | | | 中 | 大 | 小 | 小 | 小 | 小 | 小 |
| **台班单价　(元)** | | | | **667.47** | **785.86** | **8.02** | **27.03** | **50.56** | **60.71** | **12.20** |
| 费用组成 | 折旧费（元） | | | 53.96 | 85.38 | 0.63 | 11.37 | 13.65 | 31.28 | 1.99 |
| | 检修费（元） | | | 14.60 | 20.55 | 0.17 | 3.05 | 3.66 | 8.39 | 0.53 |
| | 维护费（元） | | | 33.57 | 47.27 | 0.18 | 3.23 | 3.88 | 8.89 | 0.57 |
| | 安拆及场外运输费（元） | | | — | — | 3.91 | 3.91 | 3.91 | 3.91 | 3.91 |
| | 人工费（元） | | | 405.00 | 405.00 | — | — | — | — | — |
| | 燃料动力费（元） | | | 160.34 | 227.66 | 3.13 | 5.47 | 25.46 | 8.24 | 5.20 |
| | 其他费用（元） | | | — | — | — | — | — | — | — |
| 名称 | | 单位 | 单价 | 用量 | | | | | | |
| 人工及燃油动力 | 人工 | 工日 | 135.00 | 3.000 | 3.000 | — | — | — | — | — |
| | 汽油 综合 | kg | 6.12 | 26.200 | 37.200 | — | — | — | — | — |
| | 柴油 0# | kg | 5.09 | — | — | — | — | — | — | — |
| | 电 | kW·h | 0.78 | — | — | 4.010 | 7.010 | 32.640 | 10.560 | 6.670 |
| | 煤 | kg | 0.60 | — | — | — | — | — | — | — |
| | 木柴 | kg | 0.16 | — | — | — | — | — | — | — |
| | 水 | $m^3$ | 4.27 | — | — | — | — | — | — | — |

| 定额编号 | | | | 12048 | 12049 | 12050 | 12051 | 12052 |
|---|---|---|---|---|---|---|---|---|
| 项目 | | | | 真空滤油机 | 链条式<br>混凝土切割机 | 压滤机 | | |
| | | | | 能力<br>(L/h) | ZSYK 型<br>电动绳锯 | XMYZG200 | XMYZG400 | XMYZG500 |
| | | | | 6000 | | 1250 - UB | 1500 - UB | |
| 机型 | | | | 中 | 中 | 中 | 大 | 大 |
| **台班单价 (元)** | | | | **262.72** | **466.02** | **195.38** | **416.11** | **499.82** |
| 费用组成 | 折旧费 (元) | | | 181.40 | 95.12 | 146.73 | 286.64 | 317.35 |
| | 检修费 (元) | | | 10.67 | 3.54 | 20.31 | 39.68 | 43.94 |
| | 维护费 (元) | | | 34.13 | 3.76 | 26.00 | 50.79 | 56.24 |
| | 安拆及场外运输费 (元) | | | 8.44 | — | — | — | — |
| | 人工费 (元) | | | — | 270.00 | — | — | — |
| | 燃料动力费 (元) | | | 28.08 | 93.60 | 2.34 | 39.00 | 82.29 |
| | 其他费用 (元) | | | — | — | — | — | — |
| 名称 | | 单位 | 单价 | 用量 | | | | |
| 人工及燃油动力 | 人工 | 工日 | 135.00 | — | 2.000 | — | — | — |
| | 汽油 综合 | kg | 6.12 | — | — | — | — | — |
| | 柴油 0# | kg | 5.09 | — | — | — | — | — |
| | 电 | kW·h | 0.78 | 36.000 | 120.000 | 3.000 | 50.000 | 105.500 |
| | 煤 | kg | 0.60 | — | — | — | — | — |
| | 木柴 | kg | 0.16 | — | — | — | — | — |
| | 水 | $m^3$ | 4.27 | — | — | — | — | — |

| 定额编号 | | | | 12053 | 12054 | 12055 | 12056 | 12057 |
|---|---|---|---|---|---|---|---|---|
| 项目 | | | | 智能程控张拉机 | 履带式钻孔机 | 轻便钻机 | 液压钻机 | 液压钻机 |
| | | | | LX－MSP 型 | 孔径(mm)<br>400～700 | XJ－100 | STE－1 | XU－100 |
| 机型 | | | | 中 | 小 | 小 | 中 | 中 |
| **台班单价 （元）** | | | | **565.15** | **613.01** | **219.53** | **250.08** | **243.89** |
| 费用组成 | 折旧费（元） | | | 191.09 | 101.11 | 6.98 | 21.23 | 14.56 |
| | 检修费（元） | | | 37.79 | 11.35 | 2.48 | 3.50 | 2.26 |
| | 维护费（元） | | | 170.07 | 39.17 | 9.92 | 14.00 | 10.75 |
| | 安拆及场外运输费(元) | | | — | — | — | — | 2.93 |
| | 人工费（元） | | | 135.00 | 270.00 | 135.00 | 135.00 | 135.00 |
| | 燃料动力费（元） | | | 31.20 | 191.38 | 65.15 | 76.35 | 78.39 |
| | 其他费用（元） | | | — | — | — | — | — |
| 名称 | | 单位 | 单价 | 用量 | | | | |
| 人工及燃油动力 | 人工 | 工日 | 135.00 | 1.000 | 2.000 | 1.000 | 1.000 | 1.000 |
| | 汽油 综合 | kg | 6.12 | — | — | — | — | — |
| | 柴油 0# | kg | 5.09 | — | 37.600 | 12.800 | 15.000 | 15.400 |
| | 电 | kW·h | 0.78 | 40.000 | — | — | — | — |
| | 煤 | kg | 0.60 | — | — | — | — | — |
| | 木柴 | kg | 0.16 | — | — | — | — | — |
| | 水 | $m^3$ | 4.27 | — | — | — | — | — |

# 十三、单独计算的费用

## 1. 塔式起重机、施工电梯基础费用

计量单位:台班

| 定额编号 | | | | 1001 | 1002 |
|---|---|---|---|---|---|
| 项目 | | | | 固定式基础(带配重) | 施工电梯固定式基础 |
| **台班单价 (元)** | | | | **24823.47** | **6231.39** |
| 费用组成 | 人工费(元) | | | 2095.20 | 1620.00 |
| | 材料费(元) | | | 22653.52 | 4524.86 |
| | 机械费(元) | | | 74.75 | 86.53 |
| 名称 | | 单位 | 单价(元) | 用量 | |
| 工料机用量 | 二类人工 | 工日 | 135.00 | 15.520 | 12.000 |
| | 非泵送商品混凝土 C30 | $m^3$ | 438.00 | 31.720 | 6.150 |
| | 钢模板 | kg | 5.96 | 25.250 | 5.560 |
| | 木模板 | $m^3$ | 1445.00 | 0.106 | 0.108 |
| | 黄砂 净砂(中粗砂) | t | 102.00 | 7.561 | 4.320 |
| | 块石 | t | 77.67 | — | 3.900 |
| | 热轧光圆钢筋 综合 | t | 3966.00 | 1.906 | 0.205 |
| | 零星卡具 | kg | 5.88 | 2.610 | 2.650 |
| | 水 | t | 4.27 | 6.370 | 6.510 |
| | 其他材料费 | 元 | — | 83.540 | 42.000 |
| | 电动夯实机 250N·m | 台班 | 28.03 | 0.108 | 0.110 |
| | 汽车式起重机 8t | 台班 | 648.48 | 0.008 | 0.008 |
| | 载货汽车 6t | 台班 | 396.42 | 0.029 | 0.029 |
| | 机动翻斗车 1t | 台班 | 197.36 | 0.215 | 0.218 |
| | 钢筋调直机 14mm | 台班 | 37.97 | 0.105 | 0.064 |
| | 钢筋切断机 40mm | 台班 | 43.28 | 0.140 | 0.075 |
| | 木工圆锯机 500mm | 台班 | 27.50 | 0.093 | 0.094 |
| | 交流弧焊机 32kV·A | 台班 | 92.84 | — | 0.123 |
| | 对焊机 75kV·A | 台班 | 119.25 | — | 0.034 |

## 2.安拆费用

计量单位:台·次

| 定额编号 | | | | 2001 | 2002 | 2003 | 2004 | 2005 | 2006 | 2007 |
|---|---|---|---|---|---|---|---|---|---|---|
| 项目 | | | | 自升式塔式起重机 | 柴油打桩机 | 静力压桩机(kN) | | | | |
| | | | | | | 900 | 1200 | 1600 | 4000以内 | 10000以内 |
| 台班单价　(元) | | | | 25938.52 | 7968.86 | 6291.34 | 8168.57 | 10728.63 | 13514.06 | 15098.86 |
| 费用组成 | 人工费(元) | | | 12825.00 | 4320.00 | 3240.00 | 4050.00 | 5400.00 | 6750.00 | 6750.00 |
| | 材料费(元) | | | 299.44 | 50.00 | 25.00 | 30.00 | 30.00 | 40.00 | 40.00 |
| | 机械费(元) | | | 12814.08 | 3598.86 | 3026.34 | 4088.57 | 5298.63 | 6724.06 | 8308.86 |
| 名称 | | 单位 | 单价(元) | 用量 | | | | | | |
| 工料机用量 | 二类人工 | 工日 | 135.00 | 95.000 | 32.000 | 24.000 | 30.000 | 40.000 | 50.000 | 50.000 |
| | 镀锌铁丝 综合 | kg | 5.40 | 50.000 | 5.000 | — | — | — | — | — |
| | 镀锌六角螺栓 M12×50 | 个 | 0.46 | 64.000 | 50.000 | — | — | — | — | — |
| | 其他材料费 | 元 | — | — | — | 25.000 | 30.000 | 30.000 | 40.000 | 40.000 |
| | 自升式塔式起重机 2500kN·m | 台班 | 1023.35 | 0.500 | — | — | — | — | — | — |
| | 履带式柴油打桩机 3.5t | 台班 | 832.40 | — | 0.500 | — | — | — | — | — |
| | 汽车式起重机 8t | 台班 | 648.48 | — | 2.000 | 1.000 | 1.000 | 1.000 | 2.000 | 2.000 |
| | 汽车式起重机 20t | 台班 | 942.85 | 5.000 | 2.000 | 2.000 | 3.000 | 4.000 | 4.000 | 5.000 |
| | 汽车式起重机 40t | 台班 | 1517.63 | 5.000 | — | — | — | — | — | — |
| | 静力压桩机(液压) 900kN | 台班 | 984.32 | — | — | 0.500 | — | — | — | — |
| | 静力压桩机(液压) 1200kN | 台班 | 1223.08 | — | — | — | 0.500 | — | — | — |
| | 静力压桩机(液压) 1600kN | 台班 | 1757.50 | — | — | — | — | 0.500 | — | — |
| | 静力压桩机(液压) 4000kN | 台班 | 3311.40 | — | — | — | — | — | 0.500 | — |
| | 静力压桩机(液压) 10000kN | 台班 | 4595.30 | — | — | — | — | — | — | 0.500 |

计量单位:台·次

| 定额编号 | | | | 2008 | 2009 | 2010 | 2011 | 2012 |
|---|---|---|---|---|---|---|---|---|
| 项目 | | | | 架桥机 | 施工电梯 | | | |
| | | | | 起重吨位(t) | 提升高度(m) | | | |
| | | | | 160 以内 | 50 | 100 | 130 | 200 |
| **台班单价 (元)** | | | | **7486.72** | **9272.35** | **11355.99** | **14007.50** | **16380.71** |
| 费用组成 | 人工费 (元) | | | 3510.00 | 5130.00 | 6750.00 | 8505.00 | 8505.00 |
| | 材料费 (元) | | | — | 54.24 | 54.24 | 59.52 | 100.20 |
| | 机械费 (元) | | | 3976.72 | 4088.11 | 4551.75 | 5442.98 | 7775.51 |
| 名称 | | 单位 | 单价(元) | 用量 | | | | |
| 工料机用量 | 二类人工 | 工日 | 135.00 | 26.000 | 38.000 | 50.000 | 63.000 | 63.000 |
| | 镀锌铁丝 综合 | kg | 5.40 | — | 8.000 | 8.000 | 10.000 | 16.000 |
| | 镀锌六角螺栓 M12×50 | 个 | 0.46 | — | 24.000 | 24.000 | 12.000 | 30.000 |
| | 汽车式起重机 8t | 台班 | 648.48 | 1.000 | — | — | — | — |
| | 汽车式起重机 20t | 台班 | 942.85 | 3.000 | — | — | — | 8.000 |
| | 双笼施工电梯 2×1(t)50m | 台班 | 300.86 | — | 0.500 | — | — | — |
| | 双笼施工电梯 2×1(t)100m | 台班 | 353.09 | — | — | 0.500 | — | — |
| | 双笼施工电梯 2×1(t)130m | 台班 | 385.47 | — | — | — | 0.500 | — |
| | 双笼施工电梯 2×1(t)200m | 台班 | 465.41 | — | — | — | — | 0.500 |
| | 架桥机 160t | 台班 | 999.37 | 0.500 | — | — | — | — |
| | 汽车式起重机 16t | 台班 | 875.04 | — | 4.500 | 5.000 | 6.000 | — |

计量单位:台·次

| 定额编号 | | | | 2013 | 2014 | 2015 | 2016 | 2017 |
|---|---|---|---|---|---|---|---|---|
| 项目 | | | | 潜水钻孔机 | 混凝土搅拌站 | 三轴搅拌机 | 履带式旋挖钻机 | 压滤机 |
| **台班单价 (元)** | | | | **4850.36** | **12867.77** | **10038.33** | **6928.45** | **1236.87** |
| 费用组成 | 人工费(元) | | | 3240.00 | 8505.00 | 3780.00 | 2295.00 | 270.00 |
| | 材料费(元) | | | 9.20 | — | 131.00 | 50.00 | — |
| | 机械费(元) | | | 1601.16 | 4362.77 | 6127.33 | 4583.45 | 966.87 |
| 名称 | | 单位 | 单价(元) | 用量 | | | | |
| 工料机用量 | 二类人工 | 工日 | 135.00 | 24.000 | 63.000 | 28.000 | 17.000 | 2.000 |
| | 镀锌铁丝 综合 | kg | 5.40 | — | — | 20.000 | 5.000 | — |
| | 镀锌六角螺栓 M12×50 | 个 | 0.46 | 20.000 | — | 50.000 | 50.000 | — |
| | 汽车式起重机 8t | 台班 | 648.48 | 2.000 | — | — | 1.000 | — |
| | 汽车式起重机 20t | 台班 | 942.85 | — | 4.000 | 5.000 | 2.000 | — |
| | 汽车式起重机 40t | 台班 | 1517.63 | — | — | — | — | 0.500 |
| | 潜水钻孔机 1500mm | 台班 | 608.40 | 0.500 | — | — | — | — |
| | 混凝土搅拌站 45m$^3$/h | 台班 | 1182.73 | — | 0.500 | — | — | — |
| | 三轴搅拌桩机 850 型 | 台班 | 2826.15 | — | — | 0.500 | — | — |
| | 履带式旋挖钻机 SH36 | 台班 | 4098.53 | — | — | — | 0.500 | — |
| | 压滤机 XMYZG400/1500－UB | 台班 | 416.11 | — | — | — | — | 0.500 |

计量单位:台·次

| 定额编号 | | | | | 2018 | 2019 |
|---|---|---|---|---|---|---|
| 项目 | | | | | 抓斗成槽机 | TRD搅拌桩机 Ⅲ型 |
| **台班单价 (元)** | | | | | **14090.69** | **37421.20** |
| 费用组成 | 人工费(元) | | | | 810.00 | 4050.00 |
| | 材料费(元) | | | | 131.00 | 131.00 |
| | 机械费(元) | | | | 13149.69 | 33240.20 |
| 名称 | | | 单位 | 单价(元) | 用量 | |
| 工料机用量 | 二类人工 | | 工日 | 135.00 | 6.000 | 30.000 |
| | 镀锌铁丝 综合 | | kg | 5.40 | 20.000 | 20.000 |
| | 镀锌六角螺栓 M12×50 | | 个 | 0.46 | 50.000 | 50.000 |
| | 履带式液压抓斗成槽机 KH180MHL-1200 | | 台班 | 3918.42 | 0.500 | — |
| | 汽车式起重机 80t | | 台班 | 3730.16 | 3.000 | — |
| | TRD搅拌桩机 | | 台班 | 5572.00 | — | 0.500 |
| | 履带式起重机 80t | | 台班 | 2186.44 | — | 4.000 |
| | 履带式起重机 100t | | 台班 | 2737.92 | — | 6.000 |
| | 履带式单斗液压挖掘机 $2m^3$ | | 台班 | 1320.23 | — | 4.000 |

## 3.场外运输费用

计量单位:台·次

| 定额编号 | | | | 3001 | 3002 | 3003 | 3004 | 3005 | 3006 |
|---|---|---|---|---|---|---|---|---|---|
| 项目 | | | | 履带式挖掘机 | | 履带式推土机 | | 履带式起重机 | |
| | | | | $1m^3$ 以内 | $1m^3$ 以外 | 90kW 以内 | 90kW 以外 | 30t 以内 | 30t 以外 |
| 台班单价 (元) | | | | **3249.84** | **3921.70** | **2805.96** | **3603.15** | **4442.55** | **5550.85** |
| 费用组成 | 人工费(元) | | | 540.00 | 540.00 | 540.00 | 540.00 | 540.00 | 540.00 |
| | 材料费(元) | | | 259.76 | 304.86 | 274.82 | 311.02 | 295.96 | 279.76 |
| | 机械费(元) | | | 1528.51 | 2020.90 | 1429.95 | 1759.90 | 2446.48 | 3349.32 |
| | 架线(元) | | | 271.60 | 271.60 | — | 271.60 | 271.60 | 271.60 |
| | 回程费(元) | | | 649.97 | 784.34 | 561.19 | 720.63 | 888.51 | 1110.17 |
| 名称 | | 单位 | 单价(元) | 用量 | | | | | |
| 工料机用量 | 二类人工 | 工日 | 135.00 | 4.000 | 4.000 | 4.000 | 4.000 | 4.000 | 4.000 |
| | 枕木 | $m^3$ | 2457.00 | 0.080 | 0.080 | 0.080 | 0.080 | 0.080 | 0.080 |
| | 镀锌铁丝 综合 | kg | 5.40 | 5.000 | 10.000 | 5.000 | 5.000 | 5.000 | 2.000 |
| | 夹布橡胶平板 δ3 | $m^2$ | 19.31 | — | — | 0.780 | 0.780 | — | — |
| | 草袋 | 个 | 3.62 | 10.000 | 15.000 | 10.000 | 20.000 | 20.000 | 20.000 |
| | 履带式单斗液压挖掘机 $1m^3$ | 台班 | 914.79 | 0.500 | — | — | — | — | — |
| | 履带式单斗液压挖掘机 $2m^3$ | 台班 | 1320.23 | — | 0.500 | — | — | — | — |
| | 履带式推土机 90kW | 台班 | 717.68 | — | — | 0.500 | — | — | — |
| | 履带式推土机 105kW | 台班 | 798.23 | — | — | — | 0.500 | — | — |
| | 履带式起重机 30t | 台班 | 865.31 | — | — | — | — | 0.500 | — |
| | 履带式起重机 50t | 台班 | 1364.92 | — | — | — | — | — | 0.500 |
| | 载货汽车 15t | 台班 | 653.04 | — | — | — | — | 1.000 | 2.000 |
| | 平板拖车组 40t | 台班 | 1071.11 | 1.000 | — | 1.000 | — | — | — |
| | 平板拖车组 60t | 台班 | 1360.78 | — | 1.000 | — | 1.000 | 1.000 | 1.000 |
| | 架线 | 次 | 388.00 | 0.700 | 0.700 | — | 0.700 | 0.700 | 0.700 |
| | 回程费 | % | — | 25 | 25 | 25 | 25 | 25 | 25 |

计量单位:台·次

| 定额编号 | | | | 3007 | 3008 | 3009 | 3010 | 3011 | 3012 |
|---|---|---|---|---|---|---|---|---|---|
| 项目 | | | | 强夯机械 | 柴油打桩机 | | 压路机 | 锚杆钻孔机 | 沥青混凝土摊铺机 |
| | | | | | 5t 以内 | 5t 以外 | | | |
| **台班单价 (元)** | | | | **8349.54** | **8394.81** | **9714.80** | **2773.74** | **6278.85** | **4266.14** |
| 费用组成 | 人工费 (元) | | | 540.00 | 540.00 | 540.00 | 405.00 | 1080.00 | 810.00 |
| | 材料费 (元) | | | 295.96 | 99.40 | 99.40 | 243.56 | 99.40 | 295.96 |
| | 机械费 (元) | | | 4856.40 | 5085.29 | 6028.14 | 1298.83 | 3305.49 | 2306.95 |
| | 架线 (元) | | | 271.60 | 271.60 | 271.60 | 271.60 | — | — |
| | 回程费 (元) | | | 2385.58 | 2398.52 | 2775.66 | 554.75 | 1793.96 | 853.23 |
| 名称 | | 单位 | 单价(元) | 用量 | | | | | |
| 工料机用量 | 二类人工 | 工日 | 135.00 | 4.000 | 4.000 | 4.000 | 3.000 | 8.000 | 6.000 |
| | 枕木 | $m^3$ | 2457.00 | 0.080 | — | — | 0.080 | — | 0.080 |
| | 镀锌铁丝 综合 | kg | 5.40 | 5.000 | 5.000 | 5.000 | 2.000 | 5.000 | 5.000 |
| | 草袋 | 个 | 3.62 | 20.000 | 20.000 | 20.000 | 10.000 | 20.000 | 20.000 |
| | 强夯机械 2000kN·m | 台班 | 1016.54 | 0.500 | — | — | — | — | — |
| | 钢轮内燃压路机 12t | 台班 | 455.44 | — | — | — | 0.500 | — | — |
| | 锚杆钻孔机 MGL135 | 台班 | 454.58 | — | — | — | — | 0.500 | — |
| | 沥青混凝土摊铺机 15t | 台班 | 2471.67 | — | — | — | — | — | 0.500 |
| | 汽车式起重机 20t | 台班 | 942.85 | 1.000 | 2.000 | 3.000 | — | 1.000 | — |
| | 载货汽车 4t | 台班 | 369.21 | 2.000 | — | — | — | — | — |
| | 载货汽车 8t | 台班 | 411.20 | — | 2.000 | 2.000 | — | 1.000 | — |
| | 载货汽车 15t | 台班 | 653.04 | 2.000 | 2.000 | 2.000 | — | 1.000 | — |
| | 平板拖车组 40t | 台班 | 1071.11 | — | 1.000 | 1.000 | 1.000 | 1.000 | 1.000 |
| | 平板拖车组 60t | 台班 | 1360.78 | 1.000 | — | — | — | — | — |
| | 架线 | 次 | 388.00 | 0.700 | 0.700 | 0.700 | 0.700 | — | — |
| | 回程费 | % | — | 40 | 40 | 40 | 25 | 40 | 25 |

计量单位:台·次

| 定额编号 | | | | 3013 | 3014 | 3015 | 3016 | 3017 |
|---|---|---|---|---|---|---|---|---|
| 项目 | | | | 静力压桩机(kN) | | | | |
| | | | | 900 | 1200 以内 | 1600 以内 | 4000 以内 | 10000 以内 |
| **台班单价 (元)** | | | | **14885.53** | **16714.04** | **22130.54** | **26193.30** | **33178.39** |
| 费用组成 | 人工费(元) | | | 3240.00 | 3240.00 | 4860.00 | 4860.00 | 4860.00 |
| | 材料费(元) | | | 99.40 | 99.40 | 99.40 | 99.40 | 99.40 |
| | 机械费(元) | | | 7293.12 | 8599.20 | 10848.13 | 13750.10 | 18739.45 |
| | 回程费(元) | | | 4253.01 | 4775.44 | 6323.01 | 7483.80 | 9479.54 |
| 名称 | | 单位 | 单价(元) | 用量 | | | | |
| 工料机用量 | 二类人工 | 工日 | 135.00 | 24.000 | 24.000 | 36.000 | 36.000 | 36.000 |
| | 镀锌铁丝 综合 | kg | 5.40 | 5.000 | 5.000 | 5.000 | 5.000 | 5.000 |
| | 草袋 | 个 | 3.62 | 20.000 | 20.000 | 20.000 | 20.000 | 20.000 |
| | 汽车式起重机 20t | 台班 | 942.85 | 2.000 | 2.000 | 3.000 | 4.000 | 4.000 |
| | 载货汽车 15t | 台班 | 653.04 | 5.000 | 7.000 | 9.000 | 12.000 | 18.000 |
| | 平板拖车组 40t | 台班 | 1071.11 | 2.000 | 2.000 | 2.000 | 2.000 | 3.000 |
| | 回程费 | % | — | 40 | 40 | 40 | 40 | 40 |

计量单位:台·次

| 定额编号 | | | | 3018 | 3019 | 3020 | 3021 | 3022 | 3023 |
|---|---|---|---|---|---|---|---|---|---|
| 项目 | | | | 自升式塔式起重机 | 架桥机 | 施工电梯 | | | |
| | | | | | | 提升高度(m) | | | |
| | | | | | | 50 | 100 | 130 | 200 以内 |
| **台班单价 (元)** | | | | **16593.97** | **11930.81** | **9065.37** | **11185.49** | **15359.11** | **17984.75** |
| 费用组成 | 人工费(元) | | | 3780.00 | 2835.00 | 1350.00 | 1890.00 | 2700.00 | 2970.00 |
| | 材料费(元) | | | 202.68 | 63.20 | 74.00 | 102.90 | 139.90 | 176.90 |
| | 机械费(元) | | | 9574.03 | 5623.81 | 5549.36 | 6611.32 | 8974.80 | 10687.52 |
| | 架线(元) | | | 271.60 | — | — | — | — | — |
| | 回程费(元) | | | 2765.66 | 3408.80 | 2092.01 | 2581.27 | 3544.41 | 4150.33 |
| 名称 | | 单位 | 单价(元) | 用量 | | | | | |
| 工料机用量 | 二类人工 | 工日 | 135.00 | 28.000 | 21.000 | 10.000 | 14.000 | 20.000 | 22.000 |
| | 镀锌铁丝 综合 | kg | 5.40 | 10.000 | 5.000 | 7.000 | 9.000 | 12.500 | 16.000 |
| | 草袋 | 个 | 3.62 | 37.000 | 10.000 | 10.000 | 15.000 | 20.000 | 25.000 |
| | 枕木 | $m^3$ | 2457.00 | 0.006 | — | — | — | — | — |
| | 汽车式起重机 20t | 台班 | 942.85 | 4.000 | 3.000 | — | — | — | — |
| | 载货汽车 15t | 台班 | 653.04 | 4.000 | 1.000 | 3.000 | 3.500 | 5.000 | 6.000 |
| | 平板拖车组 40t | 台班 | 1071.11 | 1.000 | 2.000 | — | — | — | — |
| | 汽车式起重机 8t | 台班 | 648.48 | 2.000 | — | 3.000 | 3.500 | 5.000 | 6.000 |
| | 载货汽车 8t | 台班 | 411.20 | 2.000 | — | 4.000 | 5.000 | 6.000 | 7.000 |
| | 架线 | 次 | 388.00 | 0.700 | — | — | — | — | — |
| | 回程费 | % | — | 20 | 40 | 30 | 30 | 30 | 30 |

计量单位：台·次

| 定　额　编　号 | | | | 3024 | 3025 | 3026 |
|---|---|---|---|---|---|---|
| 项　　　目 | | | | 混凝土搅拌站 | 潜水钻孔机 | 转盘钻孔机 |
| **台班单价　(元)** | | | | **9488.33** | **4205.66** | **3817.04** |
| 费用组成 | 人　工　费 (元) | | | 2700.00 | 675.00 | 675.00 |
| | 材　料　费 (元) | | | 63.20 | 28.90 | 28.90 |
| | 机　械　费 (元) | | | 4014.18 | 2660.63 | 2349.73 |
| | 回　程　费 (元) | | | 2710.95 | 841.13 | 763.41 |
| 名　称 | | 单位 | 单价(元) | 用　量 | | |
| 工料机用量 | 二类人工 | 工日 | 135.00 | 20.000 | 5.000 | 5.000 |
| | 镀锌铁丝 综合 | kg | 5.40 | 5.000 | 2.000 | 2.000 |
| | 草袋 | 个 | 3.62 | 10.000 | 5.000 | 5.000 |
| | 汽车式起重机 8t | 台班 | 648.48 | — | 1.500 | 1.500 |
| | 汽车式起重机 20t | 台班 | 942.85 | 2.000 | — | — |
| | 载货汽车 8t | 台班 | 411.20 | 2.000 | 1.500 | 1.000 |
| | 载货汽车 15t | 台班 | 653.04 | 2.000 | — | — |
| | 平板拖车组 30t | 台班 | 965.81 | — | — | 1.000 |
| | 平板拖车组 40t | 台班 | 1071.11 | — | 1.000 | — |
| | 回程费 | % | — | 40 | 25 | 25 |

计量单位:台·次

| 定额编号 | | | | 3027 | 3028 | 3029 | 3030 | 3031 | 3032 |
|---|---|---|---|---|---|---|---|---|---|
| 项目 | | | | 三轴搅拌机 | 履带式旋挖钻机 | 履带式抓斗成槽机 | 冲击成孔机 | 压滤机 | TRD搅拌桩机 Ⅲ型 |
| **台班单价 (元)** | | | | **12605.38** | **7473.81** | **6182.85** | **3477.64** | **2357.92** | **52344.82** |
| 费用组成 | 人工费(元) | | | 1350.00 | 1620.00 | 1620.00 | 540.00 | 135.00 | 5400.00 |
| | 材料费(元) | | | 99.40 | 295.96 | 295.96 | 295.96 | — | 99.40 |
| | 机械费(元) | | | 8634.90 | 4063.09 | 3030.32 | 1946.15 | 1829.93 | 31889.76 |
| | 回程费(元) | | | 2521.08 | 1494.76 | 1236.57 | 695.53 | 392.99 | 14955.66 |
| 名称 | | 单位 | 单价(元) | 用量 | | | | | |
| 工料机用量 | 二类人工 | 工日 | 135.00 | 10.000 | 12.000 | 12.000 | 4.000 | 1.000 | 40.000 |
| | 枕木 | $m^3$ | 2457.00 | — | 0.080 | 0.080 | 0.080 | — | — |
| | 镀锌铁丝 综合 | kg | 5.40 | 5.000 | 5.000 | 5.000 | 5.000 | — | 5.000 |
| | 草袋 | 个 | 3.62 | 20.000 | 20.000 | 20.000 | 20.000 | — | 20.000 |
| | 履带式旋挖钻机 SH36 | 台班 | 4098.53 | — | 0.500 | — | — | — | — |
| | 履带式液压抓斗成槽机 KH180MHL-1200 | 台班 | 3918.42 | — | — | 0.500 | — | — | — |
| | 汽车式起重机 16t | 台班 | 875.04 | 2.000 | — | — | 1.000 | — | — |
| | 汽车式起重机 20t | 台班 | 942.85 | 2.000 | — | — | — | — | — |
| | 汽车式起重机 40t | 台班 | 1517.63 | — | — | — | — | 0.500 | — |
| | 平板拖车组 40t | 台班 | 1071.11 | 2.000 | — | 1.000 | 1.000 | 1.000 | — |
| | 平板拖车组 60t | 台班 | 1360.78 | — | 1.000 | — | — | — | 8.000 |
| | 载货汽车 10t | 台班 | 476.15 | 6.000 | — | — | — | — | — |
| | 载货汽车 15t | 台班 | 653.04 | — | 1.000 | — | — | — | 2.000 |
| | 履带式起重机 80t | 台班 | 2186.44 | — | — | — | — | — | 4.000 |
| | 履带式起重机 100t | 台班 | 2737.92 | — | — | — | — | — | 4.000 |
| | 回程费 | % | — | 25 | 25 | 25 | 25 | 20 | 40 |

# 第二章
# 施工机械台班基础数据

# 一、土石方及筑路机械

| 定额编号 | | | 01001 | 01002 | 01003 | 01004 | 01005 | 01006 |
|---|---|---|---|---|---|---|---|---|
| 项目 | | | 履带式推土机 | | | | | |
| | | | 功率(kW) | | | | | |
| | | | 50 | 60 | 75 | 90 | 105 | 120 |
| 机型 | | | 中 | 中 | 大 | 大 | 大 | 大 |
| 费用名称 | | 单位 | 费用构成 | | | | | |
| 基础数据 | 预算价格 | 元 | 61724 | 69914 | 172414 | 260345 | 370690 | 387931 |
| | 残值率 | % | 5 | 5 | 5 | 5 | 5 | 5 |
| | 年工作台班 | 台班 | 200 | 200 | 200 | 200 | 200 | 200 |
| | 耐用总台班 | 台班 | 2250 | 2250 | 2250 | 2250 | 2250 | 2250 |
| | 检修次数 | 次 | 2 | 2 | 2 | 2 | 2 | 2 |
| | 一次检修费 | 元 | 13114 | 14834 | 40675 | 53874 | 61640 | 78609 |
| | K值 | — | 2.60 | 2.60 | 2.60 | 2.60 | 2.60 | 2.60 |
| | 折旧年限 | 年 | 10~14 | 10~14 | 10~14 | 10~14 | 10~14 | 10~14 |
| | 折旧年限计算值 | 年 | 11 | 11 | 11 | 11 | 11 | 11 |

| 定额编号 | | | 01007 | 01008 | 01009 | 01010 | 01011 | 01012 | 01013 | 01014 |
|---|---|---|---|---|---|---|---|---|---|---|
| 项目 | | | 履带式推土机 | | | | | 湿地推土机 | | |
| | | | 功率(kW) | | | | | | | |
| | | | 135 | 165 | 180 | 240 | 320 | 105 | 135 | 165 |
| 机型 | | | 大 | 大 | 大 | 特 | 特 | 大 | 大 | 大 |
| 费用名称 | | 单位 | 费用构成 | | | | | | | |
| 基础数据 | 预算价格 | 元 | 410690 | 574052 | 706897 | 818966 | 966034 | 327672 | 556034 | 649569 |
| | 残值率 | % | 5 | 5 | 5 | 5 | 5 | 5 | 5 | 5 |
| | 年工作台班 | 台班 | 200 | 200 | 200 | 200 | 200 | 200 | 200 | 200 |
| | 耐用总台班 | 台班 | 2250 | 2250 | 2250 | 2250 | 2250 | 2250 | 2250 | 2250 |
| | 检修次数 | 次 | 2 | 2 | 2 | 2 | 2 | 2 | 2 | 2 |
| | 一次检修费 | 元 | 87188 | 121873 | 121873 | 166119 | 205074 | 58579 | 93462 | 116119 |
| | K 值 | — | 2.60 | 2.60 | 2.60 | 2.01 | 1.85 | 2.46 | 2.46 | 2.46 |
| | 折旧年限 | 年 | 10 ~ 14 | 10 ~ 14 | 10 ~ 14 | 10 ~ 14 | 10 ~ 14 | 10 ~ 14 | 10 ~ 14 | 10 ~ 14 |
| | 折旧年限计算值 | 年 | 11 | 11 | 11 | 11 | 11 | 11 | 11 | 11 |

| 定 额 编 号 | | | 01015 | 01016 | 01017 | 01018 | 01019 |
|---|---|---|---|---|---|---|---|
| 项 目 | | | 自行式铲运机 | | | | |
| | | | 堆装斗容量($m^3$) | | | | |
| | | | 3 | 4 | 6 | 7 | 8 |
| 机 型 | | | 大 | 大 | 大 | 大 | 大 |
| 费用名称 | | 单位 | 费用构成 | | | | |
| 基础数据 | 预算价格 | 元 | 219483 | 314828 | 334052 | 343534 | 352069 |
| | 残值率 | % | 5 | 5 | 5 | 5 | 5 |
| | 年工作台班 | 台班 | 160 | 160 | 160 | 160 | 160 |
| | 耐用总台班 | 台班 | 1875 | 1875 | 1875 | 1875 | 1875 |
| | 检修次数 | 次 | 2 | 2 | 2 | 2 | 2 |
| | 一次检修费 | 元 | 36357 | 52154 | 55083 | 56652 | 58069 |
| | K 值 | — | 2.68 | 2.68 | 2.68 | 2.68 | 2.68 |
| | 折旧年限 | 年 | 10~14 | 10~14 | 10~14 | 10~14 | 10~14 |
| | 折旧年限计算值 | 年 | 12 | 12 | 12 | 12 | 12 |

| 定额编号 | | | 01020 | 01021 | 01022 | 01023 | 01024 | 01025 | 01026 | 01027 |
|---|---|---|---|---|---|---|---|---|---|---|
| 项目 | | | 自行式铲运机 | | | | | 拖式铲运机 | | |
| | | | 堆装斗容量($m^3$) | | | | | | | |
| | | | 10 | 12 | 16 | 23 | 3 | 7 | 10 | 12 |
| 机型 | | | 大 | 大 | 大 | 大 | 大 | 大 | 大 | 大 |
| 费用名称 | | 单位 | 费用构成 | | | | | | | |
| 基础数据 | 预算价格 | 元 | 361034 | 431207 | 517241 | 1112672 | 38793 | 120690 | 146552 | 172414 |
| | 残值率 | % | 5 | 5 | 5 | 5 | 5 | 5 | 5 | 5 |
| | 年工作台班 | 台班 | 160 | 160 | 160 | 160 | 160 | 160 | 160 | 160 |
| | 耐用总台班 | 台班 | 1875 | 1875 | 1875 | 1875 | 1875 | 1875 | 1875 | 1875 |
| | 检修次数 | 次 | 2 | 2 | 2 | 2 | 2 | 2 | 2 | 2 |
| | 一次检修费 | 元 | 60516 | 72269 | 86801 | 86801 | 9703 | 31670 | 38955 | 44889 |
| | K 值 | — | 2.68 | 2.68 | 2.68 | 2.68 | 3.29 | 3.29 | 3.29 | 3.29 |
| | 折旧年限 | 年 | 10 ~ 14 | 10 ~ 14 | 10 ~ 14 | 10 ~ 14 | 10 ~ 14 | 10 ~ 14 | 10 ~ 14 | 10 ~ 14 |
| | 折旧年限计算值 | 年 | 12 | 12 | 12 | 12 | 12 | 12 | 12 | 12 |

| 定额编号 | | | 01028 | 01029 | 01030 | 01031 | 01032 | 01033 | 01034 |
|---|---|---|---|---|---|---|---|---|---|
| 项目 | | | 平地机 | | | | | | |
| | | | 功率(kW) | | | | | | |
| | | | 75 | 90 | 120 | 132 | 150 | 180 | 220 |
| 机型 | | | 大 | 大 | 大 | 大 | 大 | 大 | 大 |
| 费用名称 | | 单位 | 费用构成 | | | | | | |
| 基础数据 | 预算价格 | 元 | 218362 | 230862 | 306379 | 396552 | 405345 | 496034 | 612672 |
| | 残值率 | % | 5 | 5 | 5 | 5 | 5 | 5 | 5 |
| | 年工作台班 | 台班 | 200 | 200 | 200 | 200 | 200 | 200 | 200 |
| | 耐用总台班 | 台班 | 2250 | 2250 | 2250 | 2250 | 2250 | 2250 | 2250 |
| | 检修次数 | 次 | 2 | 2 | 2 | 2 | 2 | 2 | 2 |
| | 一次检修费 | 元 | 36593 | 38690 | 51342 | 57889 | 67933 | 83125 | 102674 |
| | K值 | — | 3.45 | 3.45 | 3.45 | 3.45 | 3.45 | 3.45 | 3.45 |
| | 折旧年限 | 年 | 10~14 | 10~14 | 10~14 | 10~14 | 10~14 | 10~14 | 10~14 |
| | 折旧年限计算值 | 年 | 11 | 11 | 11 | 11 | 11 | 11 | 11 |

| 定额编号 | | | 01035 | 01036 | 01037 | 01038 | 01039 | 01040 | 01041 | 01042 |
|---|---|---|---|---|---|---|---|---|---|---|
| 项目 | | | 轮胎式装载机 | | | | | | | |
| | | | 斗容量($m^3$) | | | | | | | |
| | | | 0.5 | 1 | 1.5 | 2 | 2.5 | 3 | 3.5 | 5 |
| 机型 | | | 中 | 中 | 大 | 大 | 大 | 大 | 大 | 大 |
| 费用名称 | | 单位 | 费用构成 | | | | | | | |
| 基础数据 | 预算价格 | 元 | 87500 | 93276 | 168103 | 190948 | 235345 | 271552 | 360345 | 425776 |
| | 残值率 | % | 5 | 5 | 5 | 5 | 5 | 5 | 5 | 5 |
| | 年工作台班 | 台班 | 240 | 240 | 240 | 240 | 240 | 240 | 240 | 240 |
| | 耐用总台班 | 台班 | 2814 | 2814 | 2814 | 2814 | 2814 | 2814 | 2814 | 2814 |
| | 检修次数 | 次 | 2 | 2 | 2 | 2 | 2 | 2 | 2 | 2 |
| | 一次检修费 | 元 | 14654 | 15627 | 28212 | 37651 | 39437 | 57379 | 60384 | 71334 |
| | K值 | — | 3.56 | 3.56 | 3.56 | 3.56 | 3.56 | 3.56 | 3.56 | 3.56 |
| | 其他费用 | 元 | 11.040 | 11.420 | 11.790 | 12.170 | 12.540 | 12.920 | 13.290 | 14.420 |
| | 折旧年限 | 年 | 10~14 | 10~14 | 10~14 | 10~14 | 10~14 | 10~14 | 10~14 | 10~14 |
| | 折旧年限计算值 | 年 | 12 | 12 | 12 | 12 | 12 | 12 | 12 | 12 |

| 定额编号 | | | 01043 | 01044 | 01045 | 01046 | 01047 | 01048 | 01049 | 01050 |
|---|---|---|---|---|---|---|---|---|---|---|
| 项目 | | | 履带式拖拉机 | | | | | | | |
| | | | 功率(kW) | | | | | | | |
| | | | 50 | 60 | 75 | 90 | 105 | 120 | 135 | 165 |
| 机型 | | | 中 | 中 | 大 | 大 | 大 | 大 | 大 | 大 |
| 费用名称 | | 单位 | 费用构成 | | | | | | | |
| 基础数据 | 预算价格 | 元 | 54310 | 58103 | 137931 | 215517 | 245690 | 272586 | 280086 | 431034 |
| | 残值率 | % | 5 | 5 | 5 | 5 | 5 | 5 | 5 | 5 |
| | 年工作台班 | 台班 | 200 | 200 | 200 | 200 | 200 | 200 | 200 | 200 |
| | 耐用总台班 | 台班 | 2250 | 2250 | 2250 | 2250 | 2250 | 2250 | 2250 | 2250 |
| | 检修次数 | 次 | 2 | 2 | 2 | 2 | 2 | 2 | 2 | 2 |
| | 一次检修费 | 元 | 8503 | 9089 | 34477 | 52419 | 55319 | 63964 | 65712 | 92857 |
| | K值 | — | 2.68 | 2.68 | 2.68 | 2.68 | 2.68 | 2.68 | 2.68 | 2.68 |
| | 折旧年限 | 年 | 10 ~ 14 | 10 ~ 14 | 10 ~ 14 | 10 ~ 14 | 10 ~ 14 | 10 ~ 14 | 10 ~ 14 | 10 ~ 14 |
| | 折旧年限计算值 | 年 | 11 | 11 | 11 | 11 | 11 | 11 | 11 | 11 |

| 定 额 编 号 | | | 01051 | 01052 | 01053 |
|---|---|---|---|---|---|
| 项 目 | | | 轮胎式拖拉机 | | |
| | | | 功率(kW) | | |
| | | | 21 | 41 | 75 |
| 机 型 | | | 中 | 中 | 大 |
| 费用名称 | | 单位 | 费用构成 | | |
| 基础数据 | 预算价格 | 元 | 18103 | 43966 | 73276 |
| | 残值率 | % | 5 | 5 | 5 |
| | 年工作台班 | 台班 | 200 | 200 | 200 |
| | 耐用总台班 | 台班 | 1440 | 1440 | 1440 |
| | 检修次数 | 次 | 2 | 2 | 2 |
| | 一次检修费 | 元 | 3779 | 6803 | 12273 |
| | K 值 | — | 2. 11 | 2. 11 | 2. 11 |
| | 折旧年限 | 年 | 6 ~ 12 | 6 ~ 12 | 6 ~ 12 |
| | 折旧年限计算值 | 年 | 7 | 7 | 7 |

| 定额编号 | | | 01054 | 01055 | 01056 | 01057 | 01058 |
|---|---|---|---|---|---|---|---|
| 项目 | | | 履带式单斗挖掘机 | | | | |
| | | | 液压 | | | | |
| | | | 斗容量($m^3$) | | | | |
| | | | 0.2 | 0.3 | 0.6 | 0.8 | 1 |
| 机型 | | | 大 | 大 | 大 | 大 | 大 |
| 费用名称 | | 单位 | 费用构成 | | | | |
| 基础数据 | 预算价格 | 元 | 223276 | 241379 | 461207 | 481034 | 543103 |
| | 残值率 | % | 5 | 5 | 5 | 5 | 5 |
| | 年工作台班 | 台班 | 220 | 220 | 220 | 220 | 220 |
| | 耐用总台班 | 台班 | 2625 | 2625 | 2625 | 2625 | 2625 |
| | 检修次数 | 次 | 2 | 2 | 2 | 2 | 2 |
| | 一次检修费 | 元 | 61139 | 61139 | 61139 | 106000 | 110809 |
| | K值 | — | 2.24 | 2.24 | 2.24 | 2.11 | 2.11 |
| | 折旧年限 | 年 | 10~14 | 10~14 | 10~14 | 10~14 | 10~14 |
| | 折旧年限计算值 | 年 | 12 | 12 | 12 | 12 | 12 |

| 定额编号 | | | 01059 | 01060 | 01061 | 01062 | 01063 | 01064 |
|---|---|---|---|---|---|---|---|---|
| 项目 | | | 履带式单斗挖掘机 | | | | | |
| | | | 液压 | | | | | |
| | | | 斗容量($m^3$) | | | | | |
| | | | 1. 25 | 1. 6 | 1. 8 | 2 | 2. 5 | 3 |
| 机型 | | | 大 | 大 | 大 | 大 | 大 | 大 |
| 费用名称 | | 单位 | 费用构成 | | | | | |
| 基础数据 | 预算价格 | 元 | 739655 | 776983 | 823534 | 1043362 | 1379310 | 1982759 |
| | 残值率 | % | 5 | 5 | 5 | 5 | 5 | 5 |
| | 年工作台班 | 台班 | 220 | 220 | 220 | 220 | 220 | 220 |
| | 耐用总台班 | 台班 | 2625 | 2625 | 2625 | 2625 | 2625 | 2625 |
| | 检修次数 | 次 | 2 | 2 | 2 | 2 | 2 | 2 |
| | 一次检修费 | 元 | 132625 | 147572 | 156425 | 157625 | 165731 | 198167 |
| | K 值 | — | 2. 11 | 2. 11 | 2. 11 | 2. 11 | 2. 11 | 2. 11 |
| | 折旧年限 | 年 | 10 ~ 14 | 10 ~ 14 | 10 ~ 14 | 10 ~ 14 | 10 ~ 14 | 10 ~ 14 |
| | 折旧年限计算值 | 年 | 12 | 12 | 12 | 12 | 12 | 12 |

| 定　额　编　号 | | | 01065 | 01066 | 01067 |
|---|---|---|---|---|---|
| 项　　目 | | | 履带式单斗挖掘机 | | |
| | | | 机械 | | |
| | | | 斗容量($m^3$) | | |
| | | | 1 | 1.5 | 2.5 |
| 机　　型 | | | 大 | 大 | 大 |
| 费用名称 | | 单位 | 费用构成 | | |
| 基础数据 | 预算价格 | 元 | 593103 | 758621 | 991379 |
| | 残值率 | % | 5 | 5 | 5 |
| | 年工作台班 | 台班 | 220 | 220 | 220 |
| | 耐用总台班 | 台班 | 2625 | 2625 | 2625 |
| | 检修次数 | 次 | 2 | 2 | 2 |
| | 一次检修费 | 元 | 100520 | 117555 | 117555 |
| | K值 | — | 2.78 | 2.78 | 2.78 |
| | 折旧年限 | 年 | 10~14 | 10~14 | 10~14 |
| | 折旧年限计算值 | 年 | 12 | 12 | 12 |

| 定额编号 | | | 01068 | 01069 | 01070 | 01071 | 01072 | 01073 | 01074 | 01075 | 01076 |
|---|---|---|---|---|---|---|---|---|---|---|---|
| 项目 | | | 轮胎式单斗液压挖掘机 | | | 抓铲挖掘机 | | 长臂挖掘机 270 型 | | 长臂挖掘机 360 型 | |
| | | | 斗容量($m^3$) | | | | | 臂长(m) | | | |
| | | | 0.2 | 0.4 | 0.6 | 0.3 | 0.5 | 13 | 16 | 18 | 25 |
| 机型 | | | 大 | 大 | 大 | 大 | 大 | 大 | 大 | 大 | 大 |
| 费用名称 | | 单位 | 费用构成 | | | | | | | | |
| 基础数据 | 预算价格 | 元 | 62931 | 129310 | 172414 | 259483 | 530172 | 665776 | 683017 | 767500 | 793362 |
| | 残值率 | % | 5 | 5 | 5 | 5 | 5 | 5 | 5 | 5 | 5 |
| | 年工作台班 | 台班 | 240 | 240 | 240 | 220 | 220 | 220 | 220 | 220 | 220 |
| | 耐用总台班 | 台班 | 2814 | 2814 | 2814 | 2625 | 2625 | 2625 | 2625 | 2625 | 2625 |
| | 检修次数 | 次 | 2 | 2 | 2 | 2 | 2 | 2 | 2 | 2 | 2 |
| | 一次检修费 | 元 | 28080 | 33107 | 35157 | 61139 | 61139 | 128411 | 131784 | 148082 | 153297 |
| | K 值 | — | 2.66 | 2.66 | 2.66 | 2.54 | 2.24 | 2.11 | 2.11 | 2.11 | 2.11 |
| | 其他费用 | 元 | 11.170 | 12.040 | 12.420 | — | — | — | — | — | — |
| | 折旧年限 | 年 | 10 ~ 14 | 10 ~ 14 | 10 ~ 14 | 10 ~ 14 | 10 ~ 14 | 10 ~ 14 | 10 ~ 14 | 10 ~ 14 | 10 ~ 14 |
| | 折旧年限计算值 | 年 | 12 | 12 | 12 | 12 | 12 | 12 | 12 | 12 | 12 |

| 定额编号 | | | 01077 | 01078 |
|---|---|---|---|---|
| 项目 | | | 拖式羊角碾 | |
| | | | 单筒 | 双筒 |
| | | | 工作质量(t) | |
| | | | 3 | 6 |
| 机型 | | | 小 | 小 |
| 费用名称 | | 单位 | 费用构成 | |
| 基础数据 | 预算价格 | 元 | 11121 | 20172 |
| | 残值率 | % | 5 | 5 |
| | 年工作台班 | 台班 | 200 | 200 |
| | 耐用总台班 | 台班 | 2500 | 2500 |
| | 检修次数 | 次 | 1 | 1 |
| | 一次检修费 | 元 | 1805 | 2598 |
| | 一次安拆费及场外运费 | 元 | 478 | 817 |
| | 年平均安拆次数 | 次 | 4 | 4 |
| | K值 | — | 5. 84 | 5. 84 |
| | 折旧年限 | 年 | 10 ~ 14 | 10 ~ 14 |
| | 折旧年限计算值 | 年 | 13 | 13 |

| 定额编号 | | | 01079 | 01080 | 01081 | 01082 | 01083 | 01084 | 01085 |
|---|---|---|---|---|---|---|---|---|---|
| 项目 | | | 钢轮内燃压路机 | | | | | | |
| | | | 工作质量(t) | | | | | | |
| | | | 6 | 8 | 12 | 15 | 18 | 20 | 25 |
| 机型 | | | 大 | 大 | 大 | 大 | 大 | 大 | 大 |
| 费用名称 | | 单位 | 费用构成 | | | | | | |
| 基础数据 | 预算价格 | 元 | 107759 | 117241 | 155948 | 182586 | 201466 | 247672 | 314741 |
| | 残值率 | % | 5 | 5 | 5 | 5 | 5 | 5 | 5 |
| | 年工作台班 | 台班 | 200 | 200 | 200 | 200 | 200 | 200 | 200 |
| | 耐用总台班 | 台班 | 2250 | 2250 | 2250 | 2250 | 2250 | 2250 | 2250 |
| | 检修次数 | 次 | 2 | 2 | 2 | 2 | 2 | 2 | 2 |
| | 一次检修费 | 元 | 17441 | 18330 | 24386 | 28553 | 31510 | 38738 | 49235 |
| | K值 | — | 3.21 | 3.21 | 3.21 | 3.21 | 3.21 | 3.21 | 3.21 |
| | 折旧年限 | 年 | 10~14 | 10~14 | 10~14 | 10~14 | 10~14 | 10~14 | 10~14 |
| | 折旧年限计算值 | 年 | 11 | 11 | 11 | 11 | 11 | 11 | 11 |

| 定额编号 | | | 01086 | 01087 | 01088 | 01089 | 01090 | 01091 | 01092 | 01093 |
|---|---|---|---|---|---|---|---|---|---|---|
| 项目 | | | 钢轮振动压路机 | | | | | | | |
| | | | 工作质量(t) | | | | | | | |
| | | | 6 | 8 | 10 | 12 | 15 | 18 | 20 | 25 |
| 机型 | | | 大 | 大 | 大 | 大 | 大 | 大 | 大 | 大 |
| 费用名称 | | 单位 | 费用构成 | | | | | | | |
| 基础数据 | 预算价格 | 元 | 103448 | 137931 | 155172 | 189655 | 241379 | 275862 | 417672 | 572931 |
| | 残值率 | % | 5 | 5 | 5 | 5 | 5 | 5 | 5 | 5 |
| | 年工作台班 | 台班 | 200 | 200 | 200 | 200 | 200 | 200 | 200 | 200 |
| | 耐用总台班 | 台班 | 2100 | 2100 | 2100 | 2100 | 2100 | 2100 | 2100 | 2100 |
| | 检修次数 | 次 | 2 | 2 | 2 | 2 | 2 | 2 | 2 | 2 |
| | 一次检修费 | 元 | 23469 | 33154 | 35365 | 44199 | 57681 | 61395 | 61395 | 83919 |
| | 一次安拆费及场外运费 | 元 | — | — | — | — | — | — | — | — |
| | 年平均安拆次数 | 次 | — | — | — | — | — | — | — | — |
| | K值 | — | 3.08 | 3.08 | 3.08 | 3.08 | 3.08 | 3.08 | 3.08 | 3.08 |
| | 折旧年限 | 年 | 10~14 | 10~14 | 10~14 | 10~14 | 10~14 | 10~14 | 10~14 | 10~14 |
| | 折旧年限计算值 | 年 | 11 | 11 | 11 | 11 | 11 | 11 | 11 | 11 |

| 定额编号 | | | 01094 | 01095 | 01096 | 01097 | 01098 | 01099 |
|---|---|---|---|---|---|---|---|---|
| 项目 | | | 手扶振动压实机 | 轮胎压路机 | | | | |
| | | | 工作质量(t) | | | | | |
| | | | 1 | 9 | 16 | 20 | 26 | 30 |
| 机型 | | | 大 | 大 | 大 | 大 | 大 | 大 |
| 费用名称 | | 单位 | 费用构成 | | | | | |
| 基础数据 | 预算价格 | 元 | 17241 | 68966 | 218448 | 254828 | 288621 | 351638 |
| | 残值率 | % | 5 | 5 | 5 | 5 | 5 | 5 |
| | 年工作台班 | 台班 | 150 | 200 | 200 | 200 | 200 | 200 |
| | 耐用总台班 | 台班 | 1200 | 2250 | 2250 | 2250 | 2250 | 2250 |
| | 检修次数 | 次 | 1 | 2 | 2 | 2 | 2 | 2 |
| | 一次检修费 | 元 | 2579 | 11735 | 34165 | 39862 | 45144 | 54998 |
| | 一次安拆费及场外运费 | 元 | 211 | — | — | — | — | — |
| | 年平均安拆次数 | 次 | 4 | — | — | — | — | — |
| | K 值 | — | 3. 86 | 3. 99 | 3. 99 | 3. 99 | 3. 99 | 3. 99 |
| | 折旧年限 | 年 | 6 ~ 12 | 10 ~ 14 | 10 ~ 14 | 10 ~ 14 | 10 ~ 14 | 10 ~ 14 |
| | 折旧年限计算值 | 年 | 8 | 11 | 11 | 11 | 11 | 11 |

| 定额编号 | | | 01100 | 01101 | 01102 | 01103 | 01104 | 01105 | 01106 |
|---|---|---|---|---|---|---|---|---|---|
| 项目 | | | 电动夯实机 | 内燃夯实机 | 气动装岩机 | 电动装岩机 | | | |
| | | | 夯击能力(N·m) | | 斗容量($m^3$) | | | | |
| | | | 250 | 700 | 0.12 | 0.2 | 0.4 | 0.5 | 0.6 |
| 机型 | | | 大 | 大 | 小 | 中 | 中 | 大 | 大 |
| 费用名称 | | 单位 | 费用构成 | | | | | | |
| 基础数据 | 预算价格 | 元 | 2845 | 3362 | 35259 | 46897 | 48621 | 57931 | 67414 |
| | 残值率 | % | 5 | 5 | 5 | 5 | 5 | 5 | 5 |
| | 年工作台班 | 台班 | 120 | 120 | 180 | 180 | 180 | 180 | 180 |
| | 耐用总台班 | 台班 | 760 | 760 | 2100 | 2100 | 2100 | 2100 | 2100 |
| | 检修次数 | 次 | 1 | 1 | 2 | 2 | 2 | 2 | 2 |
| | 一次检修费 | 元 | 605 | 709 | 7483 | 9949 | 10327 | 12292 | 14305 |
| | K值 | — | 4.64 | 4.64 | 2.06 | 1.70 | 1.70 | 1.70 | 1.70 |
| | 折旧年限 | 年 | 10~14 | 10~14 | 10~14 | 10~14 | 10~14 | 10~14 | 10~14 |
| | 折旧年限计算值 | 年 | 6 | 6 | 12 | 12 | 12 | 12 | 12 |
| | 一次安拆费及场外运费 | 元 | 211 | 211 | 817 | 817 | 817 | 817 | 817 |
| | 年平均安拆次数 | 次 | 4 | 4 | 4 | 4 | 4 | 4 | 4 |

| 定额编号 | | | 01107 | 01108 | 01109 | 01110 | 01111 |
|---|---|---|---|---|---|---|---|
| 项目 | | | 风动凿岩机 | | 内燃凿岩机 | 凿岩钻车 | |
| | | | 气腿式 | 手持式 | 凿孔深度 6mm | 轮胎式 | 履带式 |
| 机型 | | | 小 | 小 | 小 | 中 | 中 |
| 费用名称 | | 单位 | 费用构成 | | | | |
| 基础数据 | 预算价格 | 元 | 2586 | 2586 | 2586 | 107759 | 168103 |
| | 残值率 | % | 5 | 5 | 5 | 5 | 5 |
| | 年工作台班 | 台班 | 200 | 200 | 200 | 180 | 180 |
| | 耐用总台班 | 台班 | 900 | 900 | 800 | 2100 | 2100 |
| | 检修次数 | 次 | 1 | 1 | 1 | 2 | 2 |
| | 一次检修费 | 元 | 746 | 605 | 898 | 2891 | 42706 |
| | 一次安拆费及场外运费 | 元 | 211 | 211 | 211 | 817 | 817 |
| | 年平均安拆次数 | 次 | 4 | 4 | 4 | 4 | 4 |
| | K 值 | — | 7.05 | 7.05 | 7.20 | 1.87 | 1.72 |
| | 折旧年限 | 年 | 10 ~ 14 | 10 ~ 14 | 10 ~ 14 | 10 ~ 14 | 10 ~ 14 |
| | 折旧年限计算值 | 年 | 5 | 5 | 4 | 12 | 12 |

| 定额编号 | | | 01112 | 01113 | 01114 |
|---|---|---|---|---|---|
| 项目 | | | 车载式碎石撒布机 | 汽车式沥青喷洒机 | |
| | | | 撒布宽度(mm) | 箱容量(L) | |
| | | | 3000 | 4000 | 7500 |
| 机型 | | | 大 | 大 | 大 |
| 费用名称 | | 单位 | 费用构成 | | |
| 基础数据 | 预算价格 | 元 | 40000 | 187931 | 386207 |
| | 残值率 | % | 5 | 5 | 5 |
| | 年工作台班 | 台班 | 160 | 100 | 100 |
| | 耐用总台班 | 台班 | 1600 | 1125 | 1125 |
| | 检修次数 | 次 | 1 | 2 | 2 |
| | 一次检修费 | 元 | 6699 | 26247 | 50718 |
| | K 值 | — | 3.08 | 1.69 | 1.69 |
| | 折旧年限 | 年 | 10～14 | 6～12 | 6～12 |
| | 折旧年限计算值 | 年 | 10 | 11 | 11 |

| 定 额 编 号 | | | 01115 | 01116 | 01117 | 01118 | 01119 | 01120 | 01121 |
|---|---|---|---|---|---|---|---|---|---|
| 项 目 | | | 沥青混凝土摊铺机 | | | | | | |
| | | | 装载质量(t) | | | | | | |
| | | | 4 | 6 | 8 | 12 | 13 | 14 | 15 |
| 机 型 | | | 大 | 大 | 大 | 大 | 大 | 大 | 大 |
| 费用名称 | | 单位 | 费用构成 | | | | | | |
| 基础数据 | 预算价格 | 元 | 139569 | 218448 | 290776 | 380000 | 602931 | 823966 | 1127672 |
| | 残值率 | % | 5 | 5 | 5 | 5 | 5 | 5 | 5 |
| | 年工作台班 | 台班 | 150 | 150 | 150 | 150 | 150 | 150 | 150 |
| | 耐用总台班 | 台班 | 1800 | 1800 | 1800 | 1800 | 1800 | 1800 | 1800 |
| | 检修次数 | 次 | 2 | 2 | 2 | 2 | 2 | 2 | 2 |
| | 一次检修费 | 元 | 31746 | 49953 | 61735 | 86139 | 163983 | 239380 | 369444 |
| | K 值 | — | 1.97 | 1.97 | 1.97 | 1.97 | 1.97 | 1.97 | 1.97 |
| | 折旧年限 | 年 | 10 ~ 14 | 10 ~ 14 | 10 ~ 14 | 10 ~ 14 | 10 ~ 14 | 10 ~ 14 | 10 ~ 14 |
| | 折旧年限计算值 | 年 | 12 | 12 | 12 | 12 | 12 | 12 | 12 |

| 定额编号 | | | 01122 | 01123 | 01124 | 01125 | 01126 |
|---|---|---|---|---|---|---|---|
| 项目 | | | 路面铣刨机 | | | | |
| | | | 宽度(mm) | | | | |
| | | | 300 | 350 | 500 | 1000 | 2000 |
| 机型 | | | 大 | 大 | 大 | 大 | 大 |
| 费用名称 | | 单位 | 费用构成 | | | | |
| 基础数据 | 预算价格 | 元 | 110086 | 319655 | 377414 | 501724 | 2397414 |
| | 残值率 | % | 5 | 5 | 5 | 5 | 5 |
| | 年工作台班 | 台班 | 180 | 180 | 180 | 180 | 180 |
| | 耐用总台班 | 台班 | 2000 | 2000 | 2000 | 2000 | 2000 |
| | 检修次数 | 次 | 2 | 2 | 2 | 2 | 2 |
| | 一次检修费 | 元 | 11073 | 32143 | 37859 | 50444 | 241071 |
| | 一次安拆费及场外运费 | 元 | 1427 | 1427 | 1427 | 1427 | 1427 |
| | 年平均安拆次数 | 次 | 4 | 4 | 4 | 4 | 4 |
| | K值 | — | 3.08 | 3.08 | 3.08 | 3.08 | 3.08 |
| | 折旧年限 | 年 | 10~14 | 10~14 | 10~14 | 10~14 | 10~14 |
| | 折旧年限计算值 | 年 | 11 | 11 | 11 | 11 | 11 |

| 定额编号 | | | 01127 | 01128 | 01129 | 01130 | 01131 | 01132 | 01133 |
|---|---|---|---|---|---|---|---|---|---|
| 项目 | | | 电动路面铣刨机 | 路面除线机 | 混凝土路面切缝机 | 混凝土路面刻槽机 | 混凝土路面灌缝机 | 路面再生机 | 汽车式路面划线机 |
| | | | 功率(kW) | | | | SKI－1300 | 宽度×深度(mm) | 喷涂宽度(mm) |
| | | | 7.5 | | | | | 2300×400 | 450 |
| 机型 | | | 大 | 中 | 中 | 中 | 中 | 中 | 中 |
| 费用名称 | | 单位 | 费用构成 | | | | | | |
| 基础数据 | 预算价格 | 元 | 28448 | 57241 | 6767 | 5216 | 62414 | 772500 | 147241 |
| | 残值率 | % | 5 | 5 | 5 | 5 | 5 | 5 | 5 |
| | 年工作台班 | 台班 | 180 | 180 | 180 | 180 | 180 | 160 | 180 |
| | 耐用总台班 | 台班 | 2000 | 2400 | 2400 | 2400 | 2400 | 1600 | 2400 |
| | 检修次数 | 次 | 2 | 2 | 2 | 2 | 2 | 1 | 2 |
| | 一次检修费 | 元 | 2853 | 24679 | 1181 | 1181 | 5697 | 77683 | 24679 |
| | 一次安拆费及场外运费 | 元 | 817 | — | — | — | — | — | — |
| | 年平均安拆次数 | 次 | 4 | — | — | — | — | — | — |
| | K值 | — | 3.08 | 1.69 | 1.69 | 1.69 | 1.69 | 3.08 | 1.69 |
| | 折旧年限 | 年 | 10～14 | 10～14 | 10～14 | 10～14 | 10～14 | 10～14 | 10～14 |
| | 折旧年限计算值 | 年 | 11 | 13 | 13 | 13 | 13 | 10 | 13 |

| 定额编号 | | | 01134 | 01135 | 01136 | 01137 | 01138 | 01139 |
|---|---|---|---|---|---|---|---|---|
| 项目 | | | 强夯机械 | | | | | |
| | | | 夯击能量(kN·m) | | | | | |
| | | | 1200 | 2000 | 3000 | 4000 | 5000 | 6000 |
| 机型 | | | 大 | 大 | 大 | 大 | 大 | 大 |
| 费用名称 | | 单位 | 费用构成 | | | | | |
| 基础数据 | 预算价格 | 元 | 387931 | 689655 | 948276 | 1311034 | 1473276 | 1767241 |
| | 残值率 | % | 5 | 5 | 5 | 5 | 5 | 5 |
| | 年工作台班 | 台班 | 200 | 200 | 200 | 200 | 200 | 200 |
| | 耐用总台班 | 台班 | 2000 | 2000 | 2000 | 2000 | 2000 | 2000 |
| | 检修次数 | 次 | 1 | 1 | 1 | 1 | 1 | 1 |
| | 一次检修费 | 元 | 59184 | 123120 | 166327 | 190420 | 213983 | 255669 |
| | K值 | — | 2. 27 | 2. 27 | 2. 27 | 2. 27 | 2. 27 | 2. 27 |
| | 折旧年限 | 年 | 10 ~ 14 | 10 ~ 14 | 10 ~ 14 | 10 ~ 14 | 10 ~ 14 | 10 ~ 14 |
| | 折旧年限计算值 | 年 | 10 | 10 | 10 | 10 | 10 | 10 |

| 定额编号 | | | 01140 | 01141 | 01142 | 01143 | 01144 | 01145 |
|---|---|---|---|---|---|---|---|---|
| 项目 | | | 立爪扒渣机 | 梭式矿车 | 稳定土拌和机 | | | |
| | | | | 装载容量($m^3$) | 功率(kW) | | | |
| | | | | 8 | 90 | 105 | 135 | 230 |
| 机型 | | | 大 | 中 | 大 | 大 | 大 | 大 |
| 费用名称 | | 单位 | 费用构成 | | | | | |
| 基础数据 | 预算价格 | 元 | 475086 | 77845 | 159483 | 189655 | 387931 | 465948 |
| | 残值率 | % | 5 | 5 | 5 | 5 | 5 | 5 |
| | 年工作台班 | 台班 | 180 | 180 | 200 | 200 | 200 | 200 |
| | 耐用总台班 | 台班 | 2400 | 1620 | 2250 | 2250 | 2250 | 2250 |
| | 检修次数 | 次 | 2 | 2 | 2 | 2 | 2 | 2 |
| | 一次检修费 | 元 | 79611 | 13048 | 36952 | 43859 | 83182 | 93717 |
| | 一次安拆费及场外运费 | 元 | — | 478 | — | — | — | — |
| | 年平均安拆次数 | 次 | 4 | 4 | — | — | — | — |
| | K值 | — | 2.29 | 0.92 | 2.54 | 2.54 | 2.54 | 2.54 |
| | 折旧年限 | 年 | 10～14 | 8～10 | 10～14 | 10～14 | 10～14 | 10～14 |
| | 折旧年限计算值 | 年 | 13 | 9 | 11 | 11 | 11 | 11 |

| 定 额 编 号 | | | 01146 | 01147 | 01148 | 01149 | 01150 |
|---|---|---|---|---|---|---|---|
| 项　　目 | | | 沥青混凝土拌和机 | | | | |
| | | | 生产率(t/h) | | | | |
| | | | 10 | 15 | 20 | 30 | 60 |
| 机　　型 | | | 大 | 大 | 大 | 大 | 大 |
| 费用名称 | | 单位 | 费用构成 | | | | |
| 基础数据 | 预算价格 | 元 | 110690 | 247759 | 287672 | 341897 | 596724 |
| | 残值率 | % | 5 | 5 | 5 | 5 | 5 |
| | 年工作台班 | 台班 | 200 | 200 | 200 | 200 | 200 |
| | 耐用总台班 | 台班 | 2250 | 2250 | 2250 | 2250 | 2250 |
| | 检修次数 | 次 | 2 | 2 | 2 | 2 | 2 |
| | 一次检修费 | 元 | 22269 | 49820 | 57861 | 68755 | 120002 |
| | K 值 | — | 2. 54 | 2. 54 | 2. 54 | 2. 54 | 2. 54 |
| | 折旧年限 | 年 | 10 ~ 14 | 10 ~ 14 | 10 ~ 14 | 10 ~ 14 | 10 ~ 14 |
| | 折旧年限计算值 | 年 | 11 | 11 | 11 | 11 | 11 |

| 定 额 编 号 | | | 01151 | 01152 | 01153 | 01154 |
| --- | --- | --- | --- | --- | --- | --- |
| 项 目 | | | 沥青混凝土拌和机 | | 灰土拌和机 | |
| | | | 生产率(t/h) | | | |
| | | | 100 | 150 | 105 | 135 |
| 机 型 | | | 大 | 大 | 大 | 大 |
| 费用名称 | | 单位 | 费用构成 | | | |
| 基础数据 | 预算价格 | 元 | 760086 | 1107241 | 340603 | 476810 |
| | 残值率 | % | 5 | 5 | 5 | 5 |
| | 年工作台班 | 台班 | 200 | 200 | 200 | 200 |
| | 耐用总台班 | 台班 | 2250 | 2250 | 2250 | 2250 |
| | 检修次数 | 次 | 2 | 2 | 2 | 2 |
| | 一次检修费 | 元 | 152863 | 222685 | 152863 | 222685 |
| | K 值 | — | 2.54 | 2.54 | 2.54 | 2.54 |
| | 折旧年限 | 年 | 10 ~ 14 | 10 ~ 14 | 10 ~ 14 | 10 ~ 14 |
| | 折旧年限计算值 | 年 | 11 | 11 | 11 | 11 |

| 定额编号 | | | 01155 | 01156 | 01157 | 01158 |
|---|---|---|---|---|---|---|
| 项目 | | | 路面标线热熔涂料涂敷机 | 路面标线涂料喷涂机 | 路面抛丸机 | 路面刻纹机 |
| | | | | | 工作宽度(mm) | |
| | | | | | 350 | |
| 机型 | | | 中 | 中 | 中 | 中 |
| 费用名称 | | 单位 | 费用构成 | | | |
| 基础数据 | 预算价格 | 元 | 270517 | 98879 | 153310 | 8573 |
| | 残值率 | % | 5 | 5 | 5 | 5 |
| | 年工作台班 | 台班 | 180 | 180 | 180 | 180 |
| | 耐用总台班 | 台班 | 2400 | 2400 | 2400 | 2400 |
| | 检修次数 | 次 | 2 | 2 | 2 | 2 |
| | 一次检修费 | 元 | 61735 | 26247 | 26247 | 3099 |
| | K 值 | — | 1.69 | 1.69 | 1.69 | 1.69 |
| | 折旧年限 | 年 | 10 ~ 14 | 10 ~ 14 | 10 ~ 14 | 10 ~ 14 |
| | 折旧年限计算值 | 年 | 13 | 13 | 13 | 13 |

| 定额编号 | | | 01159 | 01160 | 01161 | 01162 | 01163 | 01164 |
|---|---|---|---|---|---|---|---|---|
| 项目 | | | 颚式破碎机 | | | | | 颚式破碎机(移动式) |
| | | | 进料口(mm) | | | | | |
| | | | 250×400 | 250×500 | 400×600 | 500×750 | 600×900 | 250×440 |
| 机型 | | | 小 | 小 | 中 | 中 | 中 | 小 |
| 费用名称 | | 单位 | 费用构成 | | | | | |
| 基础数据 | 预算价格 | 元 | 32328 | 46638 | 73879 | 119914 | 166638 | 34224 |
| | 残值率 | % | 5 | 5 | 5 | 5 | 5 | 5 |
| | 年工作台班 | 台班 | 160 | 160 | 160 | 160 | 160 | 160 |
| | 耐用总台班 | 台班 | 1600 | 1600 | 1600 | 1600 | 1600 | 1600 |
| | 检修次数 | 次 | 1 | 1 | 1 | 1 | 1 | 1 |
| | 一次检修费 | 元 | 3250 | 4686 | 7011 | 12056 | 16752 | 3439 |
| | K值 | — | 13.55 | 13.55 | 13.55 | 13.55 | 13.55 | 13.55 |
| | 折旧年限 | 年 | 10~14 | 10~14 | 10~14 | 10~14 | 10~14 | 10~14 |
| | 折旧年限计算值 | 年 | 10 | 10 | 10 | 10 | 10 | 10 |

| 定额编号 | | | 01165 | 01166 | 01167 | 01168 | 01169 | 01170 | 01171 |
|---|---|---|---|---|---|---|---|---|---|
| 项目 | | | 履带式单头岩石破碎机(kW) | | | | 履带式液压岩石破碎机 | | |
| | | | 40 | 85 | 105 | 135 | HB20G | HB30G | HB40G |
| 机型 | | | 大 | 大 | 大 | 大 | 大 | 大 | 大 |
| 费用名称 | | 单位 | 费用构成 | | | | | | |
| 基础数据 | 预算价格 | 元 | 250000 | 474138 | 775862 | 1056724 | 200172 | 227672 | 244914 |
| | 残值率 | % | 5 | 5 | 5 | 5 | 5 | 5 | 5 |
| | 年工作台班 | 台班 | 220 | 220 | 220 | 220 | 160 | 160 | 160 |
| | 耐用总台班 | 台班 | 2625 | 2625 | 2625 | 2625 | 1600 | 1600 | 1600 |
| | 检修次数 | 次 | 2 | 2 | 2 | 2 | 1 | 1 | 1 |
| | 一次检修费 | 元 | 113379 | 141723 | 160991 | 217309 | 20134 | 22893 | 24622 |
| | 一次安拆费及场外运费 | 元 | — | — | — | — | 1427 | 1427 | 1427 |
| | 年平均安拆次数 | 次 | — | — | — | — | 4 | 4 | 4 |
| | K值 | — | 2. 24 | 2. 11 | 2. 11 | 2. 11 | 2. 66 | 2. 66 | 2. 66 |
| | 折旧年限 | 年 | 10 ~ 14 | 10 ~ 14 | 10 ~ 14 | 10 ~ 14 | 10 ~ 14 | 10 ~ 14 | 10 ~ 14 |
| | 折旧年限计算值 | 年 | 12 | 12 | 12 | 12 | 10 | 10 | 10 |

# 二、桩工机械

| 定额编号 | | | 02001 | 02002 | 02003 | 02004 | 02005 |
|---|---|---|---|---|---|---|---|
| 项目 | | | 履带式柴油打桩机 | | | | |
| | | | 冲击部分质量(t) | | | | |
| | | | 2.5 | 3.5 | 5 | 7 | 8 |
| 机型 | | | 大 | 大 | 大 | 特 | 特 |
| 费用名称 | | 单位 | 费用构成 | | | | |
| 基础数据 | 预算价格 | 元 | 517241 | 689655 | 2704483 | 3758621 | 3879310 |
| | 残值率 | % | 5 | 5 | 5 | 5 | 5 |
| | 年工作台班 | 台班 | 230 | 230 | 230 | 230 | 230 |
| | 耐用总台班 | 台班 | 2700 | 2700 | 2700 | 2700 | 2700 |
| | 检修次数 | 次 | 1 | 1 | 1 | 1 | 1 |
| | 一次检修费 | 元 | 51984 | 69312 | 369087 | 377751 | 389881 |
| | K 值 | — | 1.95 | 1.95 | 1.95 | 1.88 | 1.88 |
| | 折旧年限 | 年 | 10 ~ 14 | 10 ~ 14 | 10 ~ 14 | 10 ~ 14 | 10 ~ 14 |
| | 折旧年限计算值 | 年 | 12 | 12 | 12 | 12 | 12 |

| 定额编号 | | | 02006 | 02007 | 02008 | 02009 | 02010 | 02011 |
|---|---|---|---|---|---|---|---|---|
| 项目 | | | 轨道式柴油打桩机 | | | | | |
| | | | 冲击部分质量(t) | | | | | |
| | | | 0.8 | 1.2 | 1.8 | 2.5 | 3.5 | 4 |
| 机型 | | | 中 | 大 | 大 | 大 | 大 | 大 |
| 费用名称 | | 单位 | 费用构成 | | | | | |
| 基础数据 | 预算价格 | 元 | 116379 | 241379 | 377586 | 455172 | 646552 | 862069 |
| | 残值率 | % | 5 | 5 | 5 | 5 | 5 | 5 |
| | 年工作台班 | 台班 | 230 | 230 | 230 | 230 | 230 | 230 |
| | 耐用总台班 | 台班 | 2700 | 2700 | 2700 | 2700 | 2700 | 2700 |
| | 检修次数 | 次 | 1 | 1 | 1 | 1 | 1 | 1 |
| | 一次检修费 | 元 | 25893 | 53704 | 84008 | 101270 | 143849 | 191799 |
| | K值 | — | 2.26 | 2.26 | 2.26 | 2.26 | 2.26 | 2.26 |
| | 折旧年限 | 年 | 10～14 | 10～14 | 10～14 | 10～14 | 10～14 | 10～14 |
| | 折旧年限计算值 | 年 | 12 | 12 | 12 | 12 | 12 | 12 |

| 定额编号 | | | 02012 | 02013 | 02014 | 02015 | 02016 | 02017 |
|---|---|---|---|---|---|---|---|---|
| 项目 | | | 轨道式柴油打桩机 | | 振动沉拔桩机 | | | |
| | | | 冲击部分质量(t) | | 激振力(kN) | | | |
| | | | 5 | 7 | 300 | 400 | 500 | 600 |
| 机型 | | | 大 | 大 | 大 | 大 | 大 | 大 |
| 费用名称 | | 单位 | 费用构成 | | | | | |
| 基础数据 | 预算价格 | 元 | 1148966 | 1267931 | 349138 | 446552 | 586207 | 711207 |
| | 残值率 | % | 5 | 5 | 5 | 5 | 5 | 5 |
| | 年工作台班 | 台班 | 230 | 230 | 180 | 180 | 180 | 180 |
| | 耐用总台班 | 台班 | 2700 | 2700 | 1800 | 1800 | 1800 | 1800 |
| | 检修次数 | 次 | 1 | 1 | 1 | 1 | 1 | 1 |
| | 一次检修费 | 元 | 255630 | 282098 | 15689 | 20066 | 26342 | 31959 |
| | K值 | — | 2.26 | 2.26 | 5.49 | 5.49 | 5.49 | 5.49 |
| | 折旧年限 | 年 | 10 ~ 14 | 10 ~ 14 | 10 ~ 14 | 10 ~ 14 | 10 ~ 14 | 10 ~ 14 |
| | 折旧年限计算值 | 年 | 12 | 12 | 10 | 10 | 10 | 10 |

| 定额编号 | | | 02018 | 02019 | 02020 | 02021 | 02022 |
|---|---|---|---|---|---|---|---|
| 项目 | | | 静力压桩机(液压) | | | | |
| | | | 压力(kN) | | | | |
| | | | 900 | 1200 | 1600 | 2000 | 3000 |
| 机型 | | | 大 | 大 | 大 | 大 | 大 |
| 费用名称 | | 单位 | 费用构成 | | | | |
| 基础数据 | 预算价格 | 元 | 517241 | 689655 | 1051724 | 1482759 | 1594828 |
| | 残值率 | % | 5 | 5 | 5 | 5 | 5 |
| | 年工作台班 | 台班 | 180 | 180 | 180 | 180 | 180 |
| | 耐用总台班 | 台班 | 2025 | 2025 | 2025 | 2025 | 2025 |
| | 检修次数 | 次 | 2 | 2 | 2 | 2 | 2 |
| | 一次检修费 | 元 | 86735 | 115646 | 176361 | 248639 | 267432 |
| | K值 | — | 3.67 | 3.67 | 4.11 | 4.11 | 4.11 |
| | 折旧年限 | 年 | 10~14 | 10~14 | 10~14 | 10~14 | 10~14 |
| | 折旧年限计算值 | 年 | 11 | 11 | 11 | 11 | 11 |

| 定额编号 | | | 02023 | 02024 | 02025 | 02026 |
|---|---|---|---|---|---|---|
| 项目 | | | 静力压桩机(液压) | | | |
| | | | 压力(kN) | | | |
| | | | 4000 | 5000 | 8000 | 10000 |
| 机型 | | | 大 | 大 | 大 | 大 |
| 费用名称 | | 单位 | 费用构成 | | | |
| 基础数据 | 预算价格 | 元 | 1939655 | 2051724 | 2181034 | 2801724 |
| | 残值率 | % | 5 | 5 | 5 | 5 |
| | 年工作台班 | 台班 | 180 | 180 | 180 | 180 |
| | 耐用总台班 | 台班 | 2025 | 2025 | 2025 | 2025 |
| | 检修次数 | 次 | 2 | 2 | 2 | 2 |
| | 一次检修费 | 元 | 325255 | 344048 | 365731 | 469813 |
| | K 值 | — | 4. 11 | 4. 11 | 4. 11 | 4. 11 |
| | 折旧年限 | 年 | 10 ~ 14 | 10 ~ 14 | 10 ~ 14 | 10 ~ 14 |
| | 折旧年限计算值 | 年 | 11 | 11 | 11 | 11 |

| | | 定额编号 | 02027 | 02028 | 02029 | 02030 | 02031 | 02032 |
|---|---|---|---|---|---|---|---|---|
| 项目 | | | 汽车式钻机 | | | 潜水钻孔机 | | |
| | | | 孔径(mm) | | | | | |
| | | | 400 | 1000 | 2000 | 800 | 1250 | 1500 |
| 机型 | | | 大 | 大 | 大 | 大 | 大 | 大 |
| 费用名称 | | 单位 | 费用构成 | | | | | |
| 基础数据 | 预算价格 | 元 | 155172 | 213793 | 301724 | 86207 | 120690 | 172414 |
| | 残值率 | % | 5 | 5 | 5 | 5 | 5 | 5 |
| | 年工作台班 | 台班 | 200 | 200 | 200 | 200 | 200 | 200 |
| | 耐用总台班 | 台班 | 2250 | 2250 | 2250 | 2250 | 2250 | 2250 |
| | 检修次数 | 次 | 2 | 2 | 2 | 2 | 2 | 2 |
| | 一次检修费 | 元 | 20748 | 28587 | 40344 | 14456 | 20238 | 28912 |
| | K 值 | — | 2.75 | 2.75 | 2.75 | 2.69 | 2.69 | 2.69 |
| | 折旧年限 | 年 | 10 ~ 14 | 10 ~ 14 | 10 ~ 14 | 10 ~ 14 | 10 ~ 14 | 10 ~ 14 |
| | 折旧年限计算值 | 年 | 11 | 11 | 11 | 11 | 11 | 11 |

| 定 额 编 号 | | | 02033 | 02034 | 02035 | 02036 | 02037 |
|---|---|---|---|---|---|---|---|
| 项 目 | | | 转盘钻孔机 | | | | |
| | | | 孔径(mm) | | | | |
| | | | 500 | 800 | 1000 | 1500 | 2000 |
| 机 型 | | | 中 | 大 | 大 | 大 | 大 |
| 费用名称 | | 单位 | 费用构成 | | | | |
| 基础数据 | 预算价格 | 元 | 129310 | 172414 | 189655 | 206897 | 310345 |
| | 残值率 | % | 5 | 5 | 5 | 5 | 5 |
| | 年工作台班 | 台班 | 200 | 200 | 200 | 200 | 200 |
| | 耐用总台班 | 台班 | 2000 | 2000 | 2000 | 2000 | 2000 |
| | 检修次数 | 次 | 1 | 1 | 1 | 1 | 1 |
| | 一次检修费 | 元 | 14456 | 19274 | 21202 | 23129 | 34694 |
| | K 值 | — | 2.08 | 2.08 | 2.08 | 2.08 | 2.08 |
| | 折旧年限 | 年 | 10 ~ 14 | 10 ~ 14 | 10 ~ 14 | 10 ~ 14 | 10 ~ 14 |
| | 折旧年限计算值 | 年 | 10 | 10 | 10 | 10 | 10 |

| 定额编号 | | | 02038 | 02039 | 02040 | 02041 |
|---|---|---|---|---|---|---|
| 项目 | | | 长螺旋钻孔机 | | | 短螺旋钻孔机 |
| | | | 孔径(mm) | | | |
| | | | 400 | 600 | 800 | 1200 |
| 机型 | | | 中 | 中 | 中 | 大 |
| 费用名称 | | 单位 | 费用构成 | | | |
| 基础数据 | 预算价格 | 元 | 185345 | 245690 | 357759 | 823448 |
| | 残值率 | % | 5 | 5 | 5 | 5 |
| | 年工作台班 | 台班 | 200 | 200 | 200 | 200 |
| | 耐用总台班 | 台班 | 2000 | 2000 | 2000 | 2000 |
| | 检修次数 | 次 | 1 | 1 | 1 | 1 |
| | 一次检修费 | 元 | 8268 | 10959 | 15959 | 36732 |
| | K 值 | — | 6.27 | 6.27 | 6.27 | 6.27 |
| | 折旧年限 | 年 | 10 ~ 14 | 10 ~ 14 | 10 ~ 14 | 10 ~ 14 |
| | 折旧年限计算值 | 年 | 10 | 10 | 10 | 10 |

| 定额编号 | | | 02042 | 02043 | 02044 | 02045 | 02046 |
|---|---|---|---|---|---|---|---|
| 项目 | | | 冲击成孔机 | | | 锚杆钻孔机 | 双头搅拌桩机（喷浆） |
| | | | CZ－30 | CZ－50 | CZ－80 | MGL135 | |
| 机型 | | | 中 | 中 | 中 | 大 | 中 |
| 费用名称 | | 单位 | 费用构成 | | | | |
| 基础数据 | 预算价格 | 元 | 172414 | 241379 | 310345 | 180259 | 310345 |
| | 残值率 | % | 5 | 5 | 5 | 5 | 5 |
| | 年工作台班 | 台班 | 200 | 200 | 200 | 200 | 200 |
| | 耐用总台班 | 台班 | 2250 | 2250 | 2250 | 2250 | 2250 |
| | 检修次数 | 次 | 2 | 2 | 2 | 2 | 1 |
| | 一次检修费 | 元 | 19274 | 26984 | 34694 | 20151 | 63320 |
| | K 值 | — | 2.01 | 2.01 | 2.01 | 1.79 | 2.01 |
| | 折旧年限 | 年 | 10～14 | 10～14 | 10～14 | 10～14 | 10～14 |
| | 折旧年限计算值 | 年 | 11 | 11 | 11 | 11 | 11 |

| 定额编号 | | | 02047 | 02048 | 02049 | 02050 | 02051 | 02052 | 02053 |
|---|---|---|---|---|---|---|---|---|---|
| 项目 | | | 单头搅拌桩机 | | 振冲器 | | 单重管 | 双重管 | 三重管 |
| | | | 喷浆 | 喷粉 | ZCQ－30 | ZCQ－75 | 旋喷机 | | |
| 机型 | | | 中 | 中 | 中 | 中 | 中 | 中 | 中 |
| 费用名称 | | 单位 | 费用构成 | | | | | | |
| 基础数据 | 预算价格 | 元 | 172414 | 172414 | 47414 | 73276 | 129310 | 172414 | 215517 |
| | 残值率 | % | 5 | 5 | 5 | 5 | 5 | 5 | 5 |
| | 年工作台班 | 台班 | 200 | 200 | 200 | 200 | 200 | 200 | 200 |
| | 耐用总台班 | 台班 | 2250 | 2250 | 2250 | 2250 | 2250 | 2250 | 2250 |
| | 检修次数 | 次 | 1 | 1 | 1 | 1 | 1 | 1 | 1 |
| | 一次检修费 | 元 | 36311 | 42152 | 12420 | 20175 | 10913 | 14550 | 18188 |
| | K 值 | — | 2.01 | 2.01 | 1.72 | 1.72 | 2.08 | 2.08 | 2.08 |
| | 折旧年限 | 年 | 10～14 | 10～14 | 10～14 | 10～14 | 10～14 | 10～14 | 10～14 |
| | 折旧年限计算值 | 年 | 11 | 11 | 11 | 11 | 11 | 11 | 11 |

| 定额编号 | | | 02054 | 02055 | 02056 | 02057 | 02058 | 02059 | 02060 | 02061 | 02062 |
|---|---|---|---|---|---|---|---|---|---|---|---|
| 项目 | | | 静压振拔桩机 | 步履式柴油打桩机(t) | | | 多功能压桩机(kN) | | | | |
| | | | 400kN | 2.5 | 4 | 6 | 900 | 1600 | 2000 | 3000 | 4000 |
| 机型 | | | 大 | 大 | 大 | 大 | 大 | 大 | 大 | 大 | 大 |
| 费用名称 | | 单位 | 费用构成 | | | | | | | | |
| 基础数据 | 预算价格 | 元 | 163793 | 387931 | 689655 | 844828 | 673448 | 1051724 | 1482759 | 1594828 | 1939655 |
| | 残值率 | % | 5 | 5 | 5 | 5 | 5 | 5 | 5 | 5 | 5 |
| | 年工作台班 | 台班 | 200 | 200 | 200 | 200 | 180 | 180 | 180 | 180 | 180 |
| | 耐用总台班 | 台班 | 2250 | 2250 | 2250 | 2250 | 2025 | 2025 | 2025 | 2025 | 2025 |
| | 检修次数 | 次 | 1 | 1 | 1 | 1 | 1 | 1 | 1 | 1 | 1 |
| | 一次检修费 | 元 | 9096 | 107355 | 190854 | 233796 | 112929 | 176361 | 248639 | 267432 | 325255 |
| | K值 | — | 5.49 | 3.29 | 3.29 | 3.29 | 3.67 | 3.67 | 4.11 | 4.11 | 4.11 |
| | 折旧年限 | 年 | 10~14 | 10~14 | 10~14 | 10~14 | 10~14 | 10~14 | 10~14 | 10~14 | 10~14 |
| | 折旧年限计算值 | 年 | 11 | 11 | 11 | 11 | 11 | 11 | 11 | 11 | 11 |

| 定额编号 | | | 02063 | 02064 | 02065 | 02066 | 02067 | 02068 | 02069 | 02070 |
|---|---|---|---|---|---|---|---|---|---|---|
| 项目 | | | 三轴搅拌桩机 | | 履带式旋挖钻机 | | | | | 潜孔钻机 38～115（mm）（液压） |
| | | | 650型 | 850型 | SR－15 | SR－25 | SD－20 | SH30H | SH36 | YYG150 含支架 |
| 机型 | | | 大 | 大 | 大 | 大 | 大 | 大 | 大 | 中 |
| 费用名称 | | 单位 | 费用构成 | | | | | | | |
| 基础数据 | 预算价格 | 元 | 2353448 | 3405172 | 2155172 | 3879310 | 2974138 | 4267241 | 5000000 | 130448 |
| | 残值率 | % | 5 | 5 | 5 | 5 | 5 | 5 | 5 | 5 |
| | 年工作台班 | 台班 | 200 | 200 | 200 | 200 | 200 | 200 | 200 | 200 |
| | 耐用总台班 | 台班 | 2250 | 2250 | 2250 | 2250 | 2250 | 2250 | 2250 | 2250 |
| | 检修次数 | 次 | 2 | 2 | 1 | 1 | 1 | 1 | 1 | 1 |
| | 一次检修费 | 元 | 104980 | 151894 | 201483 | 362670 | 278047 | 398937 | 467441 | 21662 |
| | K值 | — | 2.89 | 2.89 | 2.08 | 2.08 | 2.08 | 2.08 | 2.08 | 2.69 |
| | 折旧年限 | 年 | 10～14 | 10～14 | 10～14 | 10～14 | 10～14 | 10～14 | 10～14 | 10～14 |
| | 折旧年限计算值 | 年 | 11 | 11 | 11 | 11 | 11 | 11 | 11 | 11 |

| 定额编号 | | | 02071 | 02072 | 02073 | 02074 | 02075 | 02076 | 02077 | 02078 | 02079 |
|---|---|---|---|---|---|---|---|---|---|---|---|
| 项目 | | | 袋装砂井机 | | 冲孔桩机带冲抓锤 | 履带式拉森钢板桩机 | 履带式潜孔锤钻机 | 履带式单轴钻孔机(kW) | | | 钻孔咬合桩机 |
| | | | 不带门架 | 带门架 | | | | 90 | 110 | 150 | |
| 机型 | | | 中 | 中 | 中 | 大 | 大 | 特 | 特 | 特 | MZ-1500 型 |
| 费用名称 | | 单位 | 费用构成 | | | | | | | | |
| 基础数据 | 预算价格 | 元 | 112759 | 146552 | 206897 | 1344828 | 1293103 | 4827586 | 5172414 | 5775862 | 1681034 |
| | 残值率 | % | 5 | 5 | 5 | 5 | 5 | 5 | 5 | 5 | 5 |
| | 年工作台班 | 台班 | 200 | 200 | 200 | 264 | 180 | 230 | 230 | 230 | 225 |
| | 耐用总台班 | 台班 | 2000 | 2000 | 2250 | 2700 | 2025 | 2700 | 2700 | 2700 | 2250 |
| | 检修次数 | 次 | 1 | 1 | 2 | 2 | 1 | 1 | 1 | 1 | 1 |
| | 一次检修费 | 元 | 12604 | 16374 | 23129 | 257494 | 216837 | 485185 | 519841 | 580489 | 343065 |
| | K 值 | — | 2.72 | 2.72 | 2.01 | 2.11 | 3.67 | 1.88 | 1.88 | 1.88 | 1.84 |
| | 折旧年限 | 年 | 10~14 | 10~14 | 10~14 | 10~14 | 10~14 | 10~14 | 10~14 | 10~14 | 10~14 |
| | 折旧年限计算值 | 年 | 10 | 10 | 11 | 10 | 11 | 12 | 12 | 12 | 10 |

# 三、起 重 机 械

| 定 额 编 号 | | | 03001 | 03002 | 03003 | 03004 |
|---|---|---|---|---|---|---|
| 项 目 | | | 履带式电动起重机 | | | |
| | | | 提升质量(t) | | | |
| | | | 3 | 5 | 40 | 50 |
| 机 型 | | | 中 | 中 | 大 | 大 |
| 费 用 名 称 | | 单位 | 费 用 构 成 | | | |
| 基础数据 | 预算价格 | 元 | 102845 | 105431 | 1115259 | 1142759 |
| | 残值率 | % | 5 | 5 | 5 | 5 |
| | 年工作台班 | 台班 | 225 | 225 | 225 | 225 |
| | 耐用总台班 | 台班 | 2250 | 2250 | 2250 | 2250 |
| | 检修次数 | 次 | 1 | 1 | 1 | 1 |
| | 一次检修费 | 元 | 5745 | 5886 | 62302 | 63842 |
| | K 值 | — | 2. 35 | 2. 35 | 2. 35 | 2. 35 |
| | 折旧年限 | 年 | 10 ~ 14 | 10 ~ 14 | 10 ~ 14 | 10 ~ 14 |
| | 折旧年限计算值 | 年 | 10 | 10 | 10 | 10 |

| 定额编号 | | | 03005 | 03006 | 03007 | 03008 | 03009 | 03010 |
|---|---|---|---|---|---|---|---|---|
| 项目 | | | 履带式起重机 | | | | | |
| | | | 提升质量(t) | | | | | |
| | | | 5 | 10 | 15 | 20 | 25 | 30 |
| 机型 | | | 大 | 大 | 大 | 大 | 大 | 大 |
| 费用名称 | | 单位 | 费用构成 | | | | | |
| 基础数据 | 预算价格 | 元 | 163879 | 288966 | 408190 | 424914 | 434224 | 555690 |
| | 残值率 | % | 5 | 5 | 5 | 5 | 5 | 5 |
| | 年工作台班 | 台班 | 225 | 225 | 225 | 225 | 225 | 225 |
| | 耐用总台班 | 台班 | 2250 | 2250 | 2250 | 2250 | 2250 | 2250 |
| | 检修次数 | 次 | 1 | 1 | 1 | 1 | 1 | 1 |
| | 一次检修费 | 元 | 34694 | 61347 | 86659 | 90193 | 92177 | 117961 |
| | K 值 | — | 1.84 | 1.84 | 1.84 | 1.84 | 1.84 | 1.84 |
| | 折旧年限 | 年 | 10 ~ 14 | 10 ~ 14 | 10 ~ 14 | 10 ~ 14 | 10 ~ 14 | 10 ~ 14 |
| | 折旧年限计算值 | 年 | 10 | 10 | 10 | 10 | 10 | 10 |

| 定额编号 | | | 03011 | 03012 | 03013 | 03014 | 03015 |
|---|---|---|---|---|---|---|---|
| 项目 | | | 履带式起重机 | | | | |
| | | | 提升质量(t) | | | | |
| | | | 40 | 50 | 60 | 70 | 80 |
| 机型 | | | 大 | 特 | 特 | 特 | 特 |
| 费用名称 | | 单位 | 费用构成 | | | | |
| 基础数据 | 预算价格 | 元 | 1096638 | 1261724 | 1379310 | 1620086 | 2317500 |
| | 残值率 | % | 5 | 5 | 5 | 5 | 5 |
| | 年工作台班 | 台班 | 225 | 225 | 225 | 225 | 225 |
| | 耐用总台班 | 台班 | 2250 | 2250 | 2250 | 2250 | 2250 |
| | 检修次数 | 次 | 1 | 1 | 1 | 1 | 1 |
| | 一次检修费 | 元 | 232785 | 267848 | 288398 | 343065 | 490731 |
| | K值 | — | 1.84 | 1.84 | 1.84 | 1.84 | 1.84 |
| | 折旧年限 | 年 | 10～14 | 10～14 | 10～14 | 10～14 | 10～14 |
| | 折旧年限计算值 | 年 | 10 | 10 | 10 | 10 | 10 |

| 定 额 编 号 | | | 03016 | 03017 | 03018 | 03019 | 03020 | 03021 | 03022 |
|---|---|---|---|---|---|---|---|---|---|
| 项 目 | | | 履带式起重机 | | | | | | |
| | | | 提升质量(t) | | | | | | |
| | | | 90 | 100 | 140 | 150 | 200 | 250 | 300 |
| 机 型 | | | 特 | 特 | 特 | 特 | 特 | 特 | 特 |
| 费用名称 | | 单位 | 费用构成 | | | | | | |
| 基础数据 | 预算价格 | 元 | 2672414 | 3017241 | 4396552 | 4741379 | 6188879 | 7503017 | 8328793 |
| | 残值率 | % | 5 | 5 | 5 | 5 | 5 | 5 | 5 |
| | 年工作台班 | 台班 | 225 | 225 | 225 | 225 | 225 | 225 | 225 |
| | 耐用总台班 | 台班 | 2250 | 2250 | 2250 | 2250 | 2250 | 2250 | 2250 |
| | 检修次数 | 次 | 1 | 1 | 1 | 1 | 1 | 1 | 1 |
| | 一次检修费 | 元 | 611064 | 661829 | 990864 | 1026587 | 1310497 | 1588766 | 1763624 |
| | K 值 | — | 1.84 | 1.84 | 1.84 | 1.84 | 1.84 | 1.84 | 1.84 |
| | 折旧年限 | 年 | 10 ~ 14 | 10 ~ 14 | 10 ~ 14 | 10 ~ 14 | 10 ~ 14 | 10 ~ 14 | 10 ~ 14 |
| | 折旧年限计算值 | 年 | 10 | 10 | 10 | 10 | 10 | 10 | 10 |

| 定额编号 | | | 03023 | 03024 | 03025 | 03026 | 03027 | 03028 | 03029 |
|---|---|---|---|---|---|---|---|---|---|
| 项目 | | | 轮胎式起重机 | | | | | | |
| | | | 提升质量(t) | | | | | | |
| | | | 8 | 16 | 20 | 25 | 40 | 50 | 60 |
| 机型 | | | 大 | 大 | 大 | 大 | 大 | 大 | 大 |
| 费用名称 | | 单位 | 费用构成 | | | | | | |
| 基础数据 | 预算价格 | 元 | 172414 | 424914 | 644828 | 664138 | 847586 | 1211121 | 1411810 |
| | 残值率 | % | 5 | 5 | 5 | 5 | 5 | 5 | 5 |
| | 年工作台班 | 台班 | 250 | 250 | 250 | 250 | 250 | 250 | 250 |
| | 耐用总台班 | 台班 | 3000 | 3000 | 3000 | 3000 | 3000 | 3000 | 3000 |
| | 检修次数 | 次 | 2 | 2 | 2 | 2 | 2 | 2 | 2 |
| | 一次检修费 | 元 | 35469 | 61716 | 93660 | 96466 | 123110 | 176559 | 205811 |
| | K值 | — | 3.05 | 3.05 | 3.05 | 3.05 | 3.05 | 3.05 | 3.05 |
| | 折旧年限 | 年 | 10~14 | 10~14 | 10~14 | 10~14 | 10~14 | 10~14 | 10~14 |
| | 折旧年限计算值 | 年 | 12 | 12 | 12 | 12 | 12 | 12 | 12 |

| 定 额 编 号 | | | 03030 | 03031 | 03032 | 03033 | 03034 | 03035 |
|---|---|---|---|---|---|---|---|---|
| 项 目 | | | 汽车式起重机 | | | | | |
| | | | 提升质量(t) | | | | | |
| | | | 5 | 8 | 10 | 12 | 16 | 20 |
| 机 型 | | | 大 | 大 | 大 | 大 | 大 | 大 |
| 费用名称 | | 单位 | 费 用 构 成 | | | | | |
| 基础数据 | 预算价格 | 元 | 86207 | 172414 | 206897 | 258621 | 387931 | 431293 |
| | 残值率 | % | 5 | 5 | 5 | 5 | 5 | 5 |
| | 年工作台班 | 台班 | 200 | 200 | 200 | 200 | 200 | 200 |
| | 耐用总台班 | 台班 | 2250 | 2250 | 2250 | 2250 | 2250 | 2250 |
| | 检修次数 | 次 | 2 | 2 | 2 | 2 | 2 | 2 |
| | 一次检修费 | 元 | 22451 | 53420 | 68141 | 72043 | 88265 | 101190 |
| | K 值 | — | 2. 07 | 2. 07 | 2. 07 | 2. 07 | 2. 07 | 2. 07 |
| | 其他费用 | 元 | 15. 200 | 15. 200 | 16. 700 | 17. 300 | 17. 900 | 19. 100 |
| | 折旧年限 | 年 | 10 ~ 14 | 10 ~ 14 | 10 ~ 14 | 10 ~ 14 | 10 ~ 14 | 10 ~ 14 |
| | 折旧年限计算值 | 年 | 11 | 11 | 11 | 11 | 11 | 11 |

| 定额编号 | | | 03036 | 03037 | 03038 | 03039 | 03040 |
|---|---|---|---|---|---|---|---|
| 项目 | | | 汽车式起重机 | | | | |
| | | | 提升质量(t) | | | | |
| | | | 25 | 30 | 32 | 40 | 50 |
| 机型 | | | 大 | 大 | 大 | 大 | 大 |
| 费用名称 | | 单位 | 费用构成 | | | | |
| 基础数据 | 预算价格 | 元 | 470172 | 502155 | 619310 | 1017241 | 1568966 |
| | 残值率 | % | 5 | 5 | 5 | 5 | 5 |
| | 年工作台班 | 台班 | 200 | 200 | 200 | 200 | 200 |
| | 耐用总台班 | 台班 | 2250 | 2250 | 2250 | 2250 | 2250 |
| | 检修次数 | 次 | 2 | 2 | 2 | 2 | 2 |
| | 一次检修费 | 元 | 110317 | 117810 | 145314 | 201039 | 413851 |
| | K 值 | — | 2.07 | 2.07 | 2.07 | 2.07 | 2.07 |
| | 其他费用 | 元 | 19.700 | 20.450 | 21.350 | 22.550 | 27.800 |
| | 折旧年限 | 年 | 10 ~ 14 | 10 ~ 14 | 10 ~ 14 | 10 ~ 14 | 10 ~ 14 |
| | 折旧年限计算值 | 年 | 11 | 11 | 11 | 11 | 11 |

| 定 额 编 号 | | | 03041 | 03042 | 03043 | 03044 | 03045 | 03046 |
|---|---|---|---|---|---|---|---|---|
| 项 目 | | | 汽车式起重机 | | | | | |
| | | | 提升质量(t) | | | | | |
| | | | 60 | 70 | 75 | 80 | 90 | 100 |
| 机 型 | | | 大 | 大 | 大 | 大 | 大 | 大 |
| 费用名称 | | 单位 | 费用构成 | | | | | |
| 基础数据 | 预算价格 | 元 | 1939655 | 2258190 | 2383362 | 2916897 | 3418534 | 3794138 |
| | 残值率 | % | 5 | 5 | 5 | 5 | 5 | 5 |
| | 年工作台班 | 台班 | 200 | 200 | 200 | 200 | 200 | 200 |
| | 耐用总台班 | 台班 | 2250 | 2250 | 2250 | 2250 | 2250 | 2250 |
| | 检修次数 | 次 | 2 | 2 | 2 | 2 | 2 | 2 |
| | 一次检修费 | 元 | 514683 | 528628 | 557937 | 682823 | 800265 | 888190 |
| | K 值 | — | 2. 07 | 2. 07 | 2. 07 | 2. 07 | 2. 07 | 2. 07 |
| | 其他费用 | 元 | 27. 950 | 32. 750 | 37. 250 | 37. 550 | 37. 850 | 38. 150 |
| | 折旧年限 | 年 | 10 ~ 14 | 10 ~ 14 | 10 ~ 14 | 10 ~ 14 | 10 ~ 14 | 10 ~ 14 |
| | 折旧年限计算值 | 年 | 11 | 11 | 11 | 11 | 11 | 11 |

| 定额编号 | | | 03047 | 03048 | 03049 | 03050 | 03051 | 03052 | 03053 | 03054 |
|---|---|---|---|---|---|---|---|---|---|---|
| 项目 | | | 汽车式起重机 | | | | | | | |
| | | | 提升质量(t) | | | | | | | |
| | | | 110 | 120 | 125 | 150 | 160 | 200 | 260 | 500 |
| 机型 | | | 大 | 大 | 大 | 大 | 大 | 大 | 特 | 特 |
| 费用名称 | | 单位 | 费用构成 | | | | | | | |
| 基础数据 | 预算价格 | 元 | 5798190 | 6792672 | 7059052 | 7316552 | 7680603 | 8644052 | 11637931 | 17068966 |
| | 残值率 | % | 5 | 5 | 5 | 5 | 5 | 5 | 5 | 5 |
| | 年工作台班 | 台班 | 200 | 200 | 200 | 200 | 200 | 200 | 200 | 200 |
| | 耐用总台班 | 台班 | 2250 | 2250 | 2250 | 2250 | 2250 | 2250 | 2250 | 2250 |
| | 检修次数 | 次 | 2 | 2 | 2 | 2 | 2 | 2 | 2 | 2 |
| | 一次检修费 | 元 | 1357332 | 1590136 | 1652494 | 1712774 | 1797997 | 2023526 | 2023526 | 2023526 |
| | K值 | — | 2.07 | 2.07 | 2.07 | 2.07 | 2.07 | 2.07 | 2.07 | 2.07 |
| | 其他费用 | 元 | 38.300 | 38.450 | 38.600 | 38.750 | 38.900 | 39.800 | 41.300 | 48.800 |
| | 折旧年限 | 年 | 10~14 | 10~14 | 10~14 | 10~14 | 10~14 | 10~14 | 10~14 | 10~14 |
| | 折旧年限计算值 | 年 | 11 | 11 | 11 | 11 | 11 | 11 | 11 | 11 |

| 定额编号 | | | 03055 | 03056 | 03057 | 03058 | 03059 | 03060 | 03061 |
|---|---|---|---|---|---|---|---|---|---|
| 项目 | | | 门式起重机 | | | | | | |
| | | | 提升质量(t) | | | | | | |
| | | | 5 | 10 | 20 | 30 | 40 | 50 | 75 |
| 机型 | | | 中 | 中 | 大 | 大 | 大 | 大 | 大 |
| 费用名称 | | 单位 | 费用构成 | | | | | | |
| 基础数据 | 预算价格 | 元 | 84741 | 201897 | 301724 | 482759 | 760345 | 1229310 | 1638276 |
| | 残值率 | % | 5 | 5 | 5 | 5 | 5 | 5 | 5 |
| | 年工作台班 | 台班 | 230 | 230 | 230 | 230 | 230 | 230 | 230 |
| | 耐用总台班 | 台班 | 2700 | 2700 | 2700 | 2700 | 2700 | 2700 | 2700 |
| | 检修次数 | 次 | 2 | 2 | 2 | 2 | 2 | 2 | 2 |
| | 一次检修费 | 元 | 5678 | 13539 | 29138 | 40930 | 50973 | 82407 | 109826 |
| | K值 | — | 2.72 | 2.72 | 1.38 | 1.38 | 1.38 | 1.38 | 1.38 |
| | 折旧年限 | 年 | 10～14 | 10～14 | 10～14 | 10～14 | 10～14 | 10～14 | 10～14 |
| | 折旧年限计算值 | 年 | 12 | 12 | 12 | 12 | 12 | 12 | 12 |

| 定额编号 | | | 03062 | 03063 | 03064 | 03065 | 03066 | 03067 |
|---|---|---|---|---|---|---|---|---|
| 项目 | | | 叉式起重机 | | | | | |
| | | | 提升质量(t) | | | | | |
| | | | 3 | 5 | 6 | 10 | 16 | 20 |
| 机型 | | | 中 | 中 | 中 | 大 | 大 | 大 |
| 费用名称 | | 单位 | 费用构成 | | | | | |
| 基础数据 | 预算价格 | 元 | 96379 | 120603 | 147069 | 273103 | 341897 | 419569 |
| | 残值率 | % | 5 | 5 | 5 | 5 | 5 | 5 |
| | 年工作台班 | 台班 | 180 | 180 | 180 | 180 | 180 | 180 |
| | 耐用总台班 | 台班 | 2100 | 2100 | 2100 | 2100 | 2100 | 2100 |
| | 检修次数 | 次 | 2 | 2 | 2 | 2 | 2 | 2 |
| | 一次检修费 | 元 | 15070 | 18859 | 22997 | 42725 | 53477 | 65627 |
| | K值 | — | 3.47 | 3.47 | 3.47 | 5.10 | 5.10 | 5.10 |
| | 折旧年限 | 年 | 10~14 | 10~14 | 10~14 | 10~14 | 10~14 | 10~14 |
| | 折旧年限计算值 | 年 | 12 | 12 | 12 | 12 | 12 | 12 |

| 定额编号 | | | 03068 | 03069 | 03070 | 03071 | 03072 |
|---|---|---|---|---|---|---|---|
| 项目 | | | 自升式塔式起重机 | | | | |
| | | | 起重力矩(kN·m) | | | | |
| | | | 400 | 600 | 800 | 1000 | 1250 |
| 机型 | | | 大 | 大 | 大 | 大 | 大 |
| 费用名称 | | 单位 | 费用构成 | | | | |
| 基础数据 | 预算价格 | 元 | 370690 | 419138 | 431034 | 733362 | 758793 |
| | 残值率 | % | 5 | 5 | 5 | 5 | 5 |
| | 年工作台班 | 台班 | 250 | 250 | 250 | 250 | 250 |
| | 耐用总台班 | 台班 | 3500 | 3500 | 3500 | 3500 | 3500 |
| | 检修次数 | 次 | 2 | 2 | 2 | 2 | 2 |
| | 一次检修费 | 元 | 41374 | 46825 | 58135 | 81935 | 84779 |
| | K值 | — | 2.10 | 2.10 | 2.10 | 2.10 | 2.10 |
| | 折旧年限 | 年 | 10~14 | 10~14 | 10~14 | 10~14 | 10~14 |
| | 折旧年限计算值 | 年 | 14 | 14 | 14 | 14 | 14 |

| 定额编号 | | | 03073 | 03074 | 03075 | 03076 | 03077 | 03078 |
|---|---|---|---|---|---|---|---|---|
| 项目 | | | 自升式塔式起重机 | | | | | |
| | | | 起重力矩(kN·m) | | | | | |
| | | | 1500 | 2000 | 2500 | 3000 | 4500 | 5000 |
| 机型 | | | 大 | 大 | 大 | 特 | 特 | 特 |
| 费用名称 | | 单位 | 费用构成 | | | | | |
| 基础数据 | 预算价格 | 元 | 810345 | 974138 | 1137931 | 1393793 | 2109224 | 2456897 |
| | 残值率 | % | 5 | 5 | 5 | 5 | 5 | 5 |
| | 年工作台班 | 台班 | 250 | 250 | 250 | 250 | 250 | 250 |
| | 耐用总台班 | 台班 | 3500 | 3500 | 3500 | 3500 | 3500 | 3500 |
| | 检修次数 | 次 | 2 | 2 | 2 | 2 | 2 | 2 |
| | 一次检修费 | 元 | 96873 | 133777 | 133777 | 155726 | 235658 | 468254 |
| | K值 | — | 2. 10 | 2. 10 | 2. 10 | 2. 10 | 2. 10 | 2. 10 |
| | 折旧年限 | 年 | 10～14 | 10～14 | 10～14 | 10～14 | 10～14 | 10～14 |
| | 折旧年限计算值 | 年 | 14 | 14 | 14 | 14 | 14 | 14 |

| 定 额 编 号 | | | 03079 | 03080 |
|---|---|---|---|---|
| 项 目 | | | 电动单梁起重机 | |
| | | | 提升质量(t) | |
| | | | 5 | 10 |
| 机 型 | | | 中 | 中 |
| 费 用 名 称 | | 单位 | 费 用 构 成 | |
| 基础数据 | 预算价格 | 元 | 45690 | 64655 |
| | 残值率 | % | 5 | 5 |
| | 年工作台班 | 台班 | 240 | 240 |
| | 耐用总台班 | 台班 | 2400 | 2400 |
| | 检修次数 | 次 | 1 | 1 |
| | 一次检修费 | 元 | 10043 | 17413 |
| | K 值 | — | 2. 17 | 2. 17 |
| | 折旧年限 | 年 | 10 ~ 14 | 10 ~ 14 |
| | 折旧年限计算值 | 年 | 10 | 10 |

| 定额编号 | | | 03081 | 03082 | 03083 | 03084 | 03085 | 03086 | 03087 | 03088 | 03089 |
|---|---|---|---|---|---|---|---|---|---|---|---|
| 项目 | | | 桥式起重机 | | | | | | | | |
| | | | 提升质量(t) | | | | | | | | |
| | | | 5 | 10 | 15 | 20 | 30 | 50 | 75 | 100 | 150 |
| 机型 | | | 中 | 大 | 大 | 大 | 大 | 大 | 大 | 大 | 大 |
| 费用名称 | | 单位 | 费用构成 | | | | | | | | |
| 基础数据 | 预算价格 | 元 | 146207 | 179483 | 216810 | 411121 | 554052 | 795948 | 1111724 | 1559569 | 1708879 |
| | 残值率 | % | 5 | 5 | 5 | 5 | 5 | 5 | 5 | 5 | 5 |
| | 年工作台班 | 台班 | 240 | 240 | 240 | 240 | 240 | 240 | 240 | 240 | 240 |
| | 耐用总台班 | 台班 | 2400 | 2400 | 2400 | 2400 | 2400 | 2400 | 2400 | 2400 | 2400 |
| | 检修次数 | 次 | 1 | 1 | 1 | 1 | 1 | 1 | 1 | 1 | 1 |
| | 一次检修费 | 元 | 14711 | 21807 | 21807 | 22969 | 30952 | 44463 | 59269 | 87122 | 95465 |
| | K值 | — | 2.17 | 2.17 | 2.17 | 2.17 | 2.17 | 2.17 | 2.17 | 2.17 | 2.17 |
| | 折旧年限 | 年 | 10～14 | 10～14 | 10～14 | 10～14 | 10～14 | 10～14 | 10～14 | 10～14 | 10～14 |
| | 折旧年限计算值 | 年 | 10 | 10 | 10 | 10 | 10 | 10 | 10 | 10 | 10 |

| 定额编号 | | | 03090 | 03091 | 03092 | 03093 | 03094 | 03095 | 03096 | 03097 | 03098 | 03099 |
|---|---|---|---|---|---|---|---|---|---|---|---|---|
| 项目 | | | 桅杆式起重机 | | | | 抓管机 | | | 吊管机 | | |
| | | | 提升质量(t) | | | | 功率(kW) | | | | | |
| | | | 5 | 10 | 15 | 40 | 80 | 120 | 160 | 75 | 165 | 240 |
| 机型 | | | 中 | 中 | 中 | 大 | 大 | 大 | 大 | 大 | 大 | 大 |
| 费用名称 | | 单位 | 费用构成 | | | | | | | | | |
| 基础数据 | 预算价格 | 元 | 86207 | 103448 | 129310 | 172414 | 130948 | 314483 | 360948 | 136034 | 442328 | 641983 |
| | 残值率 | % | 5 | 5 | 5 | 5 | 5 | 5 | 5 | 5 | 5 | 5 |
| | 年工作台班 | 台班 | 200 | 200 | 200 | 200 | 170 | 170 | 170 | 170 | 170 | 170 |
| | 耐用总台班 | 台班 | 2700 | 2700 | 2700 | 2700 | 2250 | 2250 | 2250 | 2250 | 2250 | 2250 |
| | 检修次数 | 次 | 2 | 2 | 2 | 2 | 2 | 2 | 2 | 2 | 2 | 2 |
| | 一次检修费 | 元 | 5678 | 7237 | 8919 | 11839 | 21948 | 52712 | 60488 | 22799 | 74140 | 107587 |
| | 一次安拆费及场外运费 | 元 | 1427 | 1427 | 1427 | 4013 | — | — | — | — | — | — |
| | 年平均安拆次数 | 次 | 4 | 4 | 4 | 4 | — | — | — | — | — | — |
| | K值 | — | 4. 20 | 4. 20 | 4. 20 | 4. 20 | 2. 70 | 2. 70 | 2. 70 | 2. 70 | 2. 70 | 2. 70 |
| | 折旧年限 | 年 | 10 ~ 14 | 10 ~ 14 | 10 ~ 14 | 10 ~ 14 | 10 ~ 14 | 10 ~ 14 | 10 ~ 14 | 10 ~ 14 | 10 ~ 14 | 10 ~ 14 |
| | 折旧年限计算值 | 年 | 14 | 14 | 14 | 14 | 13 | 13 | 13 | 13 | 13 | 13 |

| 定额编号 | | | 03100 | 03101 | 03102 | 03103 | 03104 |
|---|---|---|---|---|---|---|---|
| 项目 | | | 门座吊 | | 架桥机 | | 少先吊 |
| | | | 提升质量(t) | | | | |
| | | | 30 | 60 | 130 | 160 | 1 |
| 机型 | | | 大 | 大 | 大 | 大 | 大 |
| 费用名称 | | 单位 | 费用构成 | | | | |
| 基础数据 | 预算价格 | 元 | 668621 | 1411810 | 1087241 | 1583793 | 8448 |
| | 残值率 | % | 5 | 5 | 5 | 5 | 5 |
| | 年工作台班 | 台班 | 200 | 200 | 200 | 200 | 200 |
| | 耐用总台班 | 台班 | 2700 | 2700 | 2700 | 2700 | 2000 |
| | 检修次数 | 次 | 2 | 2 | 2 | 2 | 1 |
| | 一次检修费 | 元 | 37349 | 78864 | 60743 | 88473 | 850 |
| | 一次安拆费及场外运费 | 元 | — | — | — | — | 478 |
| | 年平均安拆次数 | 次 | — | — | — | — | 4 |
| | K值 | — | 2.26 | 2.26 | 2.38 | 2.38 | 8.14 |
| | 折旧年限 | 年 | 10~14 | 10~14 | 10~14 | 10~14 | 10~14 |
| | 折旧年限计算值 | 年 | 14 | 14 | 14 | 14 | 10 |

| 定额编号 | | | 03105 | 03106 | 03107 | 03108 | 03109 | 03110 |
|---|---|---|---|---|---|---|---|---|
| 项目 | | | 立式油压千斤顶 | | | | 分离式油压千斤顶 | |
| | | | 起重量(t) | | | | | |
| | | | 100 | 200 | 300 | 500 | 10 | 50 |
| 机型 | | | 小 | 小 | 小 | 中 | 小 | 小 |
| 费用名称 | | 单位 | 费用构成 | | | | | |
| 基础数据 | 预算价格 | 元 | 2414 | 3190 | 6466 | 7759 | 103 | 259 |
| | 残值率 | % | 5 | 5 | 5 | 5 | 5 | 5 |
| | 年工作台班 | 台班 | 130 | 130 | 130 | 130 | 130 | 130 |
| | 耐用总台班 | 台班 | 1560 | 1560 | 1560 | 1560 | 1560 | 1560 |
| | 检修次数 | 次 | 2 | 2 | 2 | 2 | 2 | 2 |
| | 一次检修费 | 元 | 661 | 907 | 1795 | 1795 | 661 | 661 |
| | 一次安拆费及场外运费 | 元 | 211 | 211 | 211 | 211 | 211 | 211 |
| | 年平均安拆次数 | 次 | 4 | 4 | 4 | 4 | 4 | 4 |
| | K 值 | — | 1.66 | 1.66 | 1.66 | 1.66 | 1.66 | 1.66 |
| | 折旧年限 | 年 | 10 ~ 14 | 10 ~ 14 | 10 ~ 14 | 10 ~ 14 | 10 ~ 14 | 10 ~ 14 |
| | 折旧年限计算值 | 年 | 12 | 12 | 12 | 12 | 12 | 12 |

# 四、水平运输机械

| 定额编号 | | | 04001 | 04002 | 04003 | 04004 | 04005 | 04006 |
|---|---|---|---|---|---|---|---|---|
| 项目 | | | 载货汽车 | | | | | |
| | | | 装载质量(t) | | | | | |
| | | | 2 | 3 | 4 | 5 | 6 | 8 |
| 机型 | | | 中 | 中 | 中 | 中 | 中 | 大 |
| 费用名称 | | 单位 | 费用构成 | | | | | |
| 基础数据 | 预算价格 | 元 | 38793 | 43103 | 56897 | 60345 | 67241 | 81897 |
| | 残值率 | % | 5 | 5 | 5 | 5 | 5 | 5 |
| | 年工作台班 | 台班 | 240 | 240 | 240 | 240 | 240 | 240 |
| | 耐用总台班 | 台班 | 1900 | 1900 | 1900 | 1900 | 1900 | 1900 |
| | 检修次数 | 次 | 1 | 1 | 1 | 1 | 1 | 1 |
| | 一次检修费 | 元 | 8246 | 9173 | 12115 | 12822 | 14282 | 17414 |
| | K值 | — | 5.61 | 5.61 | 5.61 | 5.61 | 5.61 | 3.93 |
| | 其他费用 | 元 | 7.170 | 7.420 | 7.670 | 8.670 | 8.920 | 9.420 |
| | 折旧年限 | 年 | 6～12 | 6～12 | 6～12 | 6～12 | 6～12 | 6～12 |
| | 折旧年限计算值 | 年 | 8 | 8 | 8 | 8 | 8 | 8 |

| 定 额 编 号 | | | 04007 | 04008 | 04009 | 04010 | 04011 | 04012 |
|---|---|---|---|---|---|---|---|---|
| 项 目 | | | 载货汽车 | | | | | |
| | | | 装载质量(t) | | | | | |
| | | | 10 | 12 | 15 | 18 | 20 | 25 |
| 机 型 | | | 大 | 大 | 大 | 中 | 中 | 中 |
| 费用名称 | | 单位 | 费用构成 | | | | | |
| 基础数据 | 预算价格 | 元 | 118966 | 193966 | 205172 | 245690 | 263793 | 275862 |
| | 残值率 | % | 5 | 5 | 5 | 5 | 5 | 5 |
| | 年工作台班 | 台班 | 240 | 240 | 240 | 240 | 240 | 240 |
| | 耐用总台班 | 台班 | 1900 | 1900 | 1900 | 1900 | 1900 | 1900 |
| | 检修次数 | 次 | 1 | 1 | 1 | 1 | 1 | 1 |
| | 一次检修费 | 元 | 25294 | 41206 | 43590 | 52178 | 56034 | 58597 |
| | K 值 | — | 3. 93 | 3. 93 | 3. 93 | 3. 93 | 3. 93 | 3. 93 |
| | 其他费用 | 元 | 12. 290 | 12. 790 | 13. 540 | 14. 290 | 14. 790 | 15. 240 |
| | 折旧年限 | 年 | 6 ~ 12 | 6 ~ 12 | 6 ~ 12 | 6 ~ 12 | 6 ~ 12 | 6 ~ 12 |
| | 折旧年限计算值 | 年 | 8 | 8 | 8 | 8 | 8 | 8 |

| 定额编号 | | | 04013 | 04014 | 04015 | 04016 | 04017 | 04018 | 04019 | 04020 |
|---|---|---|---|---|---|---|---|---|---|---|
| 项目 | | | 自卸汽车 | | | | | | | |
| | | | 装载质量(t) | | | | | | | |
| | | | 2 | 5 | 8 | 10 | 12 | 15 | 18 | 20 |
| 机型 | | | 中 | 中 | 大 | 大 | 大 | 大 | 大 | 大 |
| 费用名称 | | 单位 | 费用构成 | | | | | | | |
| 基础数据 | 预算价格 | 元 | 64655 | 101810 | 151724 | 200000 | 202586 | 229310 | 275862 | 314655 |
| | 残值率 | % | 5 | 5 | 5 | 5 | 5 | 5 | 5 | 5 |
| | 年工作台班 | 台班 | 220 | 220 | 220 | 220 | 220 | 220 | 220 | 220 |
| | 耐用总台班 | 台班 | 1650 | 1650 | 1650 | 1650 | 1650 | 1650 | 1650 | 1650 |
| | 检修次数 | 次 | 1 | 1 | 1 | 1 | 1 | 1 | 1 | 1 |
| | 一次检修费 | 元 | 11590 | 18245 | 27159 | 35773 | 36230 | 41050 | 49323 | 56296 |
| | K值 | — | 4. 44 | 4. 44 | 3. 34 | 3. 34 | 3. 34 | 3. 34 | 3. 34 | 3. 34 |
| | 其他费用 | 元 | 7. 820 | 10. 270 | 13. 950 | 14. 770 | 15. 590 | 14. 770 | 15. 590 | 16. 140 |
| | 折旧年限 | 年 | 6 ~ 12 | 6 ~ 12 | 6 ~ 12 | 6 ~ 12 | 6 ~ 12 | 6 ~ 12 | 6 ~ 12 | 6 ~ 12 |
| | 折旧年限计算值 | 年 | 8 | 8 | 8 | 8 | 8 | 8 | 8 | 8 |

| 定额编号 | | | 04021 | 04022 | 04023 | 04024 | 04025 | 04026 | 04027 | 04028 | 04029 |
|---|---|---|---|---|---|---|---|---|---|---|---|
| 项目 | | | 平板拖车组 | | | | | | | | |
| | | | 装载质量(t) | | | | | | | | |
| | | | 8 | 10 | 15 | 20 | 30 | 40 | 50 | 60 | 80 |
| 机型 | | | 大 | 大 | 大 | 大 | 大 | 大 | 大 | 大 | 大 |
| 费用名称 | | 单位 | 费用构成 | | | | | | | | |
| 基础数据 | 预算价格 | 元 | 151379 | 162931 | 189655 | 256897 | 331897 | 394828 | 478448 | 525862 | 603448 |
| | 残值率 | % | 5 | 5 | 5 | 5 | 5 | 5 | 5 | 5 | 5 |
| | 年工作台班 | 台班 | 175 | 175 | 175 | 175 | 175 | 175 | 175 | 175 | 175 |
| | 耐用总台班 | 台班 | 1500 | 1500 | 1500 | 1500 | 1500 | 1500 | 1500 | 1500 | 1500 |
| | 检修次数 | 次 | 1 | 1 | 1 | 1 | 1 | 1 | 1 | 1 | 1 |
| | 一次检修费 | 元 | 23989 | 25822 | 29728 | 40230 | 51942 | 61781 | 74874 | 82266 | 94610 |
| | K值 | — | 4.73 | 4.73 | 4.73 | 4.73 | 4.73 | 4.73 | 4.73 | 4.73 | 4.73 |
| | 其他费用 | 元 | 12.230 | 12.910 | 17.030 | 18.230 | 20.630 | 23.030 | 82.740 | 88.910 | 90.400 |
| | 折旧年限 | 年 | 6~12 | 6~12 | 6~12 | 6~12 | 6~12 | 6~12 | 6~12 | 6~12 | 6~12 |
| | 折旧年限计算值 | 年 | 9 | 9 | 9 | 9 | 9 | 9 | 9 | 9 | 9 |

| 定额编号 | | | 04030 | 04031 | 04032 | 04033 |
|---|---|---|---|---|---|---|
| 项目 | | | 长材运输车 | | | |
| | | | 装载质量(t) | | | |
| | | | 9 | 12 | 15 | 20 |
| 机型 | | | 大 | 大 | 大 | 大 |
| 费用名称 | | 单位 | 费用构成 | | | |
| 基础数据 | 预算价格 | 元 | 188966 | 264397 | 315776 | 364483 |
| | 残值率 | % | 5 | 5 | 5 | 5 |
| | 年工作台班 | 台班 | 185 | 185 | 185 | 185 |
| | 耐用总台班 | 台班 | 1500 | 1500 | 1500 | 1500 |
| | 检修次数 | 次 | 1 | 1 | 1 | 1 |
| | 一次检修费 | 元 | 16912 | 23649 | 28241 | 32143 |
| | K值 | — | 5.77 | 5.77 | 5.77 | 5.77 |
| | 其他费用 | 元 | 12.540 | 16.590 | 17.570 | 19.190 |
| | 折旧年限 | 年 | 6~12 | 6~12 | 6~12 | 6~12 |
| | 折旧年限计算值 | 年 | 8 | 8 | 8 | 8 |

| 定额编号 | | | 04034 | 04035 | 04036 | 04037 | 04038 | 04039 | 04040 |
|---|---|---|---|---|---|---|---|---|---|
| 项目 | | | 机动翻斗车 | | 轨道平车 | | | | |
| | | | 装载质量(t) | | | | | | |
| | | | 1 | 1.5 | 5 | 10 | 20 | 30 | 60 |
| 机型 | | | 小 | 小 | 小 | 小 | 小 | 小 | 中 |
| 费用名称 | | 单位 | 费用构成 | | | | | | |
| 基础数据 | 预算价格 | 元 | 17241 | 19828 | 11983 | 66810 | 103017 | 194483 | 340948 |
| | 残值率 | % | 5 | 5 | 5 | 5 | 5 | 5 | 5 |
| | 年工作台班 | 台班 | 250 | 250 | 250 | 250 | 250 | 250 | 250 |
| | 耐用总台班 | 台班 | 1500 | 1500 | 1500 | 1500 | 1500 | 1500 | 1500 |
| | 检修次数 | 次 | 1 | 1 | 1 | 1 | 1 | 1 | 1 |
| | 一次检修费 | 元 | 3985 | 3696 | 1162 | 6463 | 9977 | 18802 | 33022 |
| | 一次安拆费及场外运费 | 元 | 478 | 478 | 1427 | 1427 | 1427 | 1427 | 1427 |
| | 年平均安拆次数 | 次 | 4 | 4 | 4 | 4 | 4 | 4 | 4 |
| | K 值 | — | 3.93 | 3.93 | 3.93 | 3.93 | 3.93 | 3.93 | 3.93 |
| | 其他费用 | 元 | — | — | — | — | — | — | — |
| | 折旧年限 | 年 | 6~12 | 6~12 | 6~12 | 6~12 | 6~12 | 6~12 | 6~12 |
| | 折旧年限计算值 | 年 | 6 | 6 | 6 | 6 | 6 | 6 | 6 |

| 定额编号 | | | 04041 | 04042 | 04043 | 04044 | 04045 | 04046 | 04047 |
|---|---|---|---|---|---|---|---|---|---|
| 项目 | | | 油罐车 | | 洒水车 | | 多功能高压疏通车 | | 泥浆罐车 |
| | | | 罐容量(L) | | | | | | |
| | | | 5000 | 8000 | 4000 | 8000 | 5000 | 8000 | 5000 |
| 机型 | | | 中 | 大 | 中 | 大 | 中 | 中 | 中 |
| 费用名称 | | 单位 | 费用构成 | | | | | | |
| 基础数据 | 预算价格 | 元 | 117241 | 137931 | 101724 | 137931 | 246810 | 328793 | 120690 |
| | 残值率 | % | 5 | 5 | 5 | 5 | 5 | 5 | 5 |
| | 年工作台班 | 台班 | 240 | 240 | 240 | 240 | 240 | 240 | 240 |
| | 耐用总台班 | 台班 | 1900 | 1900 | 1900 | 1900 | 1900 | 1900 | 1900 |
| | 检修次数 | 次 | 1 | 1 | 1 | 1 | 1 | 1 | 1 |
| | 一次检修费 | 元 | 19698 | 23172 | 17042 | 23116 | 41119 | 54771 | 20107 |
| | 一次安拆费及场外运费 | 元 | — | — | — | — | — | — | — |
| | 年平均安拆次数 | 次 | — | — | — | — | — | — | — |
| | K值 | — | 5.09 | 5.09 | 4.29 | 4.29 | 4.29 | 4.29 | 4.29 |
| | 其他费用 | 元 | 17.000 | 17.630 | 10.670 | 10.670 | 10.670 | 10.670 | 16.000 |
| | 折旧年限 | 年 | 6~12 | 6~12 | 6~12 | 6~12 | 6~12 | 6~12 | 6~12 |
| | 折旧年限计算值 | 年 | 8 | 8 | 8 | 8 | 8 | 8 | 8 |

| 定额编号 | | | 04048 | 04049 | 04050 | 04051 | 04052 | 04053 | 04054 |
|---|---|---|---|---|---|---|---|---|---|
| 项目 | | | 散装水泥车 | | | | | 吸污车 | |
| | | | 装载质量(t) | | | | | | |
| | | | 7 | 10 | 15 | 20 | 26 | 4 | 6 |
| 机型 | | | 大 | 大 | 大 | 大 | 大 | 中 | 中 |
| 费用名称 | | 单位 | 费用构成 | | | | | | |
| 基础数据 | 预算价格 | 元 | 129310 | 155172 | 206897 | 258621 | 301724 | 138621 | 150603 |
| | 残值率 | % | 5 | 5 | 5 | 5 | 5 | 5 | 5 |
| | 年工作台班 | 台班 | 200 | 200 | 200 | 200 | 200 | 240 | 240 |
| | 耐用总台班 | 台班 | 1875 | 1875 | 1875 | 1875 | 1875 | 1900 | 1900 |
| | 检修次数 | 次 | 1 | 1 | 1 | 1 | 1 | 1 | 1 |
| | 一次检修费 | 元 | 19952 | 23946 | 34414 | 39909 | 46616 | 23054 | 25066 |
| | 一次安拆费及场外运费 | 元 | — | — | — | — | — | — | — |
| | 年平均安拆次数 | 次 | — | — | — | — | — | — | — |
| | K 值 | — | 3. 13 | 3. 13 | 3. 13 | 3. 13 | 3. 13 | 4. 29 | 4. 29 |
| | 其他费用 | 元 | 14. 900 | 15. 800 | 17. 300 | 18. 800 | 19. 700 | 11. 670 | 12. 170 |
| | 折旧年限 | 年 | 8 ~ 10 | 8 ~ 10 | 8 ~ 10 | 8 ~ 10 | 8 ~ 10 | 6 ~ 12 | 6 ~ 12 |
| | 折旧年限计算值 | 年 | 9 | 9 | 9 | 9 | 9 | 8 | 8 |

| 定额编号 | | | 04055 | 04056 | 04057 | 04058 | 04059 | 04060 | 04061 | 04062 | 04063 | 04064 |
|---|---|---|---|---|---|---|---|---|---|---|---|---|
| 项目 | | | 吸污车 | | 电瓶车 | | | | | | | 托盘车 |
| | | | 装载质量(t) | | 牵引质量(t) | | | | | | | 装载质量(t) |
| | | | 8 | 10 | 2.5 | 5 | 7 | 8 | 10 | 12 | 25 | 8 |
| 机型 | | | 中 | 中 | 小 | 小 | 小 | 小 | 小 | 小 | 小 | 小 |
| 费用名称 | | 单位 | 费用构成 | | | | | | | | | |
| 基础数据 | 预算价格 | 元 | 157241 | 163362 | 30172 | 44828 | 56034 | 60345 | 68966 | 86207 | 163793 | 161810 |
| | 残值率 | % | 5 | 5 | 5 | 5 | 5 | 5 | 5 | 5 | 5 | 5 |
| | 年工作台班 | 台班 | 240 | 240 | 180 | 180 | 180 | 180 | 180 | 180 | 180 | 240 |
| | 耐用总台班 | 台班 | 1900 | 1900 | 1620 | 1620 | 1620 | 1620 | 1620 | 1620 | 1620 | 1900 |
| | 检修次数 | 次 | 1 | 1 | 1 | 1 | 1 | 1 | 1 | 1 | 1 | 1 |
| | 一次检修费 | 元 | 26172 | 27211 | 2700 | 4008 | 5012 | 5392 | 6164 | 7704 | 14638 | 26927 |
| | 一次安拆费及场外运费 | 元 | — | — | 817 | 1427 | 1427 | 1427 | 1427 | 1427 | 1427 | — |
| | 年平均安拆次数 | 次 | — | — | 4 | 4 | 4 | 4 | 4 | 4 | 4 | — |
| | K值 | — | 4.29 | 4.29 | 1.59 | 2.19 | 2.19 | 2.19 | 2.19 | 2.19 | 2.19 | 4.29 |
| | 其他费用 | 元 | 12.670 | 13.170 | — | — | — | — | — | — | — | 9.420 |
| | 折旧年限 | 年 | 6~12 | 6~12 | 8~10 | 8~10 | 8~10 | 8~10 | 8~10 | 8~10 | 8~10 | 6~12 |
| | 折旧年限计算值 | 年 | 8 | 8 | 9 | 9 | 9 | 9 | 9 | 9 | 9 | 8 |

# 五、垂直运输机械

| 定 额 编 号 | | | 05001 | 05002 | 05003 | 05004 | 05005 | 05006 | 05007 | 05008 |
|---|---|---|---|---|---|---|---|---|---|---|
| 项 目 | | | 电动卷扬机 | | | | | | | |
| | | | 单筒快速 | | | | 双筒快速 | | | 单筒慢速 |
| | | | 牵引力(kN) | | | | | | | |
| | | | 5 | 10 | 15 | 20 | 10 | 30 | 50 | 10 |
| 机 型 | | | 小 | 小 | 小 | 小 | 小 | 小 | 小 | 小 |
| 费 用 名 称 | | 单位 | 费 用 构 成 | | | | | | | |
| 基础数据 | 预算价格 | 元 | 1724 | 2586 | 4310 | 5259 | 6897 | 17241 | 25862 | 4310 |
| | 残值率 | % | 5 | 5 | 5 | 5 | 5 | 5 | 5 | 5 |
| | 年工作台班 | 台班 | 210 | 210 | 210 | 210 | 210 | 210 | 210 | 210 |
| | 耐用总台班 | 台班 | 2100 | 2100 | 2100 | 2100 | 2100 | 2100 | 2100 | 2100 |
| | 检修次数 | 次 | 2 | 2 | 2 | 2 | 2 | 2 | 2 | 2 |
| | 一次检修费 | 元 | 358 | 558 | 913 | 1117 | 924 | 2314 | 3468 | 724 |
| | 一次安拆费及场外运费 | 元 | 478 | 478 | 478 | 478 | 478 | 478 | 478 | 478 |
| | 年平均安拆次数 | 次 | 4 | 4 | 4 | 4 | 4 | 4 | 4 | 4 |
| | K 值 | — | 2. 67 | 2. 67 | 2. 67 | 2. 67 | 2. 67 | 2. 67 | 2. 67 | 2. 67 |
| | 折旧年限 | 年 | 8 ~ 10 | 8 ~ 10 | 8 ~ 10 | 8 ~ 10 | 8 ~ 10 | 8 ~ 10 | 8 ~ 10 | 8 ~ 10 |
| | 折旧年限计算值 | 年 | 10 | 10 | 10 | 10 | 10 | 10 | 10 | 10 |

| 定额编号 | | | 05009 | 05010 | 05011 | 05012 | 05013 | 05014 | 05015 | 05016 | 05017 | 05018 |
|---|---|---|---|---|---|---|---|---|---|---|---|---|
| 项目 | | | 电动卷扬机 | | | | | | | | | |
| | | | 单筒慢速 | | | | | | 双筒慢速 | | | |
| | | | 牵引力(kN) | | | | | | | | | |
| | | | 30 | 50 | 80 | 100 | 200 | 300 | 30 | 50 | 80 | 100 |
| 机型 | | | 小 | 小 | 小 | 中 | 中 | 中 | 小 | 小 | 小 | 中 |
| 费用名称 | | 单位 | 费用构成 | | | | | | | | | |
| 基础数据 | 预算价格 | 元 | 8621 | 15517 | 26724 | 32586 | 119828 | 220690 | 38793 | 53448 | 77586 | 103448 |
| | 残值率 | % | 5 | 5 | 5 | 5 | 5 | 5 | 5 | 5 | 5 | 5 |
| | 年工作台班 | 台班 | 210 | 210 | 210 | 210 | 210 | 210 | 210 | 210 | 210 | 210 |
| | 耐用总台班 | 台班 | 2100 | 2100 | 2100 | 2100 | 2100 | 2100 | 2100 | 2100 | 2100 | 2100 |
| | 检修次数 | 次 | 2 | 2 | 2 | 2 | 2 | 2 | 2 | 2 | 2 | 2 |
| | 一次检修费 | 元 | 1440 | 2591 | 4474 | 5463 | 20084 | 36988 | 4345 | 4127 | 6146 | 7165 |
| | 一次安拆费及场外运费 | 元 | 478 | 478 | 478 | 478 | 1427 | 1427 | 478 | 478 | 478 | 478 |
| | 年平均安拆次数 | 次 | 4 | 4 | 4 | 4 | 4 | 4 | 4 | 4 | 4 | 4 |
| | K值 | — | 2.67 | 2.67 | 2.67 | 2.67 | 2.67 | 2.67 | 2.79 | 2.79 | 7.44 | 7.44 |
| | 折旧年限 | 年 | 8~10 | 8~10 | 8~10 | 8~10 | 8~10 | 8~10 | 8~10 | 8~10 | 8~10 | 8~10 |
| | 折旧年限计算值 | 年 | 10 | 10 | 10 | 10 | 10 | 10 | 10 | 10 | 10 | 10 |

| 定 额 编 号 | | | 05019 | 05020 | 05021 | 05022 | 05023 | 05024 |
|---|---|---|---|---|---|---|---|---|
| 项 目 | | | 卷扬机井架 | 单笼施工电梯 | 双笼施工电梯 | | | |
| | | | 架高(m) | 提升质量(t) | | | | |
| | | | 30 | 1 | 2×1 | | | |
| | | | | 提升高度(m) | | | | |
| | | | | 75 | 50 | 100 | 130 | 200 |
| 机 型 | | | 中 | 中 | 中 | 中 | 大 | 大 |
| 费用名称 | | 单位 | 费用构成 | | | | | |
| 基础数据 | 预算价格 | 元 | 2638 | 159483 | 198276 | 232759 | 258621 | 310345 |
| | 残值率 | % | 5 | 5 | 5 | 5 | 5 | 5 |
| | 年工作台班 | 台班 | 210 | 240 | 240 | 240 | 240 | 240 |
| | 耐用总台班 | 台班 | 2100 | 2850 | 2850 | 2850 | 2850 | 2850 |
| | 检修次数 | 次 | 2 | 2 | 2 | 2 | 2 | 2 |
| | 一次检修费 | 元 | 560 | 24940 | 31012 | 36411 | 40446 | 48551 |
| | 一次安拆费及场外运费 | 元 | 478 | — | — | — | — | — |
| | 年平均安拆次数 | 次 | 4 | — | — | — | — | — |
| | K值 | — | 2.79 | 2.00 | 2.00 | 2.00 | 2.00 | 2.00 |
| | 折旧年限 | 年 | 10~14 | 10~14 | 10~14 | 10~14 | 10~14 | 10~14 |
| | 折旧年限计算值 | 年 | 12 | 12 | 12 | 12 | 12 | 12 |

| 定额编号 | | | 05025 | 05026 | 05027 | 05028 | 05029 | 05030 | 05031 | 05032 | 05033 |
|---|---|---|---|---|---|---|---|---|---|---|---|
| 项目 | | | 电动吊篮 | | | 电动葫芦 | | | | | |
| | | | 提升质量(t) | | | 单速 | | | 双速 | | |
| | | | | | | 提升质量(t) | | | | | |
| | | | 0.5 | 0.63 | 0.8 | 2 | 3 | 5 | 10 | 20 | 30 |
| 机型 | | | 小 | 小 | 小 | 小 | 小 | 小 | 小 | 小 | 小 |
| 费用名称 | | 单位 | 费用构成 | | | | | | | | |
| 基础数据 | 预算价格 | 元 | 8190 | 10345 | 13793 | 3879 | 5000 | 6897 | 17672 | 43103 | 47414 |
| | 残值率 | % | 5 | 5 | 5 | 5 | 5 | 5 | 5 | 5 | 5 |
| | 年工作台班 | 台班 | 100 | 100 | 100 | 100 | 100 | 100 | 100 | 100 | 100 |
| | 耐用总台班 | 台班 | 800 | 800 | 800 | 800 | 800 | 800 | 800 | 800 | 800 |
| | 检修次数 | 次 | 1 | 1 | 1 | 1 | 1 | 1 | 1 | 1 | 1 |
| | 一次检修费 | 元 | 1740 | 2200 | 2925 | 826 | 1058 | 1461 | 3754 | 9156 | 10059 |
| | 一次安拆费及场外运费 | 元 | 211 | 211 | 211 | — | — | — | — | — | — |
| | 年平均安拆次数 | 次 | 4 | 4 | 4 | — | — | — | — | — | — |
| | K值 | — | 2.02 | 2.02 | 2.02 | 3.30 | 3.30 | 3.30 | 3.30 | 3.30 | 3.30 |
| | 折旧年限 | 年 | 8~10 | 8~10 | 8~10 | 8~10 | 8~10 | 8~10 | 8~10 | 8~10 | 8~10 |
| | 折旧年限计算值 | 年 | 8 | 8 | 8 | 8 | 8 | 8 | 8 | 8 | 8 |

| 定额编号 | | | 05034 | 05035 | 05036 | 05037 |
|---|---|---|---|---|---|---|
| 项目 | | | 皮带运输机 | | | |
| | | | 带长×带宽(m) | | | |
| | | | 10×0.5 | 15×0.5 | 20×0.5 | 30×0.5 |
| 机型 | | | 小 | 小 | 小 | 小 |
| 费用名称 | | 单位 | 费用构成 | | | |
| 基础数据 | 预算价格 | 元 | 21552 | 30172 | 38793 | 51724 |
| | 残值率 | % | 5 | 5 | 5 | 5 |
| | 年工作台班 | 台班 | 150 | 150 | 150 | 150 |
| | 耐用总台班 | 台班 | 1500 | 1500 | 1500 | 1500 |
| | 检修次数 | 次 | 2 | 2 | 2 | 2 |
| | 一次检修费 | 元 | 4096 | 5725 | 7374 | 9833 |
| | 一次安拆费及场外运费 | 元 | 817 | 817 | 817 | 817 |
| | K值 | | 3.51 | 3.51 | 3.51 | 3.51 |
| | 折旧年限 | 年 | 8~10 | 8~10 | 8~10 | 8~10 |
| | 折旧年限计算值 | 年 | 10 | 10 | 10 | 10 |

| 定额编号 | | | 05038 | 05039 | 05040 | 05041 | 05042 | 05043 | 05044 | 05045 | 05046 |
|---|---|---|---|---|---|---|---|---|---|---|---|
| 项目 | | | 平台作业升降车 | | | | | 汽车式高空作业车 | | 升板设备 | 平台升降车 |
| | | | 提升高度(m) | | | | | | | 提升质量(t) | 提升高度(m) |
| | | | 9 | 16 | 20 | 22 | 44 | 18 | 21 | 60 | 20 |
| 机型 | | | 中 | 中 | 中 | 中 | 中 | 大 | 大 | 中 | 中 |
| 费用名称 | | 单位 | 费用构成 | | | | | | | | |
| 基础数据 | 预算价格 | 元 | 69397 | 111034 | 130517 | 149138 | 173190 | 275862 | 362069 | 164828 | 91379 |
| | 残值率 | % | 5 | 5 | 5 | 5 | 5 | 5 | 5 | 5 | 5 |
| | 年工作台班 | 台班 | 150 | 150 | 150 | 150 | 150 | 150 | 150 | 100 | 216 |
| | 耐用总台班 | 台班 | 1500 | 1500 | 1500 | 1500 | 1500 | 1500 | 1500 | 800 | 2160 |
| | 检修次数 | 次 | 2 | 2 | 2 | 2 | 2 | 2 | 2 | 1 | 2 |
| | 一次检修费 | 元 | 10865 | 17366 | 20418 | 23337 | 27088 | 43152 | 56627 | 25775 | 13382 |
| | 一次安拆费及场外运费 | 元 | 1427 | 1427 | 1427 | 1427 | 1427 | — | — | 478 | 176 |
| | 年平均安拆次数 | 次 | 4 | 4 | 4 | 4 | 4 | — | — | 4 | 4 |
| | K值 | — | 1.40 | 1.40 | 1.40 | 1.40 | 1.40 | 1.40 | 1.40 | 2.62 | 1.40 |
| | 折旧年限 | 年 | 8~10 | 8~10 | 8~10 | 8~10 | 8~10 | 8~10 | 8~10 | 8~10 | 8~10 |
| | 折旧年限计算值 | 年 | 10 | 10 | 10 | 10 | 10 | 10 | 10 | 8 | 10 |

# 六、混凝土及砂浆机械

| 定额编号 | | | 06001 | 06002 | 06003 | 06004 | 06005 | 06006 |
|---|---|---|---|---|---|---|---|---|
| 项目 | | | 涡桨式混凝土搅拌机 | | | | 双锥反转出料混凝土搅拌机 | |
| | | | 出料容量(L) | | | | | |
| | | | 250 | 350 | 500 | 1000 | 200 | 350 |
| 机型 | | | 小 | 小 | 中 | 中 | 小 | 小 |
| 费用名称 | | 单位 | 费用构成 | | | | | |
| 基础数据 | 预算价格 | 元 | 26207 | 36724 | 61638 | 99138 | 8621 | 12931 |
| | 残值率 | % | 5 | 5 | 5 | 5 | 5 | 5 |
| | 年工作台班 | 台班 | 180 | 180 | 180 | 180 | 180 | 180 |
| | 耐用总台班 | 台班 | 1750 | 1750 | 1750 | 1750 | 1750 | 1750 |
| | 检修次数 | 次 | 1 | 1 | 1 | 1 | 1 | 1 |
| | 一次检修费 | 元 | 5565 | 7785 | 13086 | 20467 | 1823 | 2751 |
| | 一次安拆费及场外运费 | 元 | 478 | 478 | 478 | 1427 | 478 | 478 |
| | 年平均安拆次数 | 次 | 4 | 4 | 4 | 4 | 4 | 4 |
| | K值 | — | 2.38 | 2.38 | 2.38 | 2.38 | 2.64 | 2.64 |
| | 折旧年限 | 年 | 8~10 | 8~10 | 8~10 | 8~10 | 8~10 | 8~10 |
| | 折旧年限计算值 | 年 | 10 | 10 | 10 | 10 | 10 | 10 |

| 定额编号 | | | 06007 | 06008 | 06009 | 06010 | 06011 | 06012 | 06013 |
|---|---|---|---|---|---|---|---|---|---|
| 项目 | | | 双锥反转出料混凝土搅拌机 | | | | 单卧轴式混凝土搅拌机 | | |
| | | | 出料容量(L) | | | | | | |
| | | | 500 | 750 | 1000 | 1500 | 150 | 250 | 350 |
| 机型 | | | 中 | 中 | 中 | 中 | 小 | 小 | 小 |
| 费用名称 | | 单位 | 费用构成 | | | | | | |
| 基础数据 | 预算价格 | 元 | 31034 | 41379 | 73276 | 84483 | 8621 | 12931 | 24138 |
| | 残值率 | % | 5 | 5 | 5 | 5 | 5 | 5 | 5 |
| | 年工作台班 | 台班 | 180 | 180 | 180 | 180 | 180 | 180 | 180 |
| | 耐用总台班 | 台班 | 1750 | 1750 | 1750 | 1750 | 1750 | 1750 | 1750 |
| | 检修次数 | 次 | 1 | 1 | 1 | 1 | 1 | 1 | 1 |
| | 一次检修费 | 元 | 6588 | 8786 | 15588 | 17971 | 1833 | 2744 | 5127 |
| | 一次安拆费及场外运费 | 元 | 478 | 1427 | 1427 | 1427 | 478 | 478 | 478 |
| | 年平均安拆次数 | 次 | 4 | 4 | 4 | 4 | 4 | 4 | 4 |
| | K 值 | — | 1.65 | 1.65 | 1.65 | 1.65 | 4.04 | 4.04 | 4.04 |
| | 折旧年限 | 年 | 8~10 | 8~10 | 8~10 | 8~10 | 8~10 | 8~10 | 8~10 |
| | 折旧年限计算值 | 年 | 10 | 10 | 10 | 10 | 10 | 10 | 10 |

| 定 额 编 号 | | | 06014 | 06015 | 06016 | 06017 | 06018 | 06019 |
|---|---|---|---|---|---|---|---|---|
| 项 目 | | | 双卧轴式混凝土搅拌机 | | | | 灰浆搅拌机 | |
| | | | 出料容量(L) | | | | 拌筒容量(L) | |
| | | | 350 | 500 | 1000 | 1500 | 200 | 400 |
| 机 型 | | | 小 | 中 | 中 | 中 | 小 | 小 |
| 费用名称 | | 单位 | 费用构成 | | | | | |
| 基础数据 | 预算价格 | 元 | 17241 | 34483 | 129310 | 198276 | 2845 | 4138 |
| | 残值率 | % | 5 | 5 | 5 | 5 | 5 | 5 |
| | 年工作台班 | 台班 | 180 | 180 | 180 | 180 | 180 | 180 |
| | 耐用总台班 | 台班 | 1750 | 1750 | 1750 | 1750 | 1750 | 1750 |
| | 检修次数 | 次 | 1 | 1 | 1 | 1 | 1 | 1 |
| | 一次检修费 | 元 | 3656 | 7322 | 27510 | 42086 | 380 | 550 |
| | 一次安拆费及场外运费 | 元 | 478 | 478 | 478 | 478 | 478 | 478 |
| | 年平均安拆次数 | 次 | 4 | 4 | 4 | 4 | 4 | 4 |
| | K 值 | — | 4.74 | 4.74 | 2.86 | 2.86 | 4.00 | 4.00 |
| | 折旧年限 | 年 | 8~10 | 8~10 | 8~10 | 8~10 | 8~10 | 8~10 |
| | 折旧年限计算值 | 年 | 10 | 10 | 10 | 10 | 10 | 10 |

| 定额编号 | | | 06020 | 06021 | 06022 |
|---|---|---|---|---|---|
| 项目 | | | 混凝土搅拌输送车 | | |
| | | | 搅动容量($m^3$) | | |
| | | | 6 | 7 | 8 |
| 机型 | | | 大 | 大 | 大 |
| 费用名称 | | 单位 | 费用构成 | | |
| 基础数据 | 预算价格 | 元 | 379310 | 370690 | 409483 |
| | 残值率 | % | 5 | 5 | 5 |
| | 年工作台班 | 台班 | 200 | 200 | 200 |
| | 耐用总台班 | 台班 | 1600 | 1600 | 1600 |
| | 检修次数 | 次 | 1 | 1 | 1 |
| | 一次检修费 | 元 | 74151 | 72464 | 80053 |
| | K值 | — | 4.12 | 4.12 | 4.12 |
| | 其他费用 | 元 | 15.050 | 15.650 | 16.250 |
| | 折旧年限 | 年 | 8~10 | 8~10 | 8~10 |
| | 折旧年限计算值 | 年 | 8 | 8 | 8 |

| 定额编号 | | | 06023 | 06024 | 06025 | 06026 | 06027 | 06028 |
|---|---|---|---|---|---|---|---|---|
| 项目 | | | 混凝土输送泵车 | | | | | |
| | | | 输送量($m^3/h$) | | | | | |
| | | | 20 | 45 | 70 | 75 | 85 | 90 |
| 机型 | | | 大 | 大 | 大 | 大 | 大 | 大 |
| 费用名称 | | 单位 | 费用构成 | | | | | |
| 基础数据 | 预算价格 | 元 | 431034 | 560345 | 689655 | 775862 | 905172 | 1077586 |
| | 残值率 | % | 5 | 5 | 5 | 5 | 5 | 5 |
| | 年工作台班 | 台班 | 200 | 200 | 200 | 200 | 200 | 200 |
| | 耐用总台班 | 台班 | 1600 | 1600 | 1600 | 1600 | 1600 | 1600 |
| | 检修次数 | 次 | 1 | 1 | 1 | 1 | 1 | 1 |
| | 一次检修费 | 元 | 62606 | 81389 | 100173 | 112689 | 131467 | 156521 |
| | K 值 | — | 2. 73 | 2. 73 | 2. 73 | 2. 73 | 2. 73 | 1. 92 |
| | 其他费用 | 元 | 61. 600 | 71. 200 | 80. 350 | 86. 500 | 95. 950 | 108. 400 |
| | 折旧年限 | 年 | 8 ~ 10 | 8 ~ 10 | 8 ~ 10 | 8 ~ 10 | 8 ~ 10 | 8 ~ 10 |
| | 折旧年限计算值 | 年 | 8 | 8 | 8 | 8 | 8 | 8 |

| 定额编号 | | | 06029 | 06030 | 06031 | 06032 | 06033 | 06034 | 06035 | 06036 | 06037 |
|---|---|---|---|---|---|---|---|---|---|---|---|
| 项目 | | | 混凝土输送泵车 | | | | | | | | |
| | | | 输送高度(m) | | | | | | | | |
| | | | 37 | 40 | 46 | 50 | 52 | 56 | 60 | 66 | 73 |
| 机型 | | | 大 | 大 | 大 | 大 | 大 | 大 | 大 | 大 | 大 |
| 费用名称 | | 单位 | 费用构成 | | | | | | | | |
| 基础数据 | 预算价格 | 元 | 1637931 | 1879310 | 2327586 | 2500000 | 2931034 | 3189655 | 4741379 | 7155172 | 9741379 |
| | 残值率 | % | 5 | 5 | 5 | 5 | 5 | 5 | 5 | 5 | 5 |
| | 年工作台班 | 台班 | 200 | 200 | 200 | 200 | 200 | 200 | 200 | 200 | 200 |
| | 耐用总台班 | 台班 | 1600 | 1600 | 1600 | 1600 | 1600 | 1600 | 1600 | 1600 | 1600 |
| | 检修次数 | 次 | 1 | 1 | 1 | 1 | 1 | 1 | 1 | 1 | 1 |
| | 一次检修费 | 元 | 320206 | 367394 | 455030 | 488735 | 573000 | 623559 | 926912 | 1398795 | 1904383 |
| | 一次安拆费及场外运费 | 元 | — | — | — | — | — | — | — | — | — |
| | 年平均安拆次数 | 次 | — | — | — | — | — | — | — | — | — |
| | K 值 | — | — | — | — | — | — | — | — | — | — |
| | 折旧年限 | 年 | 8 ~ 10 | 8 ~ 10 | 8 ~ 10 | 8 ~ 10 | 8 ~ 10 | 8 ~ 10 | 8 ~ 10 | 8 ~ 10 | 8 ~ 10 |
| | 折旧年限计算值 | 年 | 8 | 8 | 8 | 8 | 8 | 8 | 8 | 8 | 8 |

| 定额编号 | | | 06038 | 06039 | 06040 | 06041 | 06042 | 06043 | 06044 |
|---|---|---|---|---|---|---|---|---|---|
| 项目 | | | 混凝土输送泵 | | | | 挤压式灰浆输送泵 | | |
| | | | 输送量($m^3$/h) | | | | | | |
| | | | 30 | 45 | 60 | 80 | 3 | 4 | 5 |
| 机型 | | | 大 | 大 | 大 | 大 | 小 | 小 | 小 |
| 费用名称 | | 单位 | 费用构成 | | | | | | |
| 基础数据 | 预算价格 | 元 | 155172 | 198276 | 241379 | 301724 | 12931 | 16638 | 19052 |
| | 残值率 | % | 5 | 5 | 5 | 5 | 5 | 5 | 5 |
| | 年工作台班 | 台班 | 200 | 200 | 200 | 200 | 200 | 200 | 200 |
| | 耐用总台班 | 台班 | 1000 | 1000 | 1000 | 1000 | 1000 | 1000 | 1000 |
| | 检修次数 | 次 | 1 | 1 | 1 | 1 | 1 | 1 | 1 |
| | 一次检修费 | 元 | 26006 | 33227 | 40455 | 50567 | 2608 | 3354 | 3836 |
| | 一次安拆费及场外运费 | 元 | 1427 | 4013 | 4013 | 4013 | 478 | 478 | 478 |
| | 年平均安拆次数 | 次 | 4 | 4 | 4 | 4 | 4 | 4 | 4 |
| | K 值 | — | 2.23 | 1.39 | 1.39 | 1.39 | 4.80 | 4.80 | 4.80 |
| | 折旧年限 | 年 | 4~5 | 4~5 | 4~5 | 4~5 | 4~5 | 4~5 | 4~5 |
| | 折旧年限计算值 | 年 | 5 | 5 | 5 | 5 | 5 | 5 | 5 |

| 定额编号 | | | 06045 | 06046 | 06047 | 06048 | 06049 | 06050 |
|---|---|---|---|---|---|---|---|---|
| 项目 | | | 混凝土喷射机 | 筛洗石子机 | 混凝土振动台 | | 混凝土抹平机 | 混凝土切缝机 |
| | | | 生产率 ($m^3$/h) | 洗石量 ($m^3$/h) | 台面尺寸(m) | | 功率(kW) | |
| | | | 5 | 10 | 1.5×6 | 2.4×6.2 | 5.5 | 7.5 |
| 机型 | | | 小 | 小 | 小 | 中 | 小 | 小 |
| 费用名称 | | 单位 | 费用构成 | | | | | |
| 基础数据 | 预算价格 | 元 | 26207 | 6034 | 17241 | 34483 | 2931 | 4052 |
| | 残值率 | % | 5 | 5 | 5 | 5 | 5 | 5 |
| | 年工作台班 | 台班 | 200 | 130 | 130 | 130 | 180 | 180 |
| | 耐用总台班 | 台班 | 1000 | 1250 | 1250 | 1250 | 1750 | 1750 |
| | 检修次数 | 次 | 1 | 1 | 1 | 1 | 1 | 1 |
| | 一次检修费 | 元 | 4393 | 1012 | 2315 | 2378 | 378 | 510 |
| | 一次安拆费及场外运费 | 元 | 478 | 478 | — | — | 211 | 211 |
| | 年平均安拆次数 | 次 | 4 | 4 | 4 | 4 | 4 | 4 |
| | K值 | — | 4.07 | 2.53 | 5.53 | 5.53 | 3.17 | 3.17 |
| | 折旧年限 | 年 | 4~5 | 8~10 | 8~10 | 8~10 | 8~10 | 8~10 |
| | 折旧年限计算值 | 年 | 5 | 10 | 10 | 10 | 10 | 10 |

| 定额编号 | | | 06051 | 06052 | 06053 | 06054 | 06055 | 06056 | 06057 |
|---|---|---|---|---|---|---|---|---|---|
| 项目 | | | 筛砂机 | 偏心式振动筛 | 混凝土搅拌站 | | | | |
| | | | 生产率($m^3$/h) | | | | | | |
| | | | 10 | 12～16 | 45 | 50 | 60 | 90 | 120 |
| 机型 | | | 小 | 小 | 大 | 大 | 大 | 大 | 大 |
| 费用名称 | | 单位 | 费用构成 | | | | | | |
| 基础数据 | 预算价格 | 元 | 11121 | 5172 | 211207 | 262931 | 344828 | 646552 | 840517 |
| | 残值率 | % | 5 | 5 | 5 | 5 | 5 | 5 | 5 |
| | 年工作台班 | 台班 | 180 | 180 | 180 | 180 | 180 | 180 | 180 |
| | 耐用总台班 | 台班 | 1750 | 1750 | 1750 | 1750 | 1750 | 1750 | 1750 |
| | 检修次数 | 次 | 1 | 1 | 1 | 1 | 1 | 1 | 1 |
| | 一次检修费 | 元 | 2353 | 1095 | 44838 | 55821 | 73194 | 137239 | 178411 |
| | 一次安拆费及场外运费 | 元 | 211 | — | — | — | — | — | — |
| | 年平均安拆次数 | 次 | 4 | 4 | — | — | — | — | — |
| | K 值 | — | 2.60 | 2.60 | 2.66 | 2.66 | 2.66 | 2.66 | 2.66 |
| | 折旧年限 | 年 | 8～10 | 8～10 | 8～10 | 8～10 | 8～10 | 8～10 | 8～10 |
| | 折旧年限计算值 | 年 | 10 | 10 | 10 | 10 | 10 | 10 | 10 |

| 定额编号 | | | 06058 | 06059 | 06060 | 06061 | 06062 | 06063 |
|---|---|---|---|---|---|---|---|---|
| 项目 | | | 干混砂浆搅拌站 | 干混砂浆罐式搅拌机 | 活塞式喷涂机 | | 液压式输送泵 | 气动灌浆机 |
| | | | 生产率(t/h) | 公称储量(L) | 生产率($m^3$/h) | | 输送量($m^3$/h) | |
| | | | 70 | 20000 | 1.8 | 3.6 | 20 | |
| 机型 | | | 大 | 中 | 小 | 小 | 小 | 小 |
| 费用名称 | | 单位 | 费用构成 | | | | | |
| 基础数据 | 预算价格 | 元 | 3053448 | 31207 | 40948 | 57328 | 198276 | 4052 |
| | 残值率 | % | 5 | 5 | 5 | 5 | 5 | 5 |
| | 年工作台班 | 台班 | 180 | 180 | 200 | 200 | 200 | 150 |
| | 耐用总台班 | 台班 | 1750 | 1750 | 1000 | 1000 | 1000 | 1200 |
| | 检修次数 | 次 | 1 | 1 | 1 | 1 | 1 | 1 |
| | 一次检修费 | 元 | 648135 | 5359 | 6865 | 9611 | 39985 | 454 |
| | 一次安拆费及场外运费 | 元 | — | 478 | 478 | 478 | 478 | 211 |
| | 年平均安拆次数 | 次 | — | 4 | 4 | 4 | 4 | 4 |
| | K值 | — | 2.66 | 1.95 | 4.07 | 4.07 | 4.80 | 5.24 |
| | 折旧年限 | 年 | 8~10 | 8~10 | 4~5 | 4~5 | 4~5 | 8~10 |
| | 折旧年限计算值 | 年 | 10 | 10 | 5 | 5 | 5 | 10 |

| 定 额 编 号 | | | 06064 | 06065 | 06066 | 06067 | 06068 | 06069 |
|---|---|---|---|---|---|---|---|---|
| 项 目 | | | 电动灌浆机 | 泥浆分离器 | 混凝土振捣器 | | | 自动真空压浆系统 |
| | | | | | 平板式 | 插入式 | 附着式 | LJ－YJA1 型 |
| 机 型 | | | 小 | 小 | 小 | 小 | 小 | 小 |
| 费用名称 | | 单位 | 费用构成 | | | | | |
| 基础数据 | 预算价格 | 元 | 5690 | 84483 | 1207 | 388 | 1207 | 86207 |
| | 残值率 | % | 5 | 5 | 5 | 5 | 5 | 5 |
| | 年工作台班 | 台班 | 150 | 150 | 144 | 144 | 144 | 150 |
| | 耐用总台班 | 台班 | 1200 | 1200 | 432 | 432 | 432 | 1200 |
| | 检修次数 | 次 | 1 | 2 | 1 | 1 | 1 | 1 |
| | 一次检修费 | 元 | 642 | 5556 | 504 | 50 | 504 | 23621 |
| | 一次安拆费及场外运费 | 元 | 211 | — | — | — | — | — |
| | 年平均安拆次数 | 次 | 4 | — | — | — | — | — |
| | K 值 | — | 5.24 | 1.28 | 4.80 | 4.80 | 4.80 | 3.00 |
| | 折旧年限 | 年 | 8～10 | 8～10 | 2～3 | 2～3 | 2～3 | 8～10 |
| | 折旧年限计算值 | 年 | 10 | 10 | 3 | 3 | 3 | 10 |

# 七、加工机械

| 定额编号 | | | 07001 | 07002 | 07003 | 07004 |
|---|---|---|---|---|---|---|
| 项目 | | | 钢筋调直机 | 钢筋切断机 | 钢筋弯曲机 | 钢筋镦头机 |
| | | | 直径(mm) | | | |
| | | | 14 | 40 | | 5 |
| 机型 | | | 小 | 小 | 小 | 小 |
| 费用名称 | | 单位 | 费用构成 | | | |
| 基础数据 | 预算价格 | 元 | 12328 | 4310 | 3448 | 4310 |
| | 残值率 | % | 5 | 5 | 5 | 5 |
| | 年工作台班 | 台班 | 100 | 100 | 100 | 100 |
| | 耐用总台班 | 台班 | 1000 | 1000 | 1000 | 1000 |
| | 检修次数 | 次 | 1 | 1 | 1 | 1 |
| | 一次检修费 | 元 | 2334 | 1049 | 765 | 1087 |
| | 一次安拆费及场外运费 | 元 | 211 | 211 | 211 | — |
| | 年平均安拆次数 | 次 | 4 | 4 | 4 | 4 |
| | K 值 | — | 2. 66 | 4. 44 | 5. 11 | 4. 08 |
| | 折旧年限 | 年 | 8 ~ 10 | 8 ~ 10 | 8 ~ 10 | 8 ~ 10 |
| | 折旧年限计算值 | 年 | 10 | 10 | 10 | 10 |

| 定额编号 | | | 07005 | 07006 | 07007 | 07008 | 07009 | 07010 | 07011 |
| --- | --- | --- | --- | --- | --- | --- | --- | --- | --- |
| 项目 | | | 预应力钢筋拉伸机 | | | | | | |
| | | | 拉伸力(kN) | | | | | | |
| | | | 600 | 650 | 850 | 900 | 1200 | 3000 | 5000 |
| 机型 | | | 小 | 小 | 小 | 小 | 中 | 中 | 中 |
| 费用名称 | | 单位 | 费用构成 | | | | | | |
| 基础数据 | 预算价格 | 元 | 5172 | 6034 | 7759 | 11207 | 15517 | 25862 | 51724 |
| | 残值率 | % | 5 | 5 | 5 | 5 | 5 | 5 | 5 |
| | 年工作台班 | 台班 | 100 | 100 | 100 | 100 | 100 | 100 | 100 |
| | 耐用总台班 | 台班 | 1000 | 1000 | 1000 | 1000 | 1000 | 1000 | 1000 |
| | 检修次数 | 次 | 1 | 1 | 1 | 1 | 1 | 1 | 1 |
| | 一次检修费 | 元 | 1200 | 1238 | 1351 | 1757 | 2768 | 4592 | 9779 |
| | K 值 | — | 3. 64 | 3. 64 | 3. 64 | 3. 64 | 3. 64 | 3. 64 | 3. 64 |
| | 折旧年限 | 年 | 8 ~ 10 | 8 ~ 10 | 8 ~ 10 | 8 ~ 10 | 8 ~ 10 | 8 ~ 10 | 8 ~ 10 |
| | 折旧年限计算值 | 年 | 10 | 10 | 10 | 10 | 10 | 10 | 10 |

| 定额编号 | | | 07012 | 07013 | 07014 | 07015 | 07016 | 07017 | 07018 |
|---|---|---|---|---|---|---|---|---|---|
| 项目 | | | 木工圆锯机 | | | 木工台式带锯机 | 木工平刨床 | | 木工压刨床 |
| | | | 直径(mm) | | | 锯轮直径(mm) | 刨削宽度(mm) | | |
| | | | 500 | 600 | 1000 | 1250 | 300 | 500 | 单面600 |
| 机型 | | | 小 | 小 | 小 | 中 | 小 | 小 | 小 |
| 费用名称 | | 单位 | 费用构成 | | | | | | |
| 基础数据 | 预算价格 | 元 | 2586 | 3448 | 5172 | 12931 | 3448 | 7759 | 7759 |
| | 残值率 | % | 5 | 5 | 5 | 5 | 5 | 5 | 5 |
| | 年工作台班 | 台班 | 150 | 150 | 150 | 220 | 180 | 180 | 180 |
| | 耐用总台班 | 台班 | 1300 | 1300 | 1300 | 2000 | 1750 | 1750 | 1750 |
| | 检修次数 | 次 | 1 | 1 | 1 | 1 | 1 | 1 | 1 |
| | 一次检修费 | 元 | 520 | 860 | 1209 | 4346 | 784 | 2438 | 2305 |
| | 一次安拆费及场外运费 | 元 | 211 | 211 | 211 | — | — | — | — |
| | 年平均安拆次数 | 次 | 4 | 4 | 4 | — | — | — | — |
| | K值 | — | 2.15 | 2.15 | 2.15 | 2.25 | 3.86 | 3.86 | 2.72 |
| | 折旧年限 | 年 | 8~10 | 8~10 | 8~10 | 8~10 | 8~10 | 8~10 | 8~10 |
| | 折旧年限计算值 | 年 | 9 | 9 | 9 | 9 | 10 | 10 | 10 |

| 定额编号 | | | 07019 | 07020 | 07021 | 07022 | 07023 | 07024 | 07025 |
|---|---|---|---|---|---|---|---|---|---|
| 项目 | | | 木工压刨床 | | | 木工开榫机 | 木工打眼机 | 木工榫槽机 | 木工裁口机 |
| | | | 刨削宽度(mm) | | | 榫头长度(mm) | 榫槽宽度(mm) | 榫槽深度(mm) | 宽度(mm) |
| | | | 双面600 | 三面400 | 四面300 | 160 | 16 | 100 | 多面400 |
| 机型 | | | 小 | 中 | 中 | 中 | 小 | 小 | 小 |
| 费用名称 | | 单位 | 费用构成 | | | | | | |
| 基础数据 | 预算价格 | 元 | 12069 | 25862 | 34483 | 17241 | 3448 | 4310 | 6897 |
| | 残值率 | % | 5 | 5 | 5 | 5 | 5 | 5 | 5 |
| | 年工作台班 | 台班 | 180 | 180 | 180 | 200 | 200 | 200 | 180 |
| | 耐用总台班 | 台班 | 1750 | 1750 | 1750 | 1750 | 1750 | 1750 | 1750 |
| | 检修次数 | 次 | 1 | 1 | 1 | 1 | 1 | 1 | 1 |
| | 一次检修费 | 元 | 3732 | 5140 | 7559 | 5782 | 926 | 926 | 1531 |
| | 一次安拆费及场外运费 | 元 | — | — | — | — | — | — | — |
| | 年平均安拆次数 | 次 | — | — | — | — | — | — | — |
| | K值 | — | 2.72 | 2.24 | 2.24 | 3.03 | 4.36 | 4.28 | 2.99 |
| | 折旧年限 | 年 | 8~10 | 8~10 | 8~10 | 8~10 | 8~10 | 8~10 | 8~10 |
| | 折旧年限计算值 | 年 | 10 | 10 | 10 | 9 | 9 | 9 | 10 |

| 定额编号 | | | 07026 | 07027 | 07028 | 07029 | 07030 | 07031 | 07032 | 07033 |
|---|---|---|---|---|---|---|---|---|---|---|
| 项目 | | | 普通车床 | | | | | 立式车床 | 管子车床 | 外圆磨床 |
| | | | 工件直径×工件长度(mm) | | | | | 直径(mm) | | 工件直径×工件长度(mm) |
| | | | 400×1000 | 400×2000 | 630×1400 | 630×2000 | 660×2000 | 2250 | | 200×500 |
| 机型 | | | 小 | 小 | 中 | 中 | 中 | 中 | 小 | 中 |
| 费用名称 | | 单位 | 费用构成 | | | | | | | |
| 基础数据 | 预算价格 | 元 | 34483 | 49138 | 62931 | 69828 | 86207 | 107414 | 21552 | 56379 |
| | 残值率 | % | 5 | 5 | 5 | 5 | 5 | 5 | 5 | 5 |
| | 年工作台班 | 台班 | 200 | 200 | 200 | 200 | 200 | 100 | 200 | 150 |
| | 耐用总台班 | 台班 | 2800 | 2800 | 2800 | 2800 | 2800 | 1200 | 2800 | 2100 |
| | 检修次数 | 次 | 3 | 3 | 3 | 3 | 3 | 1 | 3 | 3 |
| | 一次检修费 | 元 | 5659 | 7020 | 8976 | 10979 | 12500 | 6000 | 3751 | 9448 |
| | K值 | — | 1.05 | 1.05 | 1.05 | 1.05 | 1.05 | 1.51 | 1.05 | 0.72 |
| | 折旧年限 | 年 | 10~14 | 10~14 | 10~14 | 10~14 | 10~14 | 10~14 | 10~14 | 10~14 |
| | 折旧年限计算值 | 年 | 14 | 14 | 14 | 14 | 14 | 14 | 14 | 14 |

| 定额编号 | | | 07034 | 07035 | 07036 | 07037 | 07038 | 07039 | 07040 | 07041 |
|---|---|---|---|---|---|---|---|---|---|---|
| 项目 | | | 龙门刨床 | | | 牛头刨床 | 立式铣床 | | 卧式铣床 | |
| | | | 刨削宽度×长度(mm) | | | 刨削长度(mm) | 台宽×台长(mm) | | | |
| | | | 1000×3000 | 1000×4000 | 1000×6000 | 650 | 320×1250 | 400×1250 | | 400×1600 |
| 机型 | | | 中 | 中 | 中 | 小 | 中 | 中 | 中 | 中 |
| 费用名称 | | 单位 | 费用构成 | | | | | | | |
| 基础数据 | 预算价格 | 元 | 228448 | 241379 | 353448 | 37069 | 7759 | 9483 | 10345 | 11207 |
| | 残值率 | % | 5 | 5 | 5 | 5 | 5 | 5 | 5 | 5 |
| | 年工作台班 | 台班 | 150 | 150 | 150 | 175 | 175 | 175 | 175 | 175 |
| | 耐用总台班 | 台班 | 2100 | 2100 | 2100 | 2440 | 2440 | 2440 | 2440 | 2440 |
| | 检修次数 | 次 | 3 | 3 | 3 | 3 | 3 | 3 | 3 | 3 |
| | 一次检修费 | 元 | 15599 | 16279 | 21995 | 2589 | 3789 | 5830 | 3798 | 4894 |
| | K 值 | — | 0.57 | 0.57 | 0.57 | 0.67 | 0.79 | 0.79 | 0.79 | 0.79 |
| | 折旧年限 | 年 | 10~14 | 10~14 | 10~14 | 10~14 | 10~14 | 10~14 | 10~14 | 10~14 |
| | 折旧年限计算值 | 年 | 14 | 14 | 14 | 14 | 14 | 14 | 14 | 14 |

| 定额编号 | | | 07042 | 07043 | 07044 | 07045 | 07046 | 07047 |
|---|---|---|---|---|---|---|---|---|
| 项目 | | | 台式钻床 | | | 立式钻床 | | |
| | | | 钻孔直径(mm) | | | | | |
| | | | 16 | 25 | 35 | 25 | 35 | 50 |
| 机型 | | | 小 | 小 | 小 | 小 | 小 | 小 |
| 费用名称 | | 单位 | 费用构成 | | | | | |
| 基础数据 | 预算价格 | 元 | 862 | 1724 | 3448 | 4310 | 6897 | 25862 |
| | 残值率 | % | 5 | 5 | 5 | 5 | 5 | 5 |
| | 年工作台班 | 台班 | 175 | 175 | 175 | 175 | 175 | 175 |
| | 耐用总台班 | 台班 | 2440 | 2440 | 2440 | 2440 | 2440 | 2440 |
| | 检修次数 | 次 | 3 | 3 | 3 | 3 | 3 | 3 |
| | 一次检修费 | 元 | 132 | 161 | 340 | 416 | 671 | 1417 |
| | K值 | — | 1.86 | 1.86 | 1.86 | 0.91 | 0.91 | 0.91 |
| | 折旧年限 | 年 | 10～14 | 10～14 | 10～14 | 10～14 | 10～14 | 10～14 |
| | 折旧年限计算值 | 年 | 14 | 14 | 14 | 14 | 14 | 14 |

| 定额编号 | | | 07048 | 07049 | 07050 | 07051 | 07052 |
|---|---|---|---|---|---|---|---|
| 项目 | | | 摇臂钻床 | | | 锥形螺纹车丝机 | 螺栓套丝机 |
| | | | 钻孔直径(mm) | | | 直径(mm) | 直径(mm) |
| | | | 25 | 50 | 63 | 45 | 39 |
| 机型 | | | 小 | 中 | 中 | 小 | 小 |
| 费用名称 | | 单位 | 费用构成 | | | | |
| 基础数据 | 预算价格 | 元 | 9483 | 27586 | 33621 | 4397 | 3448 |
| | 残值率 | % | 5 | 5 | 5 | — | 5 |
| | 年工作台班 | 台班 | 175 | 175 | 175 | 130 | 130 |
| | 耐用总台班 | 台班 | 2440 | 2440 | 2440 | 1500 | 1500 |
| | 检修次数 | 次 | 3 | 3 | 3 | 2 | 2 |
| | 一次检修费 | 元 | 614 | 1616 | 3354 | 444 | 189 |
| | 一次安拆费及场外运费 | 元 | — | — | — | 211 | 211 |
| | 年平均安拆次数 | 次 | — | — | — | 4 | 4 |
| | K 值 | — | 0.55 | 0.55 | 0.55 | 1.70 | 1.70 |
| | 折旧年限 | 年 | 10 ~ 14 | 10 ~ 14 | 10 ~ 14 | 10 ~ 14 | 10 ~ 14 |
| | 折旧年限计算值 | 年 | 14 | 14 | 14 | 12 | 12 |

| 定额编号 | | | 07053 | 07054 | 07055 | 07056 | 07057 | 07058 |
|---|---|---|---|---|---|---|---|---|
| 项目 | | | 剪板机 | | | | | |
| | | | 厚度×宽度(mm) | | | | | |
| | | | 6.3×2000 | 10×2500 | 13×2500 | 13×3000 | 16×2500 | 20×2000 |
| 机型 | | | 中 | 中 | 中 | 中 | 中 | 中 |
| 费用名称 | | 单位 | 费用构成 | | | | | |
| 基础数据 | 预算价格 | 元 | 51466 | 94569 | 113103 | 121983 | 128793 | 168276 |
| | 残值率 | % | 5 | 5 | 5 | 5 | 5 | 5 |
| | 年工作台班 | 台班 | 175 | 175 | 175 | 175 | 175 | 175 |
| | 耐用总台班 | 台班 | 2440 | 2440 | 2440 | 2440 | 2440 | 2440 |
| | 检修次数 | 次 | 3 | 3 | 3 | 3 | 3 | 3 |
| | 一次检修费 | 元 | 2305 | 4223 | 5055 | 6755 | 5754 | 7521 |
| | K值 | — | 0.53 | 0.53 | 0.53 | 0.53 | 0.53 | 0.53 |
| | 折旧年限 | 年 | 10~14 | 10~14 | 10~14 | 10~14 | 10~14 | 10~14 |
| | 折旧年限计算值 | 年 | 14 | 14 | 14 | 14 | 14 | 14 |

| 定额编号 | | | 07059 | 07060 | 07061 | 07062 | 07063 | 07064 | 07065 |
|---|---|---|---|---|---|---|---|---|---|
| 项目 | | | 剪板机 | | | | 板料校平机 | | |
| | | | 厚度×宽度(mm) | | | | | | |
| | | | 20×2500 | 20×4000 | 32×4000 | 40×3100 | 10×2000 | 16×2000 | 16×2600 |
| 机型 | | | 中 | 中 | 大 | 大 | 大 | 大 | 大 |
| 费用名称 | | 单位 | 费用构成 | | | | | | |
| 基础数据 | 预算价格 | 元 | 170690 | 267241 | 500000 | 586207 | 1001552 | 1289310 | 1387845 |
| | 残值率 | % | 5 | 5 | 5 | 5 | 5 | 5 | 5 |
| | 年工作台班 | 台班 | 175 | 175 | 175 | 175 | 140 | 140 | 140 |
| | 耐用总台班 | 台班 | 2440 | 2440 | 2440 | 2440 | 1800 | 1800 | 1800 |
| | 检修次数 | 次 | 3 | 3 | 3 | 3 | 2 | 2 | 2 |
| | 一次检修费 | 元 | 8966 | 16789 | 29204 | 34344 | 55952 | 72024 | 77532 |
| | K值 | — | 0.53 | 0.53 | 0.53 | 0.53 | 0.52 | 0.52 | 0.52 |
| | 折旧年限 | 年 | 10~14 | 10~14 | 10~14 | 10~14 | 10~14 | 10~14 | 10~14 |
| | 折旧年限计算值 | 年 | 14 | 14 | 14 | 14 | 13 | 13 | 13 |

| 定额编号 | | | 07066 | 07067 | 07068 | 07069 | 07070 | 07071 |
|---|---|---|---|---|---|---|---|---|
| 项目 | | | 卷板机 | | | | | |
| | | | 板厚×宽度(mm) | | | | | |
| | | | 2×1600 | 20×2000 | 20×2500 | 20×3000 | 30×2000 | 30×2500 |
| 机型 | | | 中 | 中 | 中 | 大 | 大 | 大 |
| 费用名称 | | 单位 | 费用构成 | | | | | |
| 基础数据 | 预算价格 | 元 | 32759 | 57241 | 66810 | 83966 | 207759 | 251293 |
| | 残值率 | % | 5 | 5 | 5 | 5 | 5 | 5 |
| | 年工作台班 | 台班 | 175 | 175 | 175 | 175 | 175 | 175 |
| | 耐用总台班 | 台班 | 2440 | 2440 | 2440 | 2440 | 2440 | 2440 |
| | 检修次数 | 次 | 3 | 3 | 3 | 3 | 3 | 3 |
| | 一次检修费 | 元 | 1833 | 3203 | 3732 | 4696 | 11612 | 14040 |
| | K值 | — | 0.77 | 0.77 | 0.77 | 0.77 | 0.77 | 0.77 |
| | 折旧年限 | 年 | 10~14 | 10~14 | 10~14 | 10~14 | 10~14 | 10~14 |
| | 折旧年限计算值 | 年 | 14 | 14 | 14 | 14 | 14 | 14 |

| 定额编号 | | | 07072 | 07073 | 07074 | 07075 | 07076 |
|---|---|---|---|---|---|---|---|
| 项目 | | | 卷板机 | | | | |
| | | | 板厚×宽度(mm) | | | | |
| | | | 30×3000 | 40×3500 | 40×4000 | 45×3500 | 70×3000 |
| 机型 | | | 大 | 大 | 大 | 大 | 大 |
| 费用名称 | | 单位 | 费用构成 | | | | |
| 基础数据 | 预算价格 | 元 | 332069 | 389397 | 719828 | 1206897 | 1327500 |
| | 残值率 | % | 5 | 5 | 5 | 5 | 5 |
| | 年工作台班 | 台班 | 175 | 175 | 175 | 175 | 175 |
| | 耐用总台班 | 台班 | 2440 | 2440 | 2440 | 2440 | 2440 |
| | 检修次数 | 次 | 3 | 3 | 3 | 3 | 3 |
| | 一次检修费 | 元 | 18556 | 21750 | 59524 | 66572 | 74159 |
| | K值 | — | 0.77 | 0.77 | 0.77 | 0.77 | 0.77 |
| | 折旧年限 | 年 | 10~14 | 10~14 | 10~14 | 10~14 | 10~14 |
| | 折旧年限计算值 | 年 | 14 | 14 | 14 | 14 | 14 |

| 定额编号 | | | 07077 | 07078 | 07079 | 07080 | 07081 | 07082 |
|---|---|---|---|---|---|---|---|---|
| 项目 | | | 联合冲剪机 | | 刨边机 | | 折方机 | |
| | | | 板厚(mm) | | 加工长度(mm) | | 厚度×宽度(mm) | |
| | | | 16 | 30 | 9000 | 12000 | 1.5×2000 | 2×1000 |
| 机型 | | | 中 | 中 | 大 | 大 | 小 | 小 |
| 费用名称 | | 单位 | 费用构成 | | | | | |
| 基础数据 | 预算价格 | 元 | 44828 | 85690 | 344828 | 431034 | 7241 | 3966 |
| | 残值率 | % | 5 | 5 | 5 | 5 | — | — |
| | 年工作台班 | 台班 | 120 | 120 | 160 | 160 | 130 | 130 |
| | 耐用总台班 | 台班 | 1350 | 1350 | 2160 | 2160 | 1500 | 1500 |
| | 检修次数 | 次 | 2 | 2 | 2 | 2 | 2 | 2 |
| | 一次检修费 | 元 | 6453 | 8617 | 40731 | 48970 | 737 | 406 |
| | 一次安拆费及场外运费 | 元 | — | — | — | — | — | — |
| | 年平均安拆次数 | 次 | — | — | — | — | — | — |
| | K值 | — | 1.03 | 1.03 | 1.07 | 1.07 | 0.42 | 0.42 |
| | 折旧年限 | 年 | 10~14 | 10~14 | 10~14 | 10~14 | 10~14 | 10~14 |
| | 折旧年限计算值 | 年 | 11 | 11 | 14 | 14 | 12 | 12 |

| 定额编号 | | | 07083 | 07084 | 07085 | 07086 | 07087 | 07088 | 07089 |
|---|---|---|---|---|---|---|---|---|---|
| 项目 | | | 折方机 | | 扳边机 | 咬口机 | | 坡口机 | |
| | | | 厚度×宽度(mm) | | 厚度×宽度(mm) | 板厚(mm) | | 功率(kW) | |
| | | | 2×1500 | 4×2000 | 2×1500 | 1.2 | 1.5 | 2.2 | 2.8 |
| 机型 | | | 小 | 中 | 中 | 小 | 小 | 小 | 小 |
| 费用名称 | | 单位 | 费用构成 | | | | | | |
| 基础数据 | 预算价格 | 元 | 5345 | 27759 | 9310 | 4828 | 7586 | 13017 | 13534 |
| | 残值率 | % | — | 5 | 5 | 5 | 5 | 5 | 5 |
| | 年工作台班 | 台班 | 130 | 130 | 130 | 150 | 150 | 100 | 100 |
| | 耐用总台班 | 台班 | 1500 | 1500 | 1500 | 1200 | 1200 | 800 | 800 |
| | 检修次数 | 次 | 2 | 2 | 2 | 1 | 1 | 1 | 1 |
| | 一次检修费 | 元 | 539 | 2787 | 935 | 265 | 425 | 728 | 756 |
| | 一次安拆费及场外运费 | 元 | — | — | — | — | — | 211 | 211 |
| | 年平均安拆次数 | 次 | — | — | — | — | — | 4 | 4 |
| | K值 | — | 0.42 | 0.42 | 0.42 | 2.79 | 2.79 | 2.40 | 2.40 |
| | 折旧年限 | 年 | 10~14 | 10~14 | 10~14 | 8~10 | 8~10 | 8~10 | 8~10 |
| | 折旧年限计算值 | 年 | 12 | 12 | 12 | 8 | 8 | 8 | 8 |

| 定额编号 | | | 07090 | 07091 | 07092 | 07093 | 07094 | 07095 | 07096 |
|---|---|---|---|---|---|---|---|---|---|
| 项目 | | | 开卷机 | 开孔机 | | | 等离子切割机 | 半自动切割机 | 自动仿形切割机 |
| | | | 厚度(mm) | 开孔直径(mm) | | | 电流(A) | 厚度(mm) | |
| | | | 12 | 200 | 400 | 600 | 400 | 100 | 60 |
| 机型 | | | 小 | 小 | 中 | 中 | 小 | 小 | 小 |
| 费用名称 | | 单位 | 费用构成 | | | | | | |
| 基础数据 | 预算价格 | 元 | 5862 | 3879 | 4052 | 5517 | 28879 | 1724 | 5172 |
| | 残值率 | % | 5 | 5 | 5 | 5 | 5 | 5 | 5 |
| | 年工作台班 | 台班 | 120 | 120 | 120 | 120 | 160 | 150 | 150 |
| | 耐用总台班 | 台班 | 1200 | 1200 | 1200 | 1200 | 800 | 1500 | 1500 |
| | 检修次数 | 次 | 1 | 1 | 1 | 1 | 1 | 1 | 1 |
| | 一次检修费 | 元 | 321 | 217 | 227 | 312 | 4837 | 482 | 1238 |
| | 一次安拆费及场外运费 | 元 | — | — | — | — | 478 | 478 | 478 |
| | 年平均安拆次数 | 次 | — | — | — | — | 4 | 4 | 4 |
| | K值 | — | 1.67 | 1.67 | 1.67 | 1.67 | 5.97 | 6.26 | 6.26 |
| | 折旧年限 | 年 | 10~14 | 10~14 | 10~14 | 10~14 | 4~5 | 7~10 | 7~10 |
| | 折旧年限计算值 | 年 | 10 | 10 | 10 | 10 | 5 | 10 | 10 |

| 定额编号 | | | 07097 | 07098 | 07099 | 07100 | 07101 | 07102 |
|---|---|---|---|---|---|---|---|---|
| 项目 | | | 弓锯床 | 管子切断机 | | | | 管子切断套丝机 |
| | | | 锯料直径(mm) | 直径(mm) | | | | |
| | | | 250 | 60 | 150 | 250 | 325 | 159 |
| 机型 | | | 小 | 小 | 小 | 小 | 小 | 小 |
| 费用名称 | | 单位 | 费用构成 | | | | | |
| 基础数据 | 预算价格 | 元 | 8621 | 5172 | 9483 | 19828 | 50948 | 4310 |
| | 残值率 | % | 5 | 5 | 5 | 5 | 5 | 5 |
| | 年工作台班 | 台班 | 100 | 130 | 130 | 130 | 130 | 130 |
| | 耐用总台班 | 台班 | 1200 | 1500 | 1500 | 1500 | 1500 | 1500 |
| | 检修次数 | 次 | 1 | 2 | 2 | 2 | 2 | 2 |
| | 一次检修费 | 元 | 775 | 614 | 1748 | 2003 | 5121 | 340 |
| | 一次安拆费及场外运费 | 元 | 211 | 211 | 211 | 211 | 211 | 211 |
| | 年平均安拆次数 | 次 | 4 | 4 | 4 | 4 | 4 | 4 |
| | K 值 | — | 1.51 | 2.80 | 2.09 | 2.09 | 2.09 | 3.30 |
| | 折旧年限 | 年 | 10 ~ 14 | 10 ~ 14 | 10 ~ 14 | 10 ~ 14 | 10 ~ 14 | 10 ~ 14 |
| | 折旧年限计算值 | 年 | 12 | 12 | 12 | 12 | 12 | 12 |

| 定额编号 | | | 07103 | 07104 | 07105 | 07106 |
|---|---|---|---|---|---|---|
| 项目 | | | 型钢剪断机 | 校直机 | 型钢矫正机 | 型钢组立机 |
| | | | 剪断直径(mm) | | 厚度×宽度(mm) | |
| | | | 500 | | 60×800 | |
| 机型 | | | 中 | 小 | 中 | 中 |
| 费用名称 | | 单位 | 费用构成 | | | |
| 基础数据 | 预算价格 | 元 | 69828 | 5690 | 33190 | 8707 |
| | 残值率 | % | 5 | 5 | 5 | 5 |
| | 年工作台班 | 台班 | 175 | 140 | 175 | 175 |
| | 耐用总台班 | 台班 | 2440 | 1800 | 2440 | 2440 |
| | 检修次数 | 次 | 3 | 2 | 3 | 3 |
| | 一次检修费 | 元 | 5574 | 321 | 1852 | 491 |
| | 一次安拆费及场外运费 | 元 | — | — | — | — |
| | 年平均安拆次数 | 次 | — | — | — | — |
| | K值 | — | 0.97 | 0.52 | 0.97 | 0.97 |
| | 折旧年限 | 年 | 10～14 | 10～14 | 10～14 | 10～14 |
| | 折旧年限计算值 | 年 | 14 | 13 | 14 | 14 |

| 定额编号 | | | 07107 | 07108 | 07109 | 07110 | 07111 | 07112 | 07113 | 07114 |
|---|---|---|---|---|---|---|---|---|---|---|
| 项目 | | | 中频加热处理机 | | 中频感应炉 | 中频煨弯机 | | 钢材电动煨弯机 | | 法兰卷圆机 |
| | | | 功率(kW) | | | | | 弯曲直径(mm) | | L40×4 |
| | | | 50 | 100 | 250 | 160 | 250 | 500 以内 | 500～1800 | |
| 机型 | | | 小 | 中 | 小 | 小 | 中 | 小 | 中 | 小 |
| 费用名称 | | 单位 | 费用构成 | | | | | | | |
| 基础数据 | 预算价格 | 元 | 11379 | 85603 | 4224 | 48103 | 69655 | 41466 | 47414 | 11034 |
| | 残值率 | % | 5 | 5 | 5 | 5 | 5 | — | 5 | 5 |
| | 年工作台班 | 台班 | 130 | 130 | 130 | 130 | 130 | 140 | 140 | 100 |
| | 耐用总台班 | 台班 | 1500 | 1500 | 1500 | 1500 | 1500 | 1875 | 1875 | 800 |
| | 检修次数 | 次 | 2 | 2 | 2 | 2 | 2 | 2 | 2 | 1 |
| | 一次检修费 | 元 | 633 | 4781 | 236 | 2693 | 3893 | 2315 | 4790 | 614 |
| | 一次安拆费及场外运费 | 元 | — | — | — | 211 | 211 | 211 | 211 | 211 |
| | 年平均安拆次数 | 次 | — | — | — | 4 | 4 | 4 | 4 | 4 |
| | K 值 | — | 1.16 | 1.16 | 1.16 | 1.16 | 1.16 | 0.69 | 0.69 | 3.20 |
| | 折旧年限 | 年 | 10～14 | 10～14 | 10～14 | 10～14 | 10～14 | 10～14 | 10～14 | 8～10 |
| | 折旧年限计算值 | 年 | 12 | 12 | 12 | 12 | 12 | 13 | 13 | 8 |

| 定额编号 | | | 07115 | 07116 | 07117 | 07118 | 07119 | 07120 | 07121 | 07122 | 07123 | 07124 |
|---|---|---|---|---|---|---|---|---|---|---|---|---|
| 项目 | | | 电动弯管机 | | | 液压弯管机 | 切管机 | 空气锤 | | | | |
| | | | 管径(mm) | | | 弯管能力(mm) | 9A151 | 锤体质量(kg) | | | | |
| | | | 50 | 100 | 108 | D60 | | 75 | 150 | 400 | 750 | 1000 |
| 机型 | | | 小 | 中 | 中 | 中 | 中 | 小 | 小 | 中 | 中 | 中 |
| 费用名称 | | 单位 | 费用构成 | | | | | | | | | |
| 基础数据 | 预算价格 | 元 | 6034 | 12069 | 61638 | 28879 | 43103 | 20862 | 27586 | 60345 | 243276 | 288621 |
| | 残值率 | % | 5 | 5 | 5 | 5 | 5 | 5 | 5 | 5 | 5 | 5 |
| | 年工作台班 | 台班 | 130 | 130 | 130 | 130 | 156 | 170 | 170 | 170 | 170 | 170 |
| | 耐用总台班 | 台班 | 1500 | 1500 | 1500 | 1500 | 1800 | 1950 | 1950 | 1950 | 1950 | 1950 |
| | 检修次数 | 次 | 2 | 2 | 2 | 2 | 2 | 2 | 2 | 2 | 2 | 2 |
| | 一次检修费 | 元 | 340 | 671 | 3449 | 1616 | 7770 | 1162 | 2258 | 6122 | 13596 | 16119 |
| | 一次安拆费及场外运费 | 元 | 211 | 211 | 211 | 211 | 77 | — | — | — | — | — |
| | 年平均安拆次数 | 次 | 4 | 4 | 4 | 4 | 4 | — | — | — | — | — |
| | K值 | — | 1.16 | 1.16 | 1.16 | 1.16 | 2.09 | 1.28 | 1.28 | 1.28 | 1.28 | 1.28 |
| | 折旧年限 | 年 | 10~14 | 10~14 | 10~14 | 10~14 | 10~14 | 10~14 | 10~14 | 10~14 | 10~14 | 10~14 |
| | 折旧年限计算值 | 年 | 12 | 12 | 12 | 12 | 12 | 11 | 11 | 11 | 11 | 11 |

| 定额编号 | | | 07125 | 07126 | 07127 | 07128 | 07129 |
|---|---|---|---|---|---|---|---|
| 项目 | | | 摩擦压力机 | | 开式可倾压力机 | | |
| | | | 压力(kN) | | | | |
| | | | 1600 | 3000 | 630 | 800 | 1250 |
| 机型 | | | 中 | 中 | 中 | 中 | 中 |
| 费用名称 | | 单位 | 费用构成 | | | | |
| 基础数据 | 预算价格 | 元 | 95431 | 181034 | 37069 | 53448 | 87586 |
| | 残值率 | % | 5 | 5 | 5 | 5 | 5 |
| | 年工作台班 | 台班 | 150 | 150 | 120 | 120 | 120 |
| | 耐用总台班 | 台班 | 2000 | 2000 | 1200 | 1200 | 1200 |
| | 检修次数 | 次 | 1 | 1 | 1 | 1 | 1 |
| | 一次检修费 | 元 | 5329 | 11659 | 2485 | 3241 | 4894 |
| | K 值 | — | 1.58 | 1.58 | 1.67 | 1.67 | 1.67 |
| | 折旧年限 | 年 | 10 ~ 14 | 10 ~ 14 | 10 ~ 14 | 10 ~ 14 | 10 ~ 14 |
| | 折旧年限计算值 | 年 | 13 | 13 | 10 | 10 | 10 |

| 定额编号 | | | 07130 | 07131 | 07132 | 07133 | 07134 | 07135 | 07136 | 07137 |
|---|---|---|---|---|---|---|---|---|---|---|
| 项目 | | | 液压机 | | | | | | | |
| | | | 压力(kN) | | | | | | | |
| | | | 500 | 800 | 1000 | 1200 | 2000 | 5000 | 8000 | 12000 |
| 机型 | | | 小 | 小 | 小 | 小 | 小 | 小 | 小 | 小 |
| 费用名称 | | 单位 | 费用构成 | | | | | | | |
| 基础数据 | 预算价格 | 元 | 121121 | 126724 | 135259 | 140776 | 148621 | 164310 | 658879 | 733448 |
| | 残值率 | % | 5 | 5 | 5 | 5 | 5 | 5 | 5 | 5 |
| | 年工作台班 | 台班 | 170 | 170 | 170 | 170 | 170 | 170 | 170 | 170 |
| | 耐用总台班 | 台班 | 1950 | 1950 | 1950 | 1950 | 1950 | 1950 | 1950 | 1950 |
| | 检修次数 | 次 | 2 | 2 | 2 | 2 | 2 | 2 | 2 | 2 |
| | 一次检修费 | 元 | 6765 | 7077 | 7559 | 7861 | 8305 | 9174 | 36810 | 40977 |
| | K值 | — | 1.28 | 1.28 | 1.28 | 1.28 | 1.28 | 1.28 | 1.28 | 1.28 |
| | 折旧年限 | 年 | 10~14 | 10~14 | 10~14 | 10~14 | 10~14 | 10~14 | 10~14 | 10~14 |
| | 折旧年限计算值 | 年 | 11 | 11 | 11 | 11 | 11 | 11 | 11 | 11 |

| 定额编号 | | | 07138 | 07139 | 07140 | 07141 | 07142 | 07143 | 07144 |
|---|---|---|---|---|---|---|---|---|---|
| 项目 | | | 液压压接机 | | 钢筋挤压连接机 | 风动锻钎机 | 电动锻钎机 | 磨砖机 | |
| | | | 压力(t) | | 直径(mm) | | | 功率(kW) | |
| | | | 100 | 200 | 40 | | | 4 | 4.5 |
| 机型 | | | 中 | 中 | 小 | 小 | 中 | 小 | 小 |
| 费用名称 | | 单位 | 费用构成 | | | | | | |
| 基础数据 | 预算价格 | 元 | 30690 | 50948 | 17414 | 14828 | 28793 | 5172 | 5603 |
| | 残值率 | % | 5 | 5 | 5 | 5 | 5 | 5 | 5 |
| | 年工作台班 | 台班 | 150 | 150 | 120 | 130 | 130 | 100 | 100 |
| | 耐用总台班 | 台班 | 1200 | 1200 | 1440 | 1560 | 1560 | 800 | 800 |
| | 检修次数 | 次 | 1 | 4 | 1 | 2 | 2 | 1 | 1 |
| | 一次检修费 | 元 | 1720 | 2844 | 973 | 831 | 1606 | 293 | 312 |
| | 一次安拆费及场外运费 | 元 | 211 | 211 | 211 | 478 | 478 | 211 | 211 |
| | 年平均安拆次数 | 次 | 4 | 4 | 4 | 4 | 4 | 4 | 4 |
| | K值 | — | 1.06 | 1.06 | 2.20 | 0.70 | 0.68 | 1.26 | 1.26 |
| | 折旧年限 | 年 | 8~10 | 8~10 | 10~14 | 10~14 | 10~14 | 8~10 | 8~10 |
| | 折旧年限计算值 | 年 | 8 | 8 | 12 | 12 | 12 | 8 | 8 |

| 定额编号 | | | 07145 | 07146 | 07147 | 07148 | 07149 | 07150 | 07151 |
|---|---|---|---|---|---|---|---|---|---|
| 项目 | | | 切砖机 | | | | 钻砖机 | 岩石切割机 | 平面水磨石机 |
| | | | 功率(kW) | | | | | | |
| | | | 1.7 | 2.2 | 2.8 | 5.5 | 13 | 3 | |
| 机型 | | | 小 | 小 | 小 | 小 | 小 | 小 | 小 |
| 费用名称 | | 单位 | 费用构成 | | | | | | |
| 基础数据 | 预算价格 | 元 | 5776 | 7500 | 9052 | 11121 | 2241 | 23793 | 2414 |
| | 残值率 | % | 5 | 5 | 5 | 5 | 5 | 5 | — |
| | 年工作台班 | 台班 | 100 | 100 | 100 | 100 | 100 | 100 | 120 |
| | 耐用总台班 | 台班 | 800 | 800 | 800 | 800 | 800 | 800 | 1000 |
| | 检修次数 | 次 | 1 | 1 | 1 | 1 | 1 | 1 | 1 |
| | 一次检修费 | 元 | 321 | 425 | 510 | 633 | 132 | 1266 | 142 |
| | 一次安拆费及场外运费 | 元 | 211 | 211 | 211 | 211 | 211 | 211 | 211 |
| | 年平均安拆次数 | 次 | 4 | 4 | 4 | 4 | 4 | 4 | 4 |
| | K值 | — | 0.97 | 0.97 | 0.97 | 0.97 | 1.69 | 0.97 | 8.50 |
| | 折旧年限 | 年 | 8～10 | 8～10 | 8～10 | 8～10 | 8～10 | 8～10 | 8～10 |
| | 折旧年限计算值 | 年 | 8 | 8 | 8 | 8 | 8 | 8 | 8 |

| 定额编号 | | | 07152 | 07153 | 07154 | 07155 | 07156 | 07157 | 07158 | 07159 | 07160 |
|---|---|---|---|---|---|---|---|---|---|---|---|
| 项目 | | | 立面水磨石机 | 喷砂除锈机 | 抛丸除锈机 | | | 涂料机 | | | |
| | | | 功率(kW) | 能力($m^3$/min) | 直径(mm) | | | 处理直径(mm) | | | |
| | | | 1.1 | 3 | 219 | 500 | 1000 | 300 | 1000 | 2000 | 3000 |
| 机型 | | | 小 | 小 | 中 | 中 | 中 | 小 | 小 | 小 | 小 |
| 费用名称 | | 单位 | 费用构成 | | | | | | | | |
| 基础数据 | 预算价格 | 元 | 5948 | 10086 | 314310 | 428017 | 776983 | 3362 | 6121 | 7500 | 8362 |
| | 残值率 | % | — | — | 5 | 5 | 5 | 5 | 5 | 5 | 5 |
| | 年工作台班 | 台班 | 120 | 150 | 150 | 150 | 150 | 150 | 150 | 150 | 150 |
| | 耐用总台班 | 台班 | 1000 | 1500 | 1500 | 1500 | 1500 | 1200 | 1200 | 1200 | 1200 |
| | 检修次数 | 次 | 1 | 2 | 2 | 2 | 2 | 1 | 1 | 1 | 1 |
| | 一次检修费 | 元 | 331 | 567 | 17564 | 23913 | 43405 | 406 | 746 | 916 | 1030 |
| | 一次安拆费及场外运费 | 元 | 211 | 211 | 211 | 211 | 211 | 211 | 211 | 211 | 211 |
| | 年平均安拆次数 | 次 | 4 | 4 | 4 | 4 | 4 | 4 | 4 | 4 | 4 |
| | K值 | — | 8.50 | 1.43 | 1.43 | 1.43 | 1.43 | 1.06 | 1.06 | 1.06 | 1.06 |
| | 折旧年限 | 年 | 8~10 | 8~10 | 8~10 | 8~10 | 8~10 | 8~10 | 8~10 | 8~10 | 8~10 |
| | 折旧年限计算值 | 年 | 8 | 10 | 10 | 10 | 10 | 8 | 8 | 8 | 8 |

| | | | 07161 | 07162 | 07163 | 07164 | 07165 | 07166 | 07167 | 07168 | 07169 | 07170 |
|---|---|---|---|---|---|---|---|---|---|---|---|---|
| 项目 | | | 万能母线煨弯机 | 封口机 | 数控钢筋调直切断机 | | 手提砂轮机 | 台式砂轮机 | 相贯线切割机 | 乙炔发生器 | 碳弧起刨机 | 电动扭力扳手 |
| | | | | | 直径(mm) | | | | | 容量 $5mm^3$ | | |
| | | | | | 1.8～3 | 3～7 | 150 | 250 | | | | |
| 机型 | | | 小 | 小 | 小 | 中 | 小 | 小 | 中 | 小 | 小 | 小 |
| 费用名称 | | 单位 | 费用构成 | | | | | | | | | |
| 基础数据 | 预算价格 | 元 | 13017 | 28966 | 44397 | 159828 | 517 | 517 | 31034 | 1724 | 8621 | 1724 |
| | 残值率 | % | 5 | 5 | 5 | 5 | 5 | 5 | 5 | 5 | 5 | 5 |
| | 年工作台班 | 台班 | 120 | 120 | 170 | 170 | 144 | 144 | 144 | 192 | 192 | 144 |
| | 耐用总台班 | 台班 | 1440 | 1440 | 2100 | 2100 | 1152 | 1152 | 1152 | 1536 | 1536 | 1152 |
| | 检修次数 | 次 | 1 | 1 | 1 | 1 | 1 | 1 | 1 | 1 | 1 | 1 |
| | 一次检修费 | 元 | 728 | 1616 | 8437 | 30357 | 145 | 145 | 8699 | 436 | 2182 | 429 |
| | 一次安拆费及场外运费 | 元 | 211 | 211 | 211 | 211 | — | — | — | 246 | 246 | 77 |
| | 年平均安拆次数 | 次 | 4 | 4 | 4 | 4 | — | — | — | 4 | 4 | 4 |
| | K值 | — | 2.20 | 2.20 | 0.75 | 0.75 | 3.33 | 3.33 | 3.33 | 2.92 | 2.92 | 2.26 |
| | 折旧年限 | 年 | 10～14 | 10～14 | 10～14 | 10～14 | 7～10 | 7～10 | 7～10 | 7～10 | 7～10 | 7～10 |
| | 折旧年限计算值 | 年 | 12 | 12 | 12 | 12 | 8 | 8 | 8 | 8 | 8 | 8 |

# 八、泵类机械

| 定额编号 | | | 08001 | 08002 | 08003 | 08004 | 08005 | 08006 | 08007 | 08008 | 08009 | 08010 |
|---|---|---|---|---|---|---|---|---|---|---|---|---|
| 项目 | | | 电动单级离心清水泵 | | | | | 内燃单级离心清水泵 | | | | |
| | | | 出口直径(mm) | | | | | | | | | |
| | | | 50 | 100 | 150 | 200 | 250 | 50 | 100 | 150 | 200 | 250 |
| 机型 | | | 小 | 小 | 小 | 小 | 小 | 小 | 小 | 小 | 小 | 小 |
| 费用名称 | | 单位 | 费用构成 | | | | | | | | | |
| 基础数据 | 预算价格 | 元 | 2155 | 3276 | 4655 | 6121 | 9052 | 3793 | 5172 | 9483 | 12069 | 24138 |
| | 残值率 | % | 5 | 5 | 5 | 5 | 5 | 5 | 5 | 5 | 5 | 5 |
| | 年工作台班 | 台班 | 120 | 120 | 120 | 120 | 120 | 120 | 120 | 120 | 120 | 120 |
| | 耐用总台班 | 台班 | 1200 | 1200 | 1200 | 1200 | 1200 | 1200 | 1200 | 1200 | 1200 | 1200 |
| | 检修次数 | 次 | 2 | 2 | 2 | 2 | 2 | 2 | 2 | 2 | 2 | 2 |
| | 一次检修费 | 元 | 463 | 699 | 992 | 1294 | 1918 | 803 | 1408 | 2107 | 3260 | 6538 |
| | 一次安拆费及场外运费 | 元 | 211 | 211 | 211 | 211 | 211 | 211 | 211 | 211 | 211 | 211 |
| | 年平均安拆次数 | 次 | 4 | 4 | 4 | 4 | 4 | 4 | 4 | 4 | 4 | 4 |
| | K值 | — | 2.41 | 2.41 | 2.41 | 2.41 | 2.41 | 1.79 | 1.79 | 1.79 | 1.79 | 1.79 |
| | 折旧年限 | 年 | 8~10 | 8~10 | 8~10 | 8~10 | 8~10 | 8~10 | 8~10 | 8~10 | 8~10 | 8~10 |
| | 折旧年限计算值 | 年 | 10 | 10 | 10 | 10 | 10 | 10 | 10 | 10 | 10 | 10 |

| 定额编号 | | | 08011 | 08012 | 08013 | 08014 | 08015 | 08016 | 08017 |
|---|---|---|---|---|---|---|---|---|---|
| 项目 | | | 电动多级离心清水泵 | | | | | | |
| | | | 出口直径(mm) | | | | | | |
| | | | 50 | 100 | | 150 | | 200 | |
| | | | | 扬程(m) | | | | | |
| | | | | 120 以下 | 120 以上 | 180 以下 | 180 以上 | 280 以下 | 280 以上 |
| 机型 | | | 小 | 小 | 小 | 小 | 小 | 小 | 小 |
| 费用名称 | | 单位 | 费用构成 | | | | | | |
| 基础数据 | 预算价格 | 元 | 5172 | 8621 | 12931 | 15517 | 17241 | 21552 | 26724 |
| | 残值率 | % | 5 | 5 | 5 | 5 | 5 | 5 | 5 |
| | 年工作台班 | 台班 | 120 | 120 | 120 | 120 | 120 | 120 | 120 |
| | 耐用总台班 | 台班 | 1200 | 1200 | 1200 | 1200 | 1200 | 1200 | 1200 |
| | 检修次数 | 次 | 2 | 2 | 2 | 2 | 2 | 2 | 2 |
| | 一次检修费 | 元 | 1172 | 2164 | 2938 | 4639 | 6595 | 7332 | 9193 |
| | 一次安拆费及场外运费 | 元 | 211 | 211 | 211 | 211 | 211 | 211 | 211 |
| | 年平均安拆次数 | 次 | 4 | 4 | 4 | 4 | 4 | 4 | 4 |
| | K 值 | — | 2. 58 | 2. 58 | 2. 58 | 2. 58 | 2. 58 | 2. 58 | 2. 58 |
| | 折旧年限 | 年 | 8 ~ 10 | 8 ~ 10 | 8 ~ 10 | 8 ~ 10 | 8 ~ 10 | 8 ~ 10 | 8 ~ 10 |
| | 折旧年限计算值 | 年 | 10 | 10 | 10 | 10 | 10 | 10 | 10 |

| 定额编号 | | | 08018 | 08019 | 08020 | 08021 | 08022 |
|---|---|---|---|---|---|---|---|
| 项目 | | | 单级自吸水泵 | 污水泵 | | | |
| | | | 出口直径(mm) | | | | |
| | | | 150 | 70 | 100 | 150 | 200 |
| 机型 | | | 小 | 小 | 小 | 小 | 小 |
| 费用名称 | | 单位 | 费用构成 | | | | |
| 基础数据 | 预算价格 | 元 | 19828 | 2586 | 4310 | 6034 | 18966 |
| | 残值率 | % | 5 | 5 | 5 | 5 | 5 |
| | 年工作台班 | 台班 | 150 | 120 | 120 | 120 | 120 |
| | 耐用总台班 | 台班 | 1500 | 1000 | 1000 | 1000 | 1000 |
| | 检修次数 | 次 | 1 | 1 | 1 | 1 | 1 |
| | 一次检修费 | 元 | 3675 | 425 | 1002 | 1464 | 4677 |
| | 一次安拆费及场外运费 | 元 | 211 | 211 | 211 | 211 | 211 |
| | 年平均安拆次数 | 次 | 4 | 4 | 4 | 4 | 4 |
| | K 值 | — | 2. 02 | 3. 24 | 3. 24 | 3. 24 | 3. 24 |
| | 折旧年限 | 年 | 8 ~ 10 | 8 ~ 10 | 8 ~ 10 | 8 ~ 10 | 8 ~ 10 |
| | 折旧年限计算值 | 年 | 10 | 8 | 8 | 8 | 8 |

| 定额编号 | | | 08023 | 08024 | 08025 | 08026 | 08027 | 08028 | 08029 | 08030 | 08031 | 08032 |
|---|---|---|---|---|---|---|---|---|---|---|---|---|
| 项目 | | | 泥浆泵 | | 耐腐蚀泵 | | | | 真空泵 | | 潜水泵 | |
| | | | 出口直径(mm) | | | | | | 抽气速度($m^3/h$) | | 出口直径(mm) | |
| | | | 50 | 100 | 40 | 50 | 80 | 100 | 204 | 660 | 100 | 150 |
| 机型 | | | 小 | 小 | 小 | 小 | 小 | 小 | 小 | 小 | 小 | 小 |
| 费用名称 | | 单位 | 费用构成 | | | | | | | | | |
| 基础数据 | 预算价格 | 元 | 2586 | 4310 | 5517 | 7241 | 7328 | 8448 | 8190 | 9397 | 3103 | 7328 |
| | 残值率 | % | 5 | 5 | 5 | 5 | 5 | 5 | 5 | 5 | 5 | 5 |
| | 年工作台班 | 台班 | 120 | 120 | 120 | 120 | 120 | 120 | 100 | 100 | 150 | 150 |
| | 耐用总台班 | 台班 | 1000 | 1000 | 1000 | 1000 | 1000 | 1000 | 1000 | 1000 | 1200 | 1200 |
| | 检修次数 | 次 | 1 | 1 | 1 | 1 | 1 | 1 | 1 | 1 | 1 | 1 |
| | 一次检修费 | 元 | 699 | 2627 | 926 | 1209 | 1228 | 1417 | 1379 | 1578 | 520 | 1219 |
| | 一次安拆费及场外运费 | 元 | 211 | 211 | 211 | 211 | 211 | 211 | 211 | 211 | 211 | 211 |
| | 年平均安拆次数 | 次 | 4 | 4 | 4 | 4 | 4 | 4 | 4 | 4 | 4 | 4 |
| | K值 | — | 3.24 | 3.24 | 5.39 | 5.39 | 5.39 | 5.39 | 2.15 | 2.15 | 5.44 | 5.44 |
| | 折旧年限 | 年 | 8~10 | 8~10 | 8~10 | 8~10 | 8~10 | 8~10 | 8~10 | 8~10 | 8~10 | 8~10 |
| | 折旧年限计算值 | 年 | 8 | 8 | 8 | 8 | 8 | 8 | 8 | 8 | 8 | 8 |

| 定 额 编 号 | | | 08033 | 08034 | 08035 | 08036 | 08037 | 08038 |
|---|---|---|---|---|---|---|---|---|
| 项 目 | | | 砂泵 | | | 高压油泵 | | 齿轮油泵 |
| | | | 出口直径(mm) | | | 压力(MPa) | | 流量(L/min) |
| | | | 65 | 100 | 125 | 50 | 80 | 2.5 |
| 机 型 | | | 小 | 小 | 小 | 小 | 小 | 小 |
| 费用名称 | | 单位 | 费用构成 | | | | | |
| 基础数据 | 预算价格 | 元 | 5948 | 13017 | 21810 | 5517 | 8707 | 2845 |
| | 残值率 | % | 5 | 5 | 5 | 5 | 5 | 5 |
| | 年工作台班 | 台班 | 100 | 100 | 100 | 150 | 150 | 150 |
| | 耐用总台班 | 台班 | 800 | 800 | 800 | 1200 | 1200 | 1200 |
| | 检修次数 | 次 | 1 | 1 | 1 | 1 | 1 | 1 |
| | 一次检修费 | 元 | 1002 | 2192 | 3666 | 926 | 1464 | 472 |
| | 一次安拆费及场外运费 | 元 | 211 | 211 | 211 | 211 | 211 | 211 |
| | 年平均安拆次数 | 次 | 4 | 4 | 4 | 4 | 4 | 4 |
| | K 值 | — | 3.76 | 3.76 | 3.76 | 3.33 | 3.33 | 3.33 |
| | 折旧年限 | 年 | 8~10 | 8~10 | 8~10 | 8~10 | 8~10 | 8~10 |
| | 折旧年限计算值 | 年 | 8 | 8 | 8 | 8 | 8 | 8 |

| 定额编号 | | | 08039 | 08040 | 08041 | 08042 | 08043 | 08044 | 08045 |
|---|---|---|---|---|---|---|---|---|---|
| 项目 | | | 试压泵 | | | | | | |
| | | | 压力(MPa) | | | | | | |
| | | | 2.5 | 3 | 4 | 6 | 10 | 25 | 30 |
| 机型 | | | 小 | 小 | 小 | 小 | 小 | 小 | 小 |
| 费用名称 | | 单位 | 费用构成 | | | | | | |
| 基础数据 | 预算价格 | 元 | 1724 | 3362 | 3448 | 3707 | 4310 | 1293 | 1552 |
| | 残值率 | % | 5 | 5 | 5 | 5 | 5 | 5 | 5 |
| | 年工作台班 | 台班 | 150 | 150 | 150 | 150 | 150 | 150 | 150 |
| | 耐用总台班 | 台班 | 1200 | 1200 | 1200 | 1200 | 1200 | 1200 | 1200 |
| | 检修次数 | 次 | 1 | 1 | 1 | 1 | 1 | 1 | 1 |
| | 一次检修费 | 元 | 293 | 557 | 586 | 624 | 718 | 775 | 794 |
| | 一次安拆费及场外运费 | 元 | 211 | 211 | 211 | 211 | 211 | 211 | 211 |
| | 年平均安拆次数 | 次 | 4 | 4 | 4 | 4 | 4 | 4 | 4 |
| | K值 | — | 3.04 | 3.04 | 3.04 | 3.04 | 3.04 | 3.04 | 3.04 |
| | 折旧年限 | 年 | 8~10 | 8~10 | 8~10 | 8~10 | 8~10 | 8~10 | 8~10 |
| | 折旧年限计算值 | 年 | — | — | — | — | — | 8 | 8 |

| 定额编号 | | | 08046 | 08047 | 08048 | 08049 |
|---|---|---|---|---|---|---|
| 项目 | | | 试压泵 | | | 射流井点泵 |
| | | | 压力(MPa) | | | 最大抽吸深度(m) |
| | | | 35 | 60 | 80 | 9.50 |
| 机型 | | | 小 | 小 | 小 | 小 |
| 费用名称 | | 单位 | 费用构成 | | | |
| 基础数据 | 预算价格 | 元 | 1638 | 1724 | 1897 | 6207 |
| | 残值率 | % | 5 | 5 | 5 | 5 |
| | 年工作台班 | 台班 | 150 | 150 | 150 | 150 |
| | 耐用总台班 | 台班 | 1200 | 1200 | 1200 | 1200 |
| | 检修次数 | 次 | 1 | 1 | 1 | 2 |
| | 一次检修费 | 元 | 813 | 831 | 1068 | 1550 |
| | 一次安拆费及场外运费 | 元 | 211 | 211 | 211 | 211 |
| | 年平均安拆次数 | 次 | 4 | 4 | 4 | 4 |
| | K值 | — | 3.04 | 3.04 | 3.04 | 3.72 |
| | 折旧年限 | 年 | 8~10 | 8~10 | 8~10 | 8~10 |
| | 折旧年限计算值 | 年 | 8 | 8 | 8 | 8 |

# 九、焊接机械

| 定额编号 | | | 09001 | 09002 | 09003 | 09004 | 09005 | 09006 | 09007 | 09008 | 09009 | 09010 |
|---|---|---|---|---|---|---|---|---|---|---|---|---|
| 项目 | | | 交流弧焊机 | | | | | 硅整流弧焊机 | | | 多功能弧焊整流器 | |
| | | | 容量(kV·A) | | | | | | | | 电流(A) | |
| | | | 21 | 32 | 42 | 50 | 80 | 15 | 20 | 25 | 630 | 1000 |
| 机型 | | | 小 | 小 | 小 | 小 | 小 | 小 | 小 | 小 | 小 | 小 |
| 费用名称 | | 单位 | 费用构成 | | | | | | | | | |
| 基础数据 | 预算价格 | 元 | 2845 | 3879 | 4655 | 4828 | 5603 | 7328 | 8534 | 11207 | 12845 | 19569 |
| | 残值率 | % | 5 | 5 | 5 | 5 | 5 | 5 | 5 | 5 | 5 | 5 |
| | 年工作台班 | 台班 | 150 | 150 | 150 | 150 | 150 | 160 | 160 | 160 | 150 | 150 |
| | 耐用总台班 | 台班 | 1500 | 1500 | 1500 | 1500 | 1500 | 1500 | 1500 | 1500 | 1200 | 1200 |
| | 检修次数 | 次 | 1 | 1 | 1 | 1 | 1 | 1 | 1 | 1 | 1 | 1 |
| | 一次检修费 | 元 | 614 | 813 | 992 | 1020 | 1181 | 1219 | 1427 | 1880 | 2740 | 4157 |
| | 一次安拆费及场外运费 | 元 | 478 | 478 | 478 | 478 | 478 | 478 | 478 | 478 | 478 | 478 |
| | 年平均安拆次数 | 次 | 4 | 4 | 4 | 4 | 4 | 4 | 4 | 4 | 4 | 4 |
| | K值 | — | 3.33 | 3.33 | 3.33 | 3.33 | 3.33 | 3.45 | 3.45 | 3.45 | 2.92 | 2.92 |
| | 折旧年限 | 年 | 7~10 | 7~10 | 7~10 | 7~10 | 7~10 | 7~10 | 7~10 | 7~10 | 7~10 | 7~10 |
| | 折旧年限计算值 | 年 | 10 | 10 | 10 | 10 | 10 | 9 | 9 | 9 | 8 | 8 |

| 定额编号 | | | 09011 | 09012 | 09013 | 09014 | 09015 | 09016 | 09017 |
|---|---|---|---|---|---|---|---|---|---|
| 项目 | | | 直流弧焊机 | | | | 汽油电焊机 | | 柴油电焊机 |
| | | | 功率(kW) | | | | 电流(A) | | |
| | | | 10 | 20 | 32 | 40 | 160 | 300 | 500 |
| 机型 | | | 小 | 小 | 小 | 小 | 小 | 小 | 小 |
| 费用名称 | | 单位 | 费用构成 | | | | | | |
| 基础数据 | 预算价格 | 元 | 3879 | 7241 | 8707 | 11121 | 16552 | 24310 | 28793 |
| | 残值率 | % | 5 | 5 | 5 | 5 | 5 | 5 | 5 |
| | 年工作台班 | 台班 | 150 | 150 | 150 | 150 | 200 | 200 | 200 |
| | 耐用总台班 | 台班 | 1500 | 1500 | 1500 | 1500 | 1400 | 1400 | 1400 |
| | 检修次数 | 次 | 1 | 1 | 1 | 1 | 1 | 1 | 1 |
| | 一次检修费 | 元 | 822 | 1550 | 1861 | 2353 | 3515 | 5178 | 6122 |
| | 一次安拆费及场外运费 | 元 | 478 | 478 | 478 | 478 | 478 | 478 | 478 |
| | 年平均安拆次数 | 次 | 4 | 4 | 4 | 4 | 4 | 4 | 4 |
| | K 值 | — | 4.00 | 3.71 | 3.71 | 3.71 | 1.19 | 1.19 | 1.19 |
| | 折旧年限 | 年 | 7 ~ 10 | 7 ~ 10 | 7 ~ 10 | 7 ~ 10 | 7 ~ 10 | 7 ~ 10 | 7 ~ 10 |
| | 折旧年限计算值 | 年 | 10 | 10 | 10 | 10 | 7 | 7 | 7 |

| 定 额 编 号 | | | 09018 | 09019 | 09020 | 09021 | 09022 | 09023 |
|---|---|---|---|---|---|---|---|---|
| 项 目 | | | 点焊机 | | | | 对焊机 | |
| | | | 容量(kV·A) | | | | | |
| | | | 短臂 50 | 长臂 75 | 100 | 多头 6×35 | 75 | 150 |
| 机 型 | | | 小 | 中 | 中 | 中 | 小 | 小 |
| 费用名称 | | 单位 | 费用构成 | | | | | |
| 基础数据 | 预算价格 | 元 | 8621 | 11293 | 19569 | 34483 | 7759 | 8707 |
| | 残值率 | % | 5 | 5 | 5 | 5 | 5 | 5 |
| | 年工作台班 | 台班 | 150 | 150 | 150 | 150 | 150 | 150 |
| | 耐用总台班 | 台班 | 1500 | 1500 | 1500 | 1500 | 1250 | 1250 |
| | 检修次数 | 次 | 1 | 1 | 1 | 1 | 1 | 1 |
| | 一次检修费 | 元 | 1833 | 2400 | 4157 | 7766 | 1644 | 1861 |
| | 一次安拆费及场外运费 | 元 | 478 | 478 | 478 | 478 | 478 | 478 |
| | 年平均安拆次数 | 次 | 4 | 4 | 4 | 4 | 4 | 4 |
| | K 值 | — | 2.92 | 2.92 | 2.92 | 2.92 | 3.13 | 3.13 |
| | 折旧年限 | 年 | 7~10 | 7~10 | 7~10 | 7~10 | 7~10 | 7~10 |
| | 折旧年限计算值 | 年 | 10 | 10 | 10 | 10 | 8 | 8 |

| 定额编号 | | | 09024 | 09025 | 09026 | 09027 | 09028 | 09029 | 09030 | 09031 | 09032 | 09033 |
|---|---|---|---|---|---|---|---|---|---|---|---|---|
| 项目 | | | 热熔对接焊机 | | | | 电熔焊机 | 对熔焊机 | 氩弧焊机 | 二氧化碳气体保护焊机 | | 等离子弧焊机 |
| | | | 直径(mm) | | | | ONDINE | BF250 | 电流(A) | | | |
| | | | 160 | 250 | 630 | 800 | | | 500 | 250 | 500 | 300 |
| 机型 | | | 小 | 小 | 小 | 小 | 小 | 小 | 中 | 小 | 小 | 小 |
| 费用名称 | | 单位 | 费用构成 | | | | | | | | | |
| 基础数据 | 预算价格 | 元 | 1897 | 2845 | 8190 | 8534 | 25862 | 129310 | 10345 | 3448 | 28879 | 21552 |
| | 残值率 | % | 5 | 5 | 5 | 5 | 5 | 5 | 5 | 5 | 5 | 5 |
| | 年工作台班 | 台班 | 150 | 150 | 150 | 150 | 150 | 150 | 100 | 100 | 100 | 100 |
| | 耐用总台班 | 台班 | 1250 | 1250 | 1250 | 1250 | 1250 | 1250 | 800 | 800 | 800 | 800 |
| | 检修次数 | 次 | 1 | 1 | 1 | 1 | 1 | 1 | 1 | 1 | 1 | 1 |
| | 一次检修费 | 元 | 397 | 605 | 1738 | 1814 | 5497 | 27486 | 2022 | 1890 | 4837 | 3666 |
| | 一次安拆费及场外运费 | 元 | 478 | 478 | 478 | 478 | 478 | 478 | 478 | 478 | 478 | 478 |
| | 年平均安拆次数 | 次 | 4 | 4 | 4 | 4 | 4 | 4 | 4 | 4 | 4 | 4 |
| | K值 | — | 1.06 | 1.06 | 1.06 | 1.06 | 1.06 | 1.06 | 3.40 | 5.15 | 5.15 | 5.40 |
| | 折旧年限 | 年 | 7~10 | 7~10 | 7~10 | 7~10 | 7~10 | 7~10 | 7~10 | 7~10 | 7~10 | 7~10 |
| | 折旧年限计算值 | 年 | 8 | 8 | 8 | 8 | 8 | 8 | 8 | 8 | 8 | 8 |

| 定额编号 | | | 09034 | 09035 | 09036 | 09037 | 09038 | 09039 |
|---|---|---|---|---|---|---|---|---|
| 项目 | | | 自动埋弧焊机 | | | 电渣焊机 | 缝焊机 | 土工膜焊接机 |
| | | | 电流(A) | | | | 容量(kV·A) | 厚度(mm) |
| | | | 500 | 1200 | 1500 | 1000 | 150 | 8～160 |
| 机型 | | | 小 | 小 | 小 | 中 | 中 | 小 |
| 费用名称 | | 单位 | 费用构成 | | | | | |
| 基础数据 | 预算价格 | 元 | 19828 | 25862 | 36207 | 48276 | 18103 | 4828 |
| | 残值率 | % | 5 | 5 | 5 | 5 | 5 | 5 |
| | 年工作台班 | 台班 | 150 | 150 | 150 | 150 | 150 | 150 |
| | 耐用总台班 | 台班 | 1500 | 1500 | 1500 | 1500 | 1500 | 1250 |
| | 检修次数 | 次 | 1 | 1 | 1 | 1 | 1 | 1 |
| | 一次检修费 | 元 | 2806 | 3732 | 4620 | 5763 | 3779 | 1020 |
| | 一次安拆费及场外运费 | 元 | 478 | 478 | 478 | 478 | 478 | 478 |
| | 年平均安拆次数 | 次 | 4 | 4 | 4 | 4 | 4 | 4 |
| | K值 | — | 5.32 | 5.32 | 5.32 | 3.18 | 3.18 | 2.92 |
| | 折旧年限 | 年 | 7～10 | 7～10 | 7～10 | 7～10 | 7～10 | 7～10 |
| | 折旧年限计算值 | 年 | 10 | 10 | 10 | 10 | 10 | 10 |

| 定额编号 | | | 09040 | 09041 | 09042 | 09043 | 09044 |
|---|---|---|---|---|---|---|---|
| 项目 | | | 电焊条烘干箱 | | | | |
| | | | 容量($cm^3$) | | | | |
| | | | 45×35×45 | 55×45×55 | 60×50×75 | 80×80×100 | 75×105×135 |
| 机型 | | | 小 | 小 | 小 | 小 | 小 |
| 费用名称 | | 单位 | 费用构成 | | | | |
| 基础数据 | 预算价格 | 元 | 2500 | 3103 | 3448 | 5948 | 9483 |
| | 残值率 | % | 5 | 5 | 5 | 5 | 5 |
| | 年工作台班 | 台班 | 120 | 120 | 120 | 120 | 120 |
| | 耐用总台班 | 台班 | 1200 | 1200 | 1200 | 1200 | 1200 |
| | 检修次数 | 次 | 1 | 1 | 1 | 1 | 1 |
| | 一次检修费 | 元 | 784 | 1115 | 1436 | 2154 | 2324 |
| | 一次安拆费及场外运费 | 元 | — | — | — | — | — |
| | 年平均安拆次数 | 次 | — | — | — | — | — |
| | K值 | — | 1.73 | 1.73 | 1.73 | 1.73 | 1.73 |
| | 折旧年限 | 年 | 8~10 | 8~10 | 8~10 | 8~10 | 8~10 |
| | 折旧年限计算值 | 年 | 10 | 10 | 10 | 10 | 10 |

# 十、动力机械

| 定额编号 | | | 10001 | 10002 | 10003 | 10004 | 10005 | 10006 | 10007 |
|---|---|---|---|---|---|---|---|---|---|
| 项目 | | | 汽油发电机组 | | | 柴油发电机组 | | | |
| | | | 功率(kW) | | | | | | |
| | | | 3 | 6 | 10 | 30 | 50 | 60 | 75 |
| 机型 | | | 小 | 小 | 小 | 中 | 中 | 中 | 中 |
| 费用名称 | | 单位 | 费用构成 | | | | | | |
| 基础数据 | 预算价格 | 元 | 3448 | 8448 | 10345 | 17241 | 21552 | 25862 | 30172 |
| | 残值率 | % | 5 | 5 | 5 | 5 | 5 | 5 | 5 |
| | 年工作台班 | 台班 | 180 | 180 | 180 | 150 | 150 | 150 | 150 |
| | 耐用总台班 | 台班 | 2250 | 2250 | 2250 | 2250 | 2250 | 2250 | 2250 |
| | 检修次数 | 次 | 2 | 2 | 2 | 2 | 2 | 2 | 2 |
| | 一次检修费 | 元 | 435 | 1141 | 1302 | 2170 | 2713 | 3255 | 3813 |
| | 一次安拆费及场外运费 | 元 | 495 | 495 | 495 | 495 | 495 | 495 | 495 |
| | 年平均安拆次数 | 次 | 4 | 4 | 4 | 4 | 4 | 4 | 4 |
| | K值 | — | 3.86 | 3.86 | 3.86 | 3.26 | 3.26 | 3.26 | 3.26 |
| | 折旧年限 | 年 | 11~18 | 11~18 | 11~18 | 11~18 | 11~18 | 11~18 | 11~18 |
| | 折旧年限计算值 | 年 | 13 | 13 | 13 | 15 | 15 | 15 | 15 |

| 定 额 编 号 | | | 10008 | 10009 | 10010 | 10011 | 10012 | 10013 | 10014 |
|---|---|---|---|---|---|---|---|---|---|
| 项 目 | | | 柴油发电机组 | | | | | | |
| | | | 功率(kW) | | | | | | |
| | | | 90 | 100 | 120 | 150 | 200 | 300 | 400 |
| 机 型 | | | 中 | 中 | 中 | 中 | 中 | 大 | 大 |
| 费用名称 | | 单位 | 费用构成 | | | | | | |
| 基础数据 | 预算价格 | 元 | 34483 | 38793 | 43103 | 51724 | 63793 | 90517 | 131897 |
| | 残值率 | % | 5 | 5 | 5 | 5 | 5 | 5 | 5 |
| | 年工作台班 | 台班 | 150 | 150 | 150 | 150 | 150 | 150 | 150 |
| | 耐用总台班 | 台班 | 2250 | 2250 | 2250 | 2250 | 2250 | 2250 | 2250 |
| | 检修次数 | 次 | 2 | 2 | 2 | 2 | 2 | 2 | 2 |
| | 一次检修费 | 元 | 4341 | 4920 | 5426 | 6512 | 9012 | 11395 | 16875 |
| | 一次安拆费及场外运费 | 元 | 495 | 495 | 495 | 495 | 495 | 495 | 495 |
| | 年平均安拆次数 | 次 | 4 | 4 | 4 | 4 | 4 | 4 | 4 |
| | K 值 | — | 3. 26 | 3. 26 | 3. 26 | 3. 26 | 3. 26 | 2. 73 | 2. 73 |
| | 折旧年限 | 年 | 11 ~ 18 | 11 ~ 18 | 11 ~ 18 | 11 ~ 18 | 11 ~ 18 | 11 ~ 18 | 11 ~ 18 |
| | 折旧年限计算值 | 年 | 15 | 15 | 15 | 15 | 15 | 15 | 15 |

| 定额编号 | | | 10015 | 10016 | 10017 | 10018 | 10019 | 10020 | 10021 | 10022 | 10023 |
|---|---|---|---|---|---|---|---|---|---|---|---|
| 项目 | | | 电动空气压缩机 | | | | | | | | |
| | | | 排气量($m^3$/min) | | | | | | | | |
| | | | 0.3 | 0.6 | 1 | 3 | 6 | 9 | 10 | 20 | 40 |
| 机型 | | | 小 | 小 | 小 | 小 | 小 | 小 | 中 | 中 | 大 |
| 费用名称 | | 单位 | 费用构成 | | | | | | | | |
| 基础数据 | 预算价格 | 元 | 1724 | 2586 | 5172 | 28448 | 49138 | 63448 | 75862 | 139655 | 284483 |
| | 残值率 | % | 5 | 5 | 5 | 5 | 5 | 5 | 5 | 5 | 5 |
| | 年工作台班 | 台班 | 200 | 200 | 200 | 200 | 200 | 200 | 200 | 200 | 200 |
| | 耐用总台班 | 台班 | 1980 | 1980 | 1980 | 1980 | 1980 | 1980 | 1980 | 1980 | 1980 |
| | 检修次数 | 次 | 2 | 2 | 2 | 2 | 2 | 2 | 2 | 2 | 2 |
| | 一次检修费 | 元 | 397 | 520 | 756 | 4819 | 7407 | 10639 | 10837 | 20314 | 47014 |
| | 一次安拆费及场外运费 | 元 | 495 | 495 | 495 | 495 | 495 | 495 | 495 | 1427 | 1427 |
| | 年平均安拆次数 | 次 | 4 | 4 | 4 | 4 | 4 | 4 | 4 | 4 | 4 |
| | K值 | — | 4.78 | 4.78 | 4.78 | 2.11 | 2.11 | 2.11 | 2.11 | 2.11 | 1.65 |
| | 折旧年限 | 年 | 8~10 | 8~10 | 8~10 | 8~10 | 8~10 | 8~10 | 8~10 | 8~10 | 8~10 |
| | 折旧年限计算值 | 年 | 10 | 10 | 10 | 10 | 10 | 10 | 10 | 10 | 10 |

| 定额编号 | | | 10024 | 10025 | 10026 | 10027 | 10028 | 10029 |
|---|---|---|---|---|---|---|---|---|
| 项目 | | | 内燃空气压缩机 | | | | | |
| | | | 排气量($m^3$/min) | | | | | |
| | | | 3 | 6 | 9 | 12 | 17 | 30 |
| 机型 | | | 中 | 中 | 中 | 中 | 中 | 大 |
| 费用名称 | | 单位 | 费用构成 | | | | | |
| 基础数据 | 预算价格 | 元 | 30862 | 53448 | 68966 | 86638 | 110345 | 235345 |
| | 残值率 | % | 5 | 5 | 5 | 5 | 5 | 5 |
| | 年工作台班 | 台班 | 200 | 200 | 200 | 200 | 200 | 200 |
| | 耐用总台班 | 台班 | 1980 | 1980 | 1980 | 1980 | 1980 | 1980 |
| | 检修次数 | 次 | 2 | 2 | 2 | 2 | 2 | 2 |
| | 一次检修费 | 元 | 7483 | 12897 | 16459 | 19737 | 23828 | 44199 |
| | 一次安拆费及场外运费 | 元 | 817 | 817 | 817 | 817 | 1427 | 1427 |
| | 年平均安拆次数 | 次 | 4 | 4 | 4 | 4 | 4 | 4 |
| | K 值 | — | 3. 32 | 3. 32 | 3. 32 | 3. 32 | 3. 32 | 3. 32 |
| | 折旧年限 | 年 | 8 ~ 10 | 8 ~ 10 | 8 ~ 10 | 8 ~ 10 | 8 ~ 10 | 8 ~ 10 |
| | 折旧年限计算值 | 年 | 10 | 10 | 10 | 10 | 10 | 10 |

| 定额编号 | | | 10030 | 10031 | 10032 | 10033 | 10034 | 10035 |
|---|---|---|---|---|---|---|---|---|
| 项目 | | | 内燃空气压缩机 | 无油空气压缩机 | | 工业锅炉 | | |
| | | | 排气量($m^3$/min) | | | 蒸发量(t/h) | | |
| | | | 40 | 9 | 20 | 1 | 2 | 4 |
| 机型 | | | 大 | 小 | 中 | 中 | 中 | 中 |
| 费用名称 | | 单位 | 费用构成 | | | | | |
| 基础数据 | 预算价格 | 元 | 255172 | 103017 | 244224 | 93103 | 129310 | 205172 |
| | 残值率 | % | 5 | 5 | 5 | 5 | 5 | 5 |
| | 年工作台班 | 台班 | 200 | 200 | 200 | 200 | 200 | 200 |
| | 耐用总台班 | 台班 | 1980 | 1980 | 1980 | 1600 | 1600 | 1600 |
| | 检修次数 | 次 | 2 | 2 | 2 | 1 | 1 | 1 |
| | 一次检修费 | 元 | 59278 | 21863 | 51833 | 22062 | 24131 | 39078 |
| | 一次安拆费及场外运费 | 元 | 1427 | 1427 | 1427 | 4013 | 4013 | 4013 |
| | 年平均安拆次数 | 次 | 4 | 4 | 4 | 4 | 4 | 4 |
| | K值 | — | 2.38 | 1.38 | 1.38 | 0.52 | 0.52 | 0.52 |
| | 折旧年限 | 年 | 8~10 | 8~10 | 8~10 | 8~10 | 8~10 | 8~10 |
| | 折旧年限计算值 | 年 | 10 | 10 | 10 | 8 | 8 | 8 |

# 十一、地下工程机械

| 定 额 编 号 | | | 11001 | 11002 | 11003 | 11004 | 11005 |
|---|---|---|---|---|---|---|---|
| 项 目 | | | 干式出土盾构掘进机 | | | | |
| | | | 直径(mm) | | | | |
| | | | 3500 | 5000 | 7000 | 10000 | 12000 |
| 机 型 | | | 特 | 特 | 特 | 特 | 特 |
| 费用名称 | | 单位 | 费用构成 | | | | |
| 基础数据 | 预算价格 | 元 | 1585862 | 2374741 | 3148621 | 5553103 | 7335172 |
| | 残值率 | % | 5 | 5 | 5 | 5 | 5 |
| | 年工作台班 | 台班 | 250 | 250 | 250 | 250 | 250 |
| | 耐用总台班 | 台班 | 2250 | 2250 | 2250 | 2250 | 2250 |
| | 检修次数 | 次 | 1 | 1 | 1 | 1 | 1 |
| | 一次检修费 | 元 | 318925 | 477589 | 633211 | 1116789 | 1475180 |
| | K 值 | — | 1.73 | 1.73 | 1.73 | 1.73 | 1.73 |
| | 折旧年限 | 年 | 8～10 | 8～10 | 8～10 | 8～10 | 8～10 |
| | 折旧年限计算值 | 年 | 9 | 9 | 9 | 9 | 9 |

| 定额编号 | | | 11006 | 11007 | 11008 | 11009 | 11010 | 11011 | 11012 | 11013 | 11014 |
|---|---|---|---|---|---|---|---|---|---|---|---|
| 项目 | | | 水力出土盾构掘进机 | | | | | | 气压平衡式盾构掘进机 | | |
| | | | 直径(mm) | | | | | | | | |
| | | | 3500 | 5000 | 6000 | 7000 | 10000 | 12000 | 3500 | 5000 | 7000 |
| 机型 | | | 特 | 特 | 特 | 特 | 特 | 特 | 特 | 特 | 特 |
| 费用名称 | | 单位 | 费用构成 | | | | | | | | |
| 基础数据 | 预算价格 | 元 | 1814655 | 2553362 | 3103448 | 3323534 | 6024655 | 9980345 | 3416121 | 3875862 | 5199741 |
| | 残值率 | % | 5 | 5 | 5 | 5 | 5 | 5 | 5 | 5 | 5 |
| | 年工作台班 | 台班 | 250 | 250 | 250 | 250 | 250 | 250 | 225 | 225 | 225 |
| | 耐用总台班 | 台班 | 2250 | 2250 | 2250 | 2250 | 2250 | 2250 | 2250 | 2250 | 2250 |
| | 检修次数 | 次 | 1 | 1 | 1 | 1 | 1 | 1 | 1 | 1 | 1 |
| | 一次检修费 | 元 | 324395 | 456444 | 519652 | 594123 | 1076984 | 1784127 | 610686 | 692857 | 929526 |
| | K值 | — | 1.70 | 1.70 | 1.70 | 1.70 | 1.70 | 1.70 | 1.53 | 1.53 | 1.53 |
| | 折旧年限 | 年 | 8~10 | 8~10 | 8~10 | 8~10 | 8~10 | 8~10 | 8~10 | 8~10 | 8~10 |
| | 折旧年限计算值 | 年 | 9 | 9 | 9 | 9 | 9 | 9 | 10 | 10 | 10 |

| 定额编号 | | | 11015 | 11016 | 11017 | 11018 | 11019 | 11020 | 11021 | 11022 |
|---|---|---|---|---|---|---|---|---|---|---|
| 项目 | | | 刀盘式干出土土压平衡盾构掘进机 | | | | 刀盘式水力出土泥水平衡盾构掘进机 | | | |
| | | | 直径(mm) | | | | | | | |
| | | | 3500 | 5000 | 7000 | 11500 | 3500 | 5000 | 7000 | 11500 |
| 机型 | | | 特 | 特 | 特 | 特 | 特 | 特 | 特 | 特 |
| 费用名称 | | 单位 | 费用构成 | | | | | | | |
| 基础数据 | 预算价格 | 元 | 2907241 | 4879224 | 9051724 | 19655172 | 3327931 | 5101207 | 9913793 | 20922414 |
| | 残值率 | % | 5 | 5 | 5 | 5 | 5 | 5 | 5 | 5 |
| | 年工作台班 | 台班 | 225 | 225 | 225 | 225 | 225 | 225 | 225 | 225 |
| | 耐用总台班 | 台班 | 2250 | 2250 | 2250 | 2250 | 2250 | 2250 | 2250 | 2250 |
| | 检修次数 | 次 | 1 | 1 | 1 | 1 | 1 | 1 | 1 | 1 |
| | 一次检修费 | 元 | 584675 | 981255 | 2362056 | 3987150 | 669284 | 1025898 | 2362056 | 4157218 |
| | K值 | — | 1.73 | 1.73 | 1.73 | 1.73 | 1.70 | 1.70 | 1.70 | 1.70 |
| | 折旧年限 | 年 | 8~10 | 8~10 | 8~10 | 8~10 | 8~10 | 8~10 | 8~10 | 8~10 |
| | 折旧年限计算值 | 年 | 10 | 10 | 10 | 10 | 10 | 10 | 10 | 10 |

| 定额编号 | | | 11023 | 11024 | 11025 | 11026 | 11027 | 11028 |
|---|---|---|---|---|---|---|---|---|
| 项目 | | | 盾构同步压浆泵 | 盾构医疗闸设备 | 垂直顶升设备 | 履带式绳索抓斗成槽机 | 履带式抓斗成槽机 | |
| | | | D2.1m×7m | | | 550A－50 MHL－630 | KH180M HL－800 | KH180M HL－1200 |
| 机型 | | | 大 | 中 | 中 | 特 | 特 | 特 |
| 费用名称 | | 单位 | 费用构成 | | | | | |
| 基础数据 | 预算价格 | 元 | 314741 | 174310 | 315086 | 2248448 | 3411912 | 5491319 |
| | 残值率 | % | 5 | 5 | 5 | 5 | 5 | 5 |
| | 年工作台班 | 台班 | 140 | 200 | 150 | 220 | 220 | 220 |
| | 耐用总台班 | 台班 | 1120 | 2000 | 1500 | 3150 | 3150 | 3150 |
| | 检修次数 | 次 | 1 | 1 | 1 | 2 | 2 | 2 |
| | 一次检修费 | 元 | 42205 | 23365 | 42252 | 264692 | 401658 | 646450 |
| | 一次安拆费及场外运费 | 元 | 1427 | 1427 | 1427 | — | — | — |
| | 年平均安拆次数 | 次 | 4 | 4 | 4 | — | — | — |
| | K值 | — | 1.17 | 2.21 | 1.96 | 1.41 | 1.41 | 1.41 |
| | 折旧年限 | 年 | 8~10 | 8~10 | 8~10 | 10~14 | 10~14 | 10~14 |
| | 折旧年限计算值 | 年 | 8 | 10 | 10 | 12 | 12 | 12 |

| 定额编号 | | | 11029 | 11030 | 11031 | 11032 | 11033 | 11034 |
|---|---|---|---|---|---|---|---|---|
| 项目 | | | 履带式抓斗成槽机 | 导杆式液压抓斗成槽机 | 井架式液压抓斗成槽机 | 反循环钻机 | 多头钻成槽机 | 超声波测壁机 |
| | | | SG60A | E50KRC2/45K2502 | | 60P45A | BW | |
| 机型 | | | 特 | 特 | 大 | 特 | 特 | 小 |
| 费用名称 | | 单位 | 费用构成 | | | | | |
| 基础数据 | 预算价格 | 元 | 5689655 | 4938707 | 308879 | 2384224 | 3905517 | 33276 |
| | 残值率 | % | 5 | 5 | 5 | 5 | 5 | 5 |
| | 年工作台班 | 台班 | 220 | 220 | 220 | 180 | 180 | 150 |
| | 耐用总台班 | 台班 | 3150 | 2625 | 2625 | 1440 | 1440 | 900 |
| | 检修次数 | 次 | 2 | 2 | 2 | 2 | 2 | 2 |
| | 一次检修费 | 元 | 534174 | 606963 | 37963 | 205556 | 316912 | 4091 |
| | 一次安拆费及场外运费 | 元 | — | — | — | — | — | 211 |
| | 年平均安拆次数 | 次 | — | — | — | — | — | 4 |
| | K 值 | — | 1.41 | 1.41 | 4.90 | 1.75 | 3.12 | 1.65 |
| | 折旧年限 | 年 | 10~14 | 10~14 | 10~14 | 8~10 | 8~10 | 5~10 |
| | 折旧年限计算值 | 年 | 12 | 12 | 12 | 8 | 8 | 6 |

| 定额编号 | | | 11035 | 11036 | 11037 | 11038 | 11039 | 11040 | 11041 |
|---|---|---|---|---|---|---|---|---|---|
| 项目 | | | 泥浆制作循环设备 | 锁口管顶升机 | 沉井钻吸机组 | 潜水电钻 | | 工程地质液压钻机 | 液压钻机 |
| | | | | | KH180－2配GZQ1250A | 75型 | 80型 | | G－2A |
| 机型 | | | 大 | 中 | 大 | 中 | 中 | 小 | 中 |
| 费用名称 | | 单位 | 费用构成 | | | | | | |
| 基础数据 | 预算价格 | 元 | 1106379 | 73276 | 1827845 | 24310 | 31638 | 54914 | 54914 |
| | 残值率 | % | 5 | 5 | 5 | 5 | 5 | 5 | 5 |
| | 年工作台班 | 台班 | 175 | 150 | 210 | 100 | 100 | 150 | 150 |
| | 耐用总台班 | 台班 | 1750 | 1500 | 1680 | 800 | 800 | 1400 | 1400 |
| | 检修次数 | 次 | 1 | 1 | 2 | 1 | 1 | 1 | 1 |
| | 一次检修费 | 元 | 74169 | 7370 | 344010 | 1635 | 2116 | 5527 | 5527 |
| | 一次安拆费及场外运费 | 元 | 4013 | 211 | — | 478 | 478 | 478 | 478 |
| | 年平均安拆次数 | 次 | 4 | 4 | — | 4 | 4 | 4 | 4 |
| | K值 | — | 1.51 | 4.39 | 1.36 | 2.32 | 2.32 | 1.07 | 1.07 |
| | 折旧年限 | 年 | 10～14 | 10～14 | 8～10 | 8～10 | 8～10 | 8～10 | 8～10 |
| | 折旧年限计算值 | 年 | 10 | 10 | 8 | 8 | 8 | 10 | 9 |

| 定额编号 | | | 11042 | 11043 | 11044 | 11045 | 11046 | 11047 | 11048 |
|---|---|---|---|---|---|---|---|---|---|
| 项目 | | | 刀盘式土压平衡顶管掘进机 | | | | | | |
| | | | 管径(mm) | | | | | | |
| | | | 1650 | 1800 | 2000 | 2200 | 2460 | 2800 | 3000 |
| 机型 | | | 特 | 特 | 特 | 特 | 特 | 特 | 特 |
| 费用名称 | | 单位 | 费用构成 | | | | | | |
| 基础数据 | 预算价格 | 元 | 717494 | 955166 | 1051724 | 1134390 | 2164928 | 2379300 | 2566490 |
| | 残值率 | % | 5 | 5 | 5 | 5 | 5 | 5 | 5 |
| | 年工作台班 | 台班 | 225 | 225 | 225 | 225 | 225 | 225 | 225 |
| | 耐用总台班 | 台班 | 2250 | 2250 | 2250 | 2250 | 2250 | 2250 | 2250 |
| | 检修次数 | 次 | 1 | 1 | 1 | 1 | 1 | 1 | 1 |
| | 一次检修费 | 元 | 130896 | 167262 | 179516 | 201937 | 390920 | 408636 | 438539 |
| | K 值 | — | 1. 84 | 1. 84 | 1. 84 | 1. 84 | 1. 84 | 1. 84 | 1. 84 |
| | 折旧年限 | 年 | 8 ~ 10 | 8 ~ 10 | 8 ~ 10 | 8 ~ 10 | 8 ~ 10 | 8 ~ 10 | 8 ~ 10 |
| | 折旧年限计算值 | 年 | 10 | 10 | 10 | 10 | 10 | 10 | 10 |

| 定额编号 | | | 11049 | 11050 | 11051 | 11052 | 11053 | 11054 | 11055 | 11056 | 11057 |
|---|---|---|---|---|---|---|---|---|---|---|---|
| 项目 | | | 挤压法顶管设备 | | | | | | | | |
| | | | 管径(mm) | | | | | | | | |
| | | | 1000 | 1200 | 1400 | 1500 | 1650 | 1800 | 2000 | 2200 | 2400 |
| 机型 | | | 中 | 中 | 中 | 中 | 中 | 中 | 中 | 中 | 中 |
| 费用名称 | | 单位 | 费用构成 | | | | | | | | |
| 基础数据 | 预算价格 | 元 | 47672 | 55345 | 56724 | 65862 | 79483 | 120259 | 123966 | 170517 | 247328 |
| | 残值率 | % | 5 | 5 | 5 | 5 | 5 | 5 | 5 | 5 | 5 |
| | 年工作台班 | 台班 | 225 | 225 | 225 | 225 | 225 | 225 | 225 | 225 | 225 |
| | 耐用总台班 | 台班 | 2250 | 2250 | 2250 | 2250 | 2250 | 2250 | 2250 | 2250 | 2250 |
| | 检修次数 | 次 | 1 | 1 | 1 | 1 | 1 | 1 | 1 | 1 | 1 |
| | 一次检修费 | 元 | 7993 | 9269 | 9505 | 11045 | 13322 | 20153 | 20777 | 28571 | 41440 |
| | 一次安拆费及场外运费 | 元 | 211 | 211 | 211 | 211 | 211 | 211 | 211 | 211 | 211 |
| | 年平均安拆次数 | 次 | 4 | 4 | 4 | 4 | 4 | 4 | 4 | 4 | 4 |
| | K值 | — | 2.74 | 2.74 | 2.74 | 2.74 | 2.74 | 2.74 | 2.74 | 2.74 | 2.74 |
| | 折旧年限 | 年 | 8~10 | 8~10 | 8~10 | 8~10 | 8~10 | 8~10 | 8~10 | 8~10 | 8~10 |
| | 折旧年限计算值 | 年 | 10 | 10 | 10 | 10 | 10 | 10 | 10 | 10 | 10 |

| 定额编号 | | | 11058 | 11059 | 11060 | 11061 | 11062 | 11063 | 11064 | 11065 | 11066 |
|---|---|---|---|---|---|---|---|---|---|---|---|
| 项目 | | | 遥控顶管掘进机 | | | | | 人工挖土法顶管设备 | | | |
| | | | 管径(mm) | | | | | | | | |
| | | | 800 | 1200 | 1350 | 1650 | 1800 | 1200 | 1650 | 2000 | 2460 |
| 机型 | | | 特 | 特 | 特 | 特 | 特 | 小 | 小 | 小 | 中 |
| 费用名称 | | 单位 | 费用构成 | | | | | | | | |
| 基础数据 | 预算价格 | 元 | 1922414 | 2107931 | 2283793 | 2437414 | 2701121 | 22931 | 28879 | 30776 | 31293 |
| | 残值率 | % | 5 | 5 | 5 | 5 | 5 | 5 | 5 | 5 | 5 |
| | 年工作台班 | 台班 | 225 | 225 | 225 | 225 | 225 | 225 | 225 | 225 | 225 |
| | 耐用总台班 | 台班 | 2250 | 2250 | 2250 | 2250 | 2250 | 2250 | 2250 | 2250 | 2250 |
| | 检修次数 | 次 | 1 | 1 | 1 | 1 | 1 | 1 | 1 | 1 | 1 |
| | 一次检修费 | 元 | 322175 | 353279 | 382738 | 408485 | 452683 | 3845 | 4837 | 5168 | 5234 |
| | 一次安拆费及场外运费 | 元 | 1427 | 1427 | 1427 | 1427 | 1427 | 211 | 211 | 211 | 211 |
| | 年平均安拆次数 | 次 | 4 | 4 | 4 | 4 | 4 | 4 | 4 | 4 | 4 |
| | K值 | — | 1.84 | 1.84 | 1.84 | 1.84 | 1.84 | 4.36 | 4.36 | 4.36 | 4.36 |
| | 折旧年限 | 年 | 8~10 | 8~10 | 8~10 | 8~10 | 8~10 | 8~10 | 8~10 | 8~10 | 8~10 |
| | 折旧年限计算值 | 年 | 10 | 10 | 10 | 10 | 10 | 10 | 10 | 10 | 10 |

| 定额编号 | | | 11067 | 11068 | 11069 | 11070 | 11071 | 11072 | 11073 | 11074 | 11075 |
|---|---|---|---|---|---|---|---|---|---|---|---|
| 项目 | | | 液压柜 | 悬臂式掘进机 | 轨道车 | | | 电力机车 | 动力稳定车 | 配砟整形车 | 起拔道捣固车 |
| | | | 动力系统 | 功率(kW) | | | | | | 工作能力(m/h) | |
| | | | | 318 | 120 | 210 | 290 | | | 1200 | 1100 |
| 机型 | | | 中 | 特 | 小 | 小 | 小 | 中 | 中 | 中 | 大 |
| 费用名称 | | 单位 | 费用构成 | | | | | | | | |
| 基础数据 | 预算价格 | 元 | 14655 | 11365517 | 424397 | 682845 | 776983 | 1917931 | 6601810 | 2353017 | 7920345 |
| | 残值率 | % | 5 | 5 | 5 | 5 | 5 | 5 | 5 | 5 | 5 |
| | 年工作台班 | 台班 | 225 | 225 | 235 | 235 | 235 | 235 | 235 | 235 | 235 |
| | 耐用总台班 | 台班 | 2250 | 2250 | 2814 | 2814 | 2814 | 2814 | 2814 | 2814 | 2814 |
| | 检修次数 | 次 | 1 | 1 | 2 | 2 | 2 | 2 | 2 | 2 | 2 |
| | 一次检修费 | 元 | 1474 | 193500 | 56907 | 91544 | 104167 | 257143 | 885119 | 315476 | 1061905 |
| | K值 | — | 5.40 | 1.84 | 2.71 | 2.71 | 2.71 | 2.71 | 2.71 | 2.71 | 2.71 |
| | 折旧年限 | 年 | 8～10 | 8～10 | 10～14 | 10～14 | 10～14 | 10～14 | 10～14 | 10～14 | 10～14 |
| | 折旧年限计算值 | 年 | 10 | 10 | 12 | 12 | 12 | 12 | 12 | 12 | 12 |

| 定额编号 | | | 11076 | 11077 | 11078 | 11079 | 11080 | 11081 | 11082 |
|---|---|---|---|---|---|---|---|---|---|
| 项目 | | | 电气化安装作业车 | 移动式焊轨机组 | 双液压注浆泵 | 液压注浆泵 | 三臂凿岩台车 | 装药台车 | 土压平衡矩形盾构机 |
| | | | | | PH2×5 | HYB50/50－1 型 | H178 | DT－100 | 11830×7270（宽×高） |
| 机型 | | | 中 | 大 | 中 | 中 | 大 | 大 | 特 |
| 费用名称 | | 单位 | 费用构成 | | | | | | |
| 基础数据 | 预算价格 | 元 | 1349655 | 7769397 | 107534 | 44607 | 5653966 | 1909235 | 60344828 |
| | 残值率 | % | 5 | 5 | 5 | 5 | 5 | 5 | 5 |
| | 年工作台班 | 台班 | 235 | 235 | 120 | 120 | 245 | 245 | 270 |
| | 耐用总台班 | 台班 | 2814 | 2814 | 1120 | 1120 | 1960 | 1960 | 2700 |
| | 检修次数 | 次 | 2 | 2 | 1 | 1 | 2 | 2 | 1 |
| | 一次检修费 | 元 | 180952 | 1041667 | 23213 | 9646 | 1168519 | 242971 | 2834467 |
| | 一次安拆费及场外运费 | 元 | — | — | 246 | 246 | — | — | — |
| | 年平均安拆次数 | 次 | — | — | 4 | 4 | — | — | — |
| | K 值 | — | 2.71 | 2.71 | 0.96 | 0.96 | 2.71 | 2.71 | 1.70 |
| | 折旧年限 | 年 | 10～14 | 10～14 | 8～10 | 8～10 | 8～10 | 8～10 | 8～10 |
| | 折旧年限计算值 | 年 | 12 | 12 | 9 | 9 | 8 | 8 | 10 |

| 定额编号 | | | 11083 | 11084 | 11085 | 11086 | 11087 | 11088 | 11089 | 11090 |
|---|---|---|---|---|---|---|---|---|---|---|
| 项目 | | | 矩形顶管设备 | 矩形顶管附属设备 | 盐水螺杆机组 | 三向倾卸轮胎式装载机 | 定向钻机非开挖铺管钻机 | | | 多点远距离测温系统 |
| | | | 6900×4200（宽×高） | | TBS70 0.2JF | | ST－25 型 | ST－35 型 | ST－40 型 | CW500 |
| 机型 | | | 特 | 特 | 特 | 大 | 大 | 大 | 大 | 特 |
| 费用名称 | | 单位 | 费用构成 | | | | | | | |
| 基础数据 | 预算价格 | 元 | 11206897 | 1137931 | 301724 | 1797021 | 689655 | 948276 | 1120690 | 7931 |
| | 残值率 | % | 5 | 5 | 5 | 5 | 5 | 5 | 5 | 5 |
| | 年工作台班 | 台班 | 210 | 210 | 520 | 282 | 180 | 180 | 180 | 180 |
| | 耐用总台班 | 台班 | 2100 | 2100 | 2300 | 3377 | 1440 | 1440 | 1440 | 1440 |
| | 检修次数 | 次 | 1 | 1 | 3 | 2 | 1 | 1 | 1 | 1 |
| | 一次检修费 | 元 | 2928949 | 1417234 | 9448 | 248911 | 170068 | 217309 | 255102 | 1737 |
| | 一次安拆费及场外运费 | 元 | — | — | — | — | 5000 | 5000 | 5000 | — |
| | 年平均安拆次数 | 次 | — | — | — | — | 4 | 4 | 4 | — |
| | K 值 | — | 1.70 | 1.70 | 2.00 | 2.70 | 1.70 | 1.70 | 1.70 | 1.73 |
| | 折旧年限 | 年 | 8～10 | 8～10 | 4～5 | 10～14 | 8～10 | 8～10 | 8～10 | 8～10 |
| | 折旧年限计算值 | 年 | 10 | 10 | 4 | 8 | 8 | 8 | 8 | 8 |

# 十二、其 他 机 械

| 定 额 编 号 | | | 12001 | 12002 | 12003 | 12004 | 12005 |
|---|---|---|---|---|---|---|---|
| 项 目 | | | 轴流通风机 | | | | |
| | | | 功率(kW) | | | | |
| | | | 7.5 | 30 | 100 | 150 | 220 |
| 机 型 | | | 小 | 小 | 小 | 小 | 小 |
| 费 用 名 称 | | 单位 | 费 用 构 成 | | | | |
| 基础数据 | 预算价格 | 元 | 4078 | 7759 | 16000 | 82931 | 93103 |
| | 残值率 | % | 5 | 5 | 5 | 5 | 5 |
| | 年工作台班 | 台班 | 100 | 100 | 100 | 100 | 100 |
| | 耐用总台班 | 台班 | 1000 | 1000 | 1000 | 1000 | 1000 |
| | 检修次数 | 次 | 1 | 1 | 1 | 1 | 1 |
| | 一次检修费 | 元 | 472 | 1436 | 3203 | 14512 | 17441 |
| | 一次安拆费及场外运费 | 元 | 211 | 211 | 211 | 211 | 211 |
| | 年平均安拆次数 | 次 | 4 | 4 | 4 | 4 | 4 |
| | K 值 | — | 2.52 | 2.52 | 1.87 | 1.87 | 1.87 |
| | 折旧年限 | 年 | 8 ~ 10 | 8 ~ 10 | 8 ~ 10 | 8 ~ 10 | 8 ~ 10 |
| | 折旧年限计算值 | 年 | 10 | 10 | 10 | 10 | 10 |

| 定额编号 | | | 12006 | 12007 | 12008 | 12009 | 12010 |
|---|---|---|---|---|---|---|---|
| 项目 | | | 离心通风机 | | | | 吹风机 |
| | | | 能力($m^3$/min) | | | | |
| | | | 1300 | 1800 | 2500 | 3200 | 4 |
| 机型 | | | 小 | 小 | 小 | 小 | 小 |
| 费用名称 | | 单位 | 费用构成 | | | | |
| 基础数据 | 预算价格 | 元 | 6897 | 10567 | 13966 | 17241 | 4741 |
| | 残值率 | % | 5 | 5 | 5 | 5 | 5 |
| | 年工作台班 | 台班 | 120 | 120 | 120 | 120 | 100 |
| | 耐用总台班 | 台班 | 1000 | 1000 | 1000 | 1000 | 1000 |
| | 检修次数 | 次 | 1 | 1 | 1 | 1 | 1 |
| | 一次检修费 | 元 | 1776 | 2003 | 3146 | 4034 | 775 |
| | 一次安拆费及场外运费 | 元 | 211 | 211 | 211 | 211 | 211 |
| | 年平均安拆次数 | 次 | 4 | 4 | 4 | 4 | 4 |
| | K值 | — | 1.87 | 1.87 | 1.25 | 1.25 | 2.52 |
| | 折旧年限 | 年 | 8~10 | 8~10 | 8~10 | 8~10 | 8~10 |
| | 折旧年限计算值 | 年 | 8 | 8 | 8 | 8 | 10 |

| 定额编号 | | | 12011 | 12012 | 12013 | 12014 | 12015 |
|---|---|---|---|---|---|---|---|
| 项目 | | | 鼓风机 | | | | |
| | | | 能力($m^3$/min) | | | | |
| | | | 8 | 18 | 50 | 129 | 700 |
| 机型 | | | 小 | 小 | 小 | 小 | 小 |
| 费用名称 | | 单位 | 费用构成 | | | | |
| 基础数据 | 预算价格 | 元 | 3634 | 13000 | 17774 | 20216 | 72155 |
| | 残值率 | % | 5 | 5 | 5 | 5 | 5 |
| | 年工作台班 | 台班 | 100 | 100 | 100 | 100 | 100 |
| | 耐用总台班 | 台班 | 1000 | 1000 | 1000 | 1000 | 1000 |
| | 检修次数 | 次 | 1 | 1 | 1 | 1 | 1 |
| | 一次检修费 | 元 | 699 | 2277 | 4223 | 5584 | 54242 |
| | 一次安拆费及场外运费 | 元 | 211 | 211 | 211 | 211 | 211 |
| | 年平均安拆次数 | 次 | 4 | 4 | 4 | 4 | 4 |
| | K 值 | — | 2. 42 | 2. 42 | 2. 42 | 2. 42 | 2. 42 |
| | 折旧年限 | 年 | 8 ~ 10 | 8 ~ 10 | 8 ~ 10 | 8 ~ 10 | 8 ~ 10 |
| | 折旧年限计算值 | 年 | 10 | 10 | 10 | 10 | 10 |

| 定额编号 | | | 12016 | 12017 | 12018 | 12019 | 12020 | 12021 | 12022 |
|---|---|---|---|---|---|---|---|---|---|
| 项目 | | | 反吸式除尘机 | 组合烘箱 | 箱式加热炉 | | | 硅整流充电机 | 滤油机 |
| | | | D2－FX1 | | RJX－45－9 | RJX－75－9 | RJX－50－13 | 90A/190V | LX100型 |
| 机型 | | | 小 | 小 | 小 | 小 | 小 | 小 | 小 |
| 费用名称 | | 单位 | 费用构成 | | | | | | |
| 基础数据 | 预算价格 | 元 | 28793 | 21034 | 14397 | 21897 | 23448 | 11121 | 5517 |
| | 残值率 | % | 5 | 5 | 5 | 5 | 5 | 5 | 5 |
| | 年工作台班 | 台班 | 150 | 150 | 125 | 125 | 125 | 150 | 100 |
| | 耐用总台班 | 台班 | 1200 | 1200 | 1000 | 1000 | 1000 | 1500 | 800 |
| | 检修次数 | 次 | 1 | 1 | 1 | 1 | 1 | 1 | 1 |
| | 一次检修费 | 元 | 4828 | 3524 | 803 | 1304 | 1219 | 624 | 302 |
| | 一次安拆费及场外运费 | 元 | 211 | 211 | 211 | 211 | 211 | 211 | 211 |
| | 年平均安拆次数 | 次 | 4 | 4 | 4 | 4 | 4 | 4 | 4 |
| | K值 | — | 1.13 | 1.03 | 1.06 | 1.06 | 1.06 | 3.16 | 2.30 |
| | 折旧年限 | 年 | 8～10 | 8～10 | 8～10 | 8～10 | 8～10 | 8～10 | 8～10 |
| | 折旧年限计算值 | 年 | 8 | 8 | 8 | 8 | 8 | 10 | 8 |

| 定额编号 | | | 12023 | 12024 | 12025 | 12026 | 12027 | 12028 | 12029 |
|---|---|---|---|---|---|---|---|---|---|
| 项目 | | | 潜水设备 | 潜水减压仓 | 通井机 | 高压压风机车 | 井点降水钻机 | 液压升降机 | 泥浆拌和机 |
| | | | | | 功率(kW) | | | 提升高度 | 100～150L |
| | | | | | 66 | 300 | | 9m | |
| 机型 | | | 小 | 中 | 大 | 大 | 小 | 小 | 小 |
| 费用名称 | | 单位 | 费用构成 | | | | | | |
| 基础数据 | 预算价格 | 元 | 22759 | 135603 | 148172 | 131034 | 22414 | 8621 | 20690 |
| | 残值率 | % | 5 | 5 | 5 | 5 | 5 | 5 | 5 |
| | 年工作台班 | 台班 | 120 | 180 | 200 | 170 | 120 | 120 | 180 |
| | 耐用总台班 | 台班 | 960 | 1440 | 2250 | 2250 | 1200 | 1200 | 1750 |
| | 检修次数 | 次 | 1 | 1 | 2 | 2 | 2 | 1 | 1 |
| | 一次检修费 | 元 | 3817 | 22723 | 19841 | 67224 | 520 | 2731 | 961 |
| | 一次安拆费及场外运费 | 元 | 211 | 478 | — | — | 211 | 211 | 176 |
| | 年平均安拆次数 | 次 | 4 | 4 | — | — | 4 | 4 | 4 |
| | K值 | — | 14.00 | 3.23 | 2.70 | 2.80 | 2.41 | 3.93 | 4.20 |
| | 折旧年限 | 年 | 8～10 | 8～10 | 10～14 | 10～14 | 10～14 | 8～10 | 8～10 |
| | 折旧年限计算值 | 年 | 8 | 8 | 11 | 13 | 10 | 10 | 10 |

| 定额编号 | | | 12030 | 12031 | 12032 | 12033 | 12034 | 12035 | 12036 |
|---|---|---|---|---|---|---|---|---|---|
| 项目 | | | 超声波探伤机 | | | X射线探伤机 | | | |
| | | | CTS－8 | CTS－22 | CTS－26 | 1605 | 2005 | 2505 | 3005 |
| 机型 | | | 小 | 小 | 小 | 小 | 小 | 小 | 小 |
| 费用名称 | | 单位 | 费用构成 | | | | | | |
| 基础数据 | 预算价格 | 元 | 10922 | 13819 | 16776 | 10922 | 20397 | 25466 | 48819 |
| | 残值率 | % | 5 | 5 | 5 | 5 | 5 | 5 | 5 |
| | 年工作台班 | 台班 | 120 | 120 | 120 | 120 | 120 | 120 | 120 |
| | 耐用总台班 | 台班 | 1080 | 1080 | 1080 | 1080 | 1080 | 1080 | 1080 |
| | 检修次数 | 次 | 2 | 2 | 2 | 2 | 2 | 2 | 2 |
| | 一次检修费 | 元 | 2589 | 3276 | 3974 | 1833 | 3418 | 4266 | 8192 |
| | 一次安拆费及场外运费 | 元 | 176 | 176 | 176 | 176 | 176 | 176 | 176 |
| | 年平均安拆次数 | 次 | 4 | 4 | 4 | 4 | 4 | 4 | 4 |
| | K值 | — | 1.86 | 2.26 | 2.26 | 2.26 | 2.26 | 2.26 | 2.26 |
| | 折旧年限 | 年 | 7～10 | 7～10 | 7～10 | 7～10 | 7～10 | 7～10 | 7～10 |
| | 折旧年限计算值 | 年 | 9 | 9 | 9 | 9 | 9 | 9 | 9 |

| 定额编号 | | | 12037 | 12038 | 12039 | 12040 |
|---|---|---|---|---|---|---|
| 项目 | | | 周向X射线探伤机 | 磁粉探伤机 | | |
| | | | 携带式2005 | 周向磁化电流(A) | | |
| | | | | 6000 | 9000 | 12500 |
| 机型 | | | 小 | 小 | 小 | 小 |
| 费用名称 | | 单位 | 费用构成 | | | |
| 基础数据 | 预算价格 | 元 | 26250 | 45862 | 53888 | 142759 |
| | 残值率 | % | 5 | 5 | 5 | 5 |
| | 年工作台班 | 台班 | 120 | 144 | 144 | 144 |
| | 耐用总台班 | 台班 | 1080 | 1080 | 1080 | 1080 |
| | 检修次数 | 次 | 2 | 2 | 2 | 2 |
| | 一次检修费 | 元 | 7328 | 12850 | 15146 | 40183 |
| | 一次安拆费及场外运费 | 元 | 176 | 176 | 176 | 176 |
| | 年平均安拆次数 | 次 | 4 | 4 | 4 | 4 |
| | K值 | — | 1.64 | 1.49 | 1.49 | 1.49 |
| | 折旧年限 | 年 | 7~10 | 7~10 | 7~10 | 7~10 |
| | 折旧年限计算值 | 年 | 9 | 8 | 8 | 8 |

| 定额编号 | | | 12041 | 12042 | 12043 | 12044 | 12045 | 12046 | 12047 |
|---|---|---|---|---|---|---|---|---|---|
| 项目 | | | 工程修理车 | | 热熔焊接机 | | | 多角焊接机 | 电熔焊接机 |
| | | | JX－12A | EQ－141 | SH－63 | SHD－160C | SHD－630 | DSH－250 | DRH－160A |
| 机型 | | | 中 | 大 | 小 | 小 | 小 | 小 | 小 |
| 费用名称 | | 单位 | 费用构成 | | | | | | |
| 基础数据 | 预算价格 | 元 | 102241 | 161767 | 948 | 17241 | 20690 | 47414 | 3017 |
| | 残值率 | % | 5 | 5 | 5 | 5 | 5 | 5 | 5 |
| | 年工作台班 | 台班 | 216 | 216 | 180 | 180 | 180 | 180 | 180 |
| | 耐用总台班 | 台班 | 1800 | 1800 | 1440 | 1440 | 1440 | 1440 | 1440 |
| | 检修次数 | 次 | 1 | 1 | 1 | 1 | 1 | 1 | 1 |
| | 一次检修费 | 元 | 26276 | 36990 | 242 | 4391 | 5269 | 12076 | 769 |
| | 一次安拆费及场外运费 | 元 | — | — | 176 | 176 | 176 | 176 | 176 |
| | 年平均安拆次数 | 次 | — | — | 4 | 4 | 4 | 4 | 4 |
| | K值 | — | 2.30 | 2.30 | 1.06 | 1.06 | 1.06 | 1.06 | 1.06 |
| | 折旧年限 | 年 | 8～10 | 8～10 | 8～10 | 8～10 | 8～10 | 8～10 | 8～10 |
| | 折旧年限计算值 | 年 | 8 | 8 | 8 | 8 | 8 | 8 | 8 |

| 定额编号 | | | 12048 | 12049 | 12050 | 12051 | 12052 |
|---|---|---|---|---|---|---|---|
| 项目 | | | 真空滤油机 | 链条式混凝土切割机 | 压滤机 | | |
| | | | 能力(L/h) | | XMYZG200 | XMYZG400 | XMYZG500 |
| | | | 6000 | ZSYK 型电动绳锯 | 1250 - UB | 1500 - UB | |
| 机型 | | | 中 | 中 | 中 | 大 | 大 |
| 费用名称 | | 单位 | 费用构成 | | | | |
| 基础数据 | 预算价格 | 元 | 152759 | 80086 | 185345 | 362069 | 400862 |
| | 残值率 | % | 5 | 5 | 5 | 5 | 5 |
| | 年工作台班 | 台班 | 100 | 100 | 150 | 150 | 150 |
| | 耐用总台班 | 台班 | 800 | 800 | 1200 | 1200 | 1200 |
| | 检修次数 | 次 | 1 | — | 2 | 2 | 2 |
| | 一次检修费 | 元 | 8532 | 2834 | 12188 | 23810 | 26361 |
| | 一次安拆费及场外运费 | 元 | 211 | — | — | — | — |
| | 年平均安拆次数 | 次 | 4 | — | — | — | — |
| | K 值 | — | 3.20 | 1.06 | 1.28 | 1.28 | 1.28 |
| | 折旧年限 | 年 | 8 ~ 10 | 8 ~ 10 | 8 ~ 10 | 8 ~ 10 | 8 ~ 10 |
| | 折旧年限计算值 | 年 | 8 | 8 | 10 | 10 | 10 |

| 定额编号 | | | 12053 | 12054 | 12055 | 12056 | 12057 |
|---|---|---|---|---|---|---|---|
| 项目 | | | 智能程控张拉机 | 履带式钻孔机 | 轻便钻机 | 液压钻机 | |
| | | | LX－MSP 型 | 孔径(mm) 400～700 | XJ－100 | STE－1 | XU－100 |
| 机型 | | | 中 | 小 | 小 | 中 | 中 |
| 费用名称 | | 单位 | 费用构成 | | | | |
| 基础数据 | 预算价格 | 元 | 241379 | 344828 | 19828 | 60345 | 41379 |
| | 残值率 | % | 5 | 5 | 5 | 5 | 5 |
| | 年工作台班 | 台班 | 150 | 240 | 360 | 2700 | 240 |
| | 耐用总台班 | 台班 | 1200 | 3240 | 2700 | 2700 | 2700 |
| | 检修次数 | 次 | 1 | 2 | 2 | 2 | 2 |
| | 一次检修费 | 元 | 45351 | 18392 | 3347 | 4724 | 3054 |
| | 一次安拆费及场外运费 | 元 | — | — | — | — | 176 |
| | 年平均安拆次数 | 次 | — | — | — | — | 4 |
| | K 值 | — | 4.50 | 3.45 | 4.00 | 4.00 | 4.75 |
| | 折旧年限 | 年 | 8～10 | 8～10 | 8～10 | 8～10 | 10～14 |
| | 折旧年限计算值 | 年 | 10 | 10 | 8 | 8 | 11 |

# 附　　录

# 附录一　机械台班费用定额编制规则

## 1　总　　则

**1.0.1**　为适应本省统一建设市场的需求,统一机械分类、规格型号划分、机械编码、机械台班费用组成及计算方法,加强对施工机械台班单价的动态管理,制定本规则。

**1.0.2**　类别、性能和规格与国产施工机械相同的进口机械,按国产施工机械进行项目设置。

**1.0.3**　本规则适用于采用一般计税方法计取增值税的建设工程施工机械台班费用定额的编制,作为编制建设工程施工机械台班费用定额和确定建设工程施工机械台班单价的依据。

**1.0.4**　施工机械台班单价费用组成中各费用项目均以不包含增值税可抵扣进项税额的价格计算。

## 2　施工机械分类及机型规格划分

**2.0.1**　施工机械应统一按下列类别划分:

1. 土石方及筑路机械;
2. 桩工机械;
3. 起重机械;
4. 水平运输机械;
5. 垂直运输机械;
6. 混凝土及砂浆机械;
7. 加工机械;
8. 泵类机械;
9. 焊接机械;
10. 动力机械;
11. 地下工程机械;
12. 其他机械;
13. 单独计算的费用。

**2.0.2**　施工机械的编码为×××××。

**2.0.3**　施工机械的机型按其性能及价值可分为特型、大型、中型、小型四类。

## 3　施工机械台班单价的费用组成

**3.0.1**　施工机械台班单价应由下列七项费用组成:

1. 折旧费:指施工机械在规定的耐用总台班内,陆续收回其原值的费用。

2. 检修费:指施工机械在规定的耐用总台班内,按规定的检修间隔进行必要的检修,以恢复其正常功能所需的费用。

3. 维护费:指施工机械在规定的耐用总台班内,按规定的维护间隔进行各级维护和临时故障排除所需的费用,包括保障机械正常运转所需替换设备与随机配备工具附具的摊销费用、机械运转及日常维护所需润滑与擦拭的材料费用及机械停滞期间的维护费用等。

4. 安拆费及场外运费:安拆费指施工机械在现场进行安装与拆卸所需的人工、材料、机械和试运转费用以及机械辅助设施的折旧、搭设、拆除等费用;场外运费指施工机械整体或分体自停放地点运至施工现场或由一个施工地点运至另一个施工地点的运输、装卸、辅助材料等费用。

5. 人工费:指机上司机(司炉)和其他操作人员的人工费。

6. 燃料动力费:指施工机械在运转作业中所耗用的燃料及水电等费用。

7. 其他费用:指施工机械按照国家和有关部门规定应缴纳的车船使用税、保险费及年检费用等。

**3. 0. 2** 施工机械台班单价应按下列公式计算:

台班单价 = 折旧费 + 检修费 + 维护费 + 安拆费及场外运费 + 人工费 + 燃料动力费 + 其他费用

**3. 0. 3** 施工机械台班应按 8h 工作制计算。

## 4 施工机械原值采集及取定

**4. 0. 1** 国产机械的机械原值应按下列途径询价、采集:

1. 编制期施工企业已购进施工机械的成交价格;

2. 编制期国内施工机械展销会发布的参考价格;

3. 编制期施工机械生产厂、经销商的销售价格。

**4. 0. 2** 进口机械的机械原值应按其到岸价格取定。到岸价格应按外贸、海关等部门有关资料,施工企业实际购置价格及相应的外汇汇率计算。

**4. 0. 3** 国产施工机械未计取相关手续费,一次运杂费按施工机械原值的 3% 取定,车辆购置税率按 10% 取定。

**4. 0. 4** 施工机械原值采用不含税价格,除税税率为 16% 。

施工机械原值 = 含税施工机械原值 ÷ (1 + 16% )

## 5 施工机械台班的费用计算

**5. 1** 折旧费

**5. 1. 1** 台班折旧费应按下列公式计算:

台班折旧费 = 机械预算价格 × (1 - 残值率)/耐用总台班

**5. 1. 2** 国产机械预算价格应按下列公式计算:

预算价格 = 机械原值 + 供销部门手续费和一次运杂费 + 车辆购置税

1. 供销部门手续费和一次运杂费可按机械原值的 5% 计算。

2. 车辆购置税应按下列公式计算:

车辆购置税 = 计税价格 × 车辆购置税率

(1) 计税价格 = 机械原值 + 供销部门手续费和一次运杂费 - 增值税

(2) 车辆购置税率应执行编制期国家有关规定。

**5. 1. 3** 进口机械预算价格按下列公式计算:

预算价格 = 机械原值 + 关税 + 增值税 + 消费税 +
外贸部门手续费及国内一次运杂费 + 财务费 + 车辆购置税

1. 关税、增值税、消费税和财务费应执行编制期国家有关规定,并参照实际发生的费用计算。

2. 外贸部门手续费和国内一次运杂费按到岸价格的 6. 5% 计算。

3. 车辆购置税按以下公式计算:

(1) 车辆购置税 = 计税价格 × 车辆购置税率

(2) 计税价格 = 到岸价格 + 关税 + 消费税

**5. 1. 4** 残值率指施工机械报废时其回收残余价值占原值的百分比。

**5. 1. 5** 耐用总台班是指施工机械从开始投入使用至报废前使用的总台班数。

耐用总台班应按施工机械的技术指标及寿命期等相关参数确定。

**5. 1. 6** 确定折旧年限和耐用总台班时应综合考虑下列关系:

折旧年限 = 耐用总台班/年工作台班

其中,年工作台班指施工机械在年度内使用的台班数量。年工作台班应在编制期制度工作日基础上扣除规定的修理、保养及机械利用率等因素确定。

**5.2** 检修费

**5.2.1** 检修费按下列公式计算：

检修费 = 一次检修费 × 检修次数/耐用总台班 × 除税系数

除税系数 = 自行检修比例 + 委外检修比例 ÷ (1 + 税率)

**5.2.2** 一次检修费指施工机械一次检修发生的工时费、配件费、辅料费、油燃料费等。一次检修费应以《全国统一施工机械保养修理技术经济定额》(以下简称《技术经济定额》)为基础,集合编制期市场价格综合确定。

**5.2.3** 检修次数指施工机械在耐用总台班内的检修次数。检修次数应参照《技术经济定额》确定。

**5.2.4** 自行检修比例、委外检修比例是指施工机械自行检修、委托专业修理修配部门检修占检修费的比例。具体比例应结合本地区施工机械维护实际综合取定。

**5.2.5** 税率按增值税修理修配劳务适用税率计取。

**5.3** 维护费

**5.3.1** 维护费按下列公式计算：

维护费 = [ ∑(各级维护一次费用 × 除税系数 × 各级维护次数) + 临时故障排除费]/耐用总台班 + 替换设备和工具附具台班摊销费

除税系数 = 自行维护比例 + 委外维护比例 ÷ (1 + 税率)

**5.3.2** 各级维护一次费用以《技术经济定额》为基础,结合编制市场价格确定。

**5.3.3** 各级维护次数根据《技术经济定额》相应数据确定。

**5.3.4** 自行维护比例、委外维护比例是指施工机械自行维护、委托专业修理修配部门维护占维护费的比例。具体比例应结合本地区施工机械维护实际综合取定。

**5.3.5** 税率按增值税修理修配劳务适用税率计取。

**5.3.6** 临时故障排除费按各级保养费用之和的百分数取定。

**5.3.7** 替换设备和工具附具台班摊销费、例保辅料费的计算应以《技术经济定额》为基础,结合编制期市场价格综合确定。

**5.3.8** 当维护费计算公式中各项数值难以取定时,维护费也可按下式计算：

维护费 = 检修费 × $K$

其中 $K$ 为维护费系数,指维护费占检修费的百分数。可按本规则“基础数据”取值。

**5.4** 安拆费及场外运费

**5.4.1** 安拆费及场外运费根据施工机械不同分为计入台班单价、单独计算和不计算三种类型。

**5.4.2** 工地间移动较为频繁的小型机械及部分中型机械,其安拆费及场外运费应计入台班单价。

**5.4.3** 移动有一定难度的特、大型(包括少数中型)机械,其安拆费及场外运费应单独计算。

单独计算的安拆费及场外运费除应计算安拆费、场外运费外,还应计算辅助设施(包括基础、底座、固定锚桩、行走轨道枕木等)的折旧、搭设和拆除等费用。

**5.4.4** 不需安装、拆卸且自身又能开行的机械和固定在车间不需安装、拆卸及运输的机械,其安拆费及场外运费不计算。

台班安拆费及场外运费应按下列公式计算：

台班安拆费及场外运费 = 一次安拆费及场外运费 × 年平均安拆次数/年工作台班

1. 一次安拆费包括施工现场机械安装和拆卸一次所需的人工费、材料费、机械费及试运转费。

2. 一次场外运费包括运输、装卸、辅助材料和架线等费用。

3. 年平均安拆次数应以《技术经济定额》为基础。

**5.5** 人工费

**5.5.1** 人工费应按下列公式计算：

台班人工费 = 人工消耗量 × 人工单价

**5.5.2** 人工消耗量指机上司机(司炉)和其他操作人员的工作日消耗量。

**5.5.3** 年制度工作日应执行编制期国家有关规定。

**5.5.4** 人工单价应执行编制期工程造价管理部门的有关规定。

**5.6** 燃料动力费

**5.6.1** 燃料动力费应按下列公式计算:

燃料动力费 = Σ(燃料动力消耗量 × 单价)

**5.6.2** 燃料动力消耗量应根据施工机械技术指标及实测资料综合确定。

**5.6.3** 燃料动力单价应执行编制期工程造价管理部门的有关规定。

**5.7** 其他费

**5.7.1** 其他费应按下列公式计算:

台班其他费 = (年车船使用税 + 年保险费 + 年交强险 + 年检费用)/年工作台班

**5.7.2** 年车船使用税、年检费用应执行编制期有关部门的规定。

**5.7.3** 年保险应执行编制期有关部门强制性保险的规定。

## 6 施工机械停滞费及租赁费的计算

**6.0.1** 施工机械停滞费指施工机械非自身原因停滞期间所发生的费用。

施工机械停滞费可按下列公式计算:

机械停滞费 = 台班折旧费 + 台班人工费 + 台班其他费用

**6.0.2** 各地区可根据具体情况自行测算机械租赁费。

# 附录二 相关文件

## 机动车交通事故责任强制保险条例

### 第一章 总 则

**第一条** 为了保障机动车道路交通事故受害人依法得到赔偿,促进道路交通安全,根据《中华人民共和国道路交通安全法》、《中华人民共和国保险法》,制定本条例。

**第二条** 在中华人民共和国境内道路上行驶的机动车的所有人或者管理人,应当依照《中华人民共和国道路交通安全法》的规定投保机动车交通事故责任强制保险。

机动车交通事故责任强制保险的投保、赔偿和监督管理,适用本条例。

**第三条** 本条例所称机动车交通事故责任强制保险,是指由保险公司对被保险机动车发生道路交通事故造成本车人员、被保险人以外的受害人的人身伤亡、财产损失,在责任限额内予以赔偿的强制性责任保险。

**第四条** 国务院保险监督管理机构(以下称保监会)依法对保险公司的机动车交通事故责任强制保险业务实施监督管理。

公安机关交通管理部门、农业(农业机械)主管部门(以下统称机动车管理部门)应当依法对机动车参加机动车交通事故责任强制保险的情况实施监督检查。对未参加机动车交通事故责任强制保险的机动车,机动车管理部门不得予以登记,机动车安全技术检验机构不得予以检验。

公安机关交通管理部门及其交通警察在调查处理道路交通安全违法行为和道路交通事故时,应当依法检查机动车交通事故责任强制保险的保险标志。

### 第二章 投 保

**第五条** 保险公司经保监会批准,可以从事机动车交通事故责任强制保险业务。

为了保证机动车交通事故责任强制保险制度的实行,保监会有权要求保险公司从事机动车交通事故责任强制保险业务。

未经保监会批准,任何单位或者个人不得从事机动车交通事故责任强制保险业务。

**第六条** 机动车交通事故责任强制保险实行统一的保险条款和基础保险费率。保监会按照机动车交通事故责任强制保险业务总体上不盈利不亏损的原则审批保险费率。

保监会在审批保险费率时,可以聘请有关专业机构进行评估,可以举行听证会听取公众意见。

**第七条** 保险公司的机动车交通事故责任强制保险业务,应当与其他保险业务分开管理,单独核算。

保监会应当每年对保险公司的机动车交通事故责任强制保险业务情况进行核查,并向社会公布;根据保险公司机动车交通事故责任强制保险业务的总体盈利或者亏损情况,可以要求或者允许保险公司相应调整保险费率。

调整保险费率的幅度较大的,保监会应当进行听证。

**第八条** 被保险机动车没有发生道路交通安全违法行为和道路交通事故的,保险公司应当在下一年度降低其保险费率。在此后的年度内,被保险机动车仍然没有发生道路交通安全违法行为和道路交通事故的,保险公司应当继续降低其保险费率,直至最低标准。被保险机动车发生道路交通安全违法行为或者道路交通事故的,保险公司应当在下一年度提高其保险费率。多次发生道路交通安全违法行为、道路交通事故,或者发生重大道路交通事故的,保险公司应当加大提高其保险费率的幅度。在道路交通事故中被保险人没有过错的,不提高其保险费率。降低或者提高保险费率的标准,由保监会会同国务院公安部门制定。

**第九条** 保监会、国务院公安部门、国务院农业主管部门以及其他有关部门应当逐步建立有关机动车交通事故责任强制保险、道路交通安全违法行为和道路交通事故的信息共享机制。

**第十条** 投保人在投保时应当选择具备从事机动车交通事故责任强制保险业务资格的保险公司,被选择的保险公司不得拒绝或者拖延承保。

保监会应当将具备从事机动车交通事故责任强制保险业务资格的保险公司向社会公示。

**第十一条** 投保人投保时,应当向保险公司如实告知重要事项。

重要事项包括机动车的种类、厂牌型号、识别代码、牌照号码、使用性质和机动车所有人或者管理人的姓名(名称)、性别、年龄、住所、身份证或者驾驶证号码(组织机构代码)、续保前该机动车发生事故的情况以及保监会规定的其他事项。

**第十二条** 签订机动车交通事故责任强制保险合同时,投保人应当一次支付全部保险费;保险公司应当向投保人签发保险单、保险标志。保险单、保险标志应当注明保险单号码、车牌号码、保险期限、保险公司的名称、地址和理赔电话号码。

被保险人应当在被保险机动车上放置保险标志。

保险标志式样全国统一。保险单、保险标志由保监会监制。任何单位或者个人不得伪造、变造或者使用伪造、变造的保险单、保险标志。

**第十三条** 签订机动车交通事故责任强制保险合同时,投保人不得在保险条款和保险费率之外,向保险公司提出附加其他条件的要求。

签订机动车交通事故责任强制保险合同时,保险公司不得强制投保人订立商业保险合同以及提出附加其他条件的要求。

**第十四条** 保险公司不得解除机动车交通事故责任强制保险合同;但是,投保人对重要事项未履行如实告知义务的除外。

投保人对重要事项未履行如实告知义务,保险公司解除合同前,应当书面通知投保人,投保人应当自收到通知之日起 5 日内履行如实告知义务;投保人在上述期限内履行如实告知义务的,保险公司不得解除合同。

**第十五条** 保险公司解除机动车交通事故责任强制保险合同的,应当收回保险单和保险标志,并书面通知机动车管理部门。

**第十六条** 投保人不得解除机动车交通事故责任强制保险合同,但有下列情形之一的除外:

(一)被保险机动车被依法注销登记的;

(二)被保险机动车办理停驶的;

(三)被保险机动车经公安机关证实丢失的。

**第十七条** 机动车交通事故责任强制保险合同解除前,保险公司应当按照合同承担保险责任。

合同解除时,保险公司可以收取自保险责任开始之日起至合同解除之日止的保险费,剩余部分的保险费退还投保人。

**第十八条** 被保险机动车所有权转移的,应当办理机动车交通事故责任强制保险合同变更手续。

**第十九条** 机动车交通事故责任强制保险合同期满,投保人应当及时续保,并提供上一年度的保险单。

**第二十条** 机动车交通事故责任强制保险的保险期间为 1 年,但有下列情形之一的,投保人可以投保短期机动车交通事故责任强制保险:

(一)境外机动车临时入境的;

(二)机动车临时上道路行驶的;

（三）机动车距规定的报废期限不足1年的；

（四）保监会规定的其他情形。

## 第三章 赔 偿

**第二十一条** 被保险机动车发生道路交通事故造成本车人员、被保险人以外的受害人人身伤亡、财产损失的，由保险公司依法在机动车交通事故责任强制保险责任限额范围内予以赔偿。

道路交通事故的损失是由受害人故意造成的，保险公司不予赔偿。

**第二十二条** 有下列情形之一的，保险公司在机动车交通事故责任强制保险责任限额范围内垫付抢救费用，并有权向致害人追偿：

（一）驾驶人未取得驾驶资格或者醉酒的；

（二）被保险机动车被盗抢期间肇事的；

（三）被保险人故意制造道路交通事故的。

有前款所列情形之一，发生道路交通事故的，造成受害人的财产损失，保险公司不承担赔偿责任。

**第二十三条** 机动车交通事故责任强制保险在全国范围内实行统一的责任限额。责任限额分为死亡伤残赔偿限额、医疗费用赔偿限额、财产损失赔偿限额以及被保险人在道路交通事故中无责任的赔偿限额。

机动车交通事故责任强制保险责任限额由保监会会同国务院公安部门、国务院卫生主管部门、国务院农业主管部门规定。

**第二十四条** 国家设立道路交通事故社会救助基金（以下简称救助基金）。有下列情形之一时，道路交通事故中受害人人身伤亡的丧葬费用、部分或者全部抢救费用，由救助基金先行垫付，救助基金管理机构有权向道路交通事故责任人追偿：

（一）抢救费用超过机动车交通事故责任强制保险责任限额的；

（二）肇事机动车未参加机动车交通事故责任强制保险的；

（三）机动车肇事后逃逸的。

**第二十五条** 救助基金的来源包括：

（一）按照机动车交通事故责任强制保险的保险费的一定比例提取的资金；

（二）对未按照规定投保机动车交通事故责任强制保险的机动车的所有人、管理人的罚款；

（三）救助基金管理机构依法向道路交通事故责任人追偿的资金；

（四）救助基金孳息；

（五）其他资金。

**第二十六条** 救助基金的具体管理办法，由国务院财政部门会同保监会、国务院公安部门、国务院卫生主管部门、国务院农业主管部门制定试行。

**第二十七条** 被保险机动车发生道路交通事故，被保险人或者受害人通知保险公司的，保险公司应当立即给予答复，告知被保险人或者受害人具体的赔偿程序等有关事项。

**第二十八条** 被保险机动车发生道路交通事故的，由被保险人向保险公司申请赔偿保险金。保险公司应当自收到赔偿申请之日起1日内，书面告知被保险人需要向保险公司提供的与赔偿有关的证明和资料。

**第二十九条** 保险公司应当自收到被保险人提供的证明和资料之日起5日内，对是否属于保险责任作出核定，并将结果通知被保险人；对不属于保险责任的，应当书面说明理由；对属于保险责任的，在与被保险人达成赔偿保险金的协议后10日内，赔偿保险金。

**第三十条** 被保险人与保险公司对赔偿有争议的，可以依法申请仲裁或者向人民法院提起诉讼。

**第三十一条** 保险公司可以向被保险人赔偿保险金，也可以直接向受害人赔偿保险金。但是，因抢救受伤人员需要保险公司支付或者垫付抢救费用的，保险公司在接到公安机关交通管理部门通知后，经核对应当及时向医疗机构支付或者垫付抢救费用。

因抢救受伤人员需要救助基金管理机构垫付抢救费用的,救助基金管理机构在接到公安机关交通管理部门通知后,经核对应当及时向医疗机构垫付抢救费用。

**第三十二条** 医疗机构应当参照国务院卫生主管部门组织制定的有关临床诊疗指南,抢救、治疗道路交通事故中的受伤人员。

**第三十三条** 保险公司赔偿保险金或者垫付抢救费用,救助基金管理机构垫付抢救费用,需要向有关部门、医疗机构核实有关情况的,有关部门、医疗机构应当予以配合。

**第三十四条** 保险公司、救助基金管理机构的工作人员对当事人的个人隐私应当保密。

**第三十五条** 道路交通事故损害赔偿项目和标准依照有关法律的规定执行。

## 第四章　罚　　则

**第三十六条** 未经保监会批准,非法从事机动车交通事故责任强制保险业务的,由保监会予以取缔;构成犯罪的,依法追究刑事责任;尚不构成犯罪的,由保监会没收违法所得,违法所得 20 万元以上的,并处违法所得 1 倍以上 5 倍以下罚款;没有违法所得或者违法所得不足 20 万元的,处 20 万元以上 100 万元以下罚款。

**第三十七条** 保险公司未经保监会批准从事机动车交通事故责任强制保险业务的,由保监会责令改正,责令退还收取的保险费,没收违法所得,违法所得 10 万元以上的,并处违法所得 1 倍以上 5 倍以下罚款;没有违法所得或者违法所得不足 10 万元的,处 10 万元以上 50 万元以下罚款;逾期不改正或者造成严重后果的,责令停业整顿或者吊销经营保险业务许可证。

**第三十八条** 保险公司违反本条例规定,有下列行为之一的,由保监会责令改正,处 5 万元以上 30 万元以下罚款;情节严重的,可以限制业务范围、责令停止接受新业务或者吊销经营保险业务许可证:

(一)拒绝或者拖延承保机动车交通事故责任强制保险的;

(二)未按照统一的保险条款和基础保险费率从事机动车交通事故责任强制保险业务的;

(三)未将机动车交通事故责任强制保险业务和其他保险业务分开管理,单独核算的;

(四)强制投保人订立商业保险合同的;

(五)违反规定解除机动车交通事故责任强制保险合同的;

(六)拒不履行约定的赔偿保险金义务的;

(七)未按照规定及时支付或者垫付抢救费用的。

**第三十九条** 机动车所有人、管理人未按照规定投保机动车交通事故责任强制保险的,由公安机关交通管理部门扣留机动车,通知机动车所有人、管理人依照规定投保,处依照规定投保最低责任限额应缴纳的保险费的 2 倍罚款。

机动车所有人、管理人依照规定补办机动车交通事故责任强制保险的,应当及时退还机动车。

**第四十条** 上道路行驶的机动车未放置保险标志的,公安机关交通管理部门应当扣留机动车,通知当事人提供保险标志或者补办相应手续,可以处警告或者 20 元以上 200 元以下罚款。

当事人提供保险标志或者补办相应手续的,应当及时退还机动车。

**第四十一条** 伪造、变造或者使用伪造、变造的保险标志,或者使用其他机动车的保险标志,由公安机关交通管理部门予以收缴,扣留该机动车,处 200 元以上 2000 元以下罚款;构成犯罪的,依法追究刑事责任。

当事人提供相应的合法证明或者补办相应手续的,应当及时退还机动车。

## 第五章　附　　则

**第四十二条** 本条例下列用语的含义:

(一)投保人,是指与保险公司订立机动车交通事故责任强制保险合同,并按照合同负有支付保险费义务的机动车的所有人、管理人。

（二）被保险人，是指投保人及其允许的合法驾驶人。

（三）抢救费用，是指机动车发生道路交通事故导致人员受伤时，医疗机构参照国务院卫生主管部门组织制定的有关临床诊疗指南，对生命体征不平稳和虽然生命体征平稳但如果不采取处理措施会产生生命危险，或者导致残疾、器官功能障碍，或者导致病程明显延长的受伤人员，采取必要的处理措施所发生的医疗费用。

**第四十三条** 挂车不投保机动车交通事故责任强制保险。发生道路交通事故造成人身伤亡、财产损失的，由牵引车投保的保险公司在机动车交通事故责任强制保险责任限额范围内予以赔偿；不足的部分，由牵引车方和挂车方依照法律规定承担赔偿责任。

**第四十四条** 机动车在道路以外的地方通行时发生事故，造成人身伤亡、财产损失的赔偿，比照适用本条例。

**第四十五条** 中国人民解放军和中国人民武装警察部队在编机动车参加机动车交通事故责任强制保险的办法，由中国人民解放军和中国人民武装警察部队另行规定。

**第四十六条** 机动车所有人、管理人自本条例施行之日起3个月内投保机动车交通事故责任强制保险；本条例施行前已经投保商业性机动车第三者责任保险的，保险期满，应当投保机动车交通事故责任强制保险。

**第四十七条** 本条例自2012年12月17日起施行。

# 浙江省物价局关于机动车安全技术检验收费的通知

浙价服〔2017〕2 号

各市、县(市、区)物价局:

为规范机动车安全技术检验收费,维护委托双方的合法权益,根据《中共中央国务院关于推进价格机制改革的若干意见》(中发〔2015〕28 号)、《中共浙江省委 浙江省人民政府关于推进价格机制改革的实施意见》(浙委办〔2016〕27 号)和《浙江省定价目录》(2015 年版),现就我省机动车安全技术检验收费有关事项通知如下:

一、中型、小型、微型载客汽车和中型、轻型、微型载货汽车(具体车型分类按公安部最新规定执行,下同)机动车安全技术检验收费基准收费标准为 100 元/车·次,大型载客汽车、重型载货汽车和挂车机动车安全技术检验收费基准收费标准为 130 元/车·次,上下浮动幅度均为 25%。各市具体收费标准由各设区市(含义乌市)价格主管部门在上述规定幅度范围内制定并于 2017 年 3 月 1 日起执行。

对检验不合格的机动车进行复检不收费。

二、机动车安全技术检验机构应按照明码标价的有关规定,在其经营场所或缴费地点的醒目位置公布服务项目、服务内容和收费标准等内容,自觉接受社会监督。各级价格部门要会同公安、质监部门加强对机动车安全技术检验收费执行情况的监督检查。

三、本通知自 2017 年 3 月 1 日起施行。

浙江省物价局

2017 年 1 月 5 日

# 浙江省人民政府关于贯彻执行中华人民共和国车船税法的通知

浙政发[2011]96号

各市、县(市、区)人民政府,省政府直属各单位:

《中华人民共和国车船税法》(以下简称《车船税法》)将于2012年1月1日起正式施行。为贯彻落实《车船税法》,结合我省实际,现就有关问题通知如下:

**一、关于车辆车船税税额标准**

**浙江省车辆车船税税额标准**

<table>
<tr><th colspan="2">税　　目</th><th>计税单位</th><th>《车船税法》规定年基准税额(元)</th><th>浙江省车辆车船税税额标准(元)</th></tr>
<tr><td rowspan="7">乘用车〔按发动机汽缸容量(排气量)分档〕注:核定载客人数9人(含)以下</td><td>1.0升(含)以下的</td><td rowspan="7">每辆</td><td>60元至360元</td><td>180</td></tr>
<tr><td>1.0升以上至1.6升(含)的</td><td>300元至540元</td><td>300</td></tr>
<tr><td>1.6升以上至2.0升(含)的</td><td>360元至660元</td><td>360</td></tr>
<tr><td>2.0升以上至2.5升(含)的</td><td>660元至1200元</td><td>660</td></tr>
<tr><td>2.5升以上至3.0升(含)的</td><td>1200元至2400元</td><td>1500</td></tr>
<tr><td>3.0升以上至4.0升(含)的</td><td>2400元至3600元</td><td>3000</td></tr>
<tr><td>4.0升以上的</td><td>3600元至5400元</td><td>4500</td></tr>
<tr><td rowspan="3">商用车</td><td>大型客车(核定载客人数20(含)人以上)</td><td>每辆</td><td>480元至1440元</td><td>540</td></tr>
<tr><td>中型客车(核定载客人数大于9人且小于20人)</td><td>每辆</td><td>480元至1440元</td><td>480</td></tr>
<tr><td>货车</td><td>整备质量每吨</td><td>16元至120元</td><td>60</td></tr>
<tr><td>挂车</td><td></td><td>整备质量每吨</td><td>按照货车税额的50%计算</td><td>30</td></tr>
<tr><td rowspan="2">其他车辆</td><td>专用作业车</td><td rowspan="2">整备质量每吨</td><td>16元至120元</td><td>60</td></tr>
<tr><td>轮式专用机械车</td><td>16元至120元</td><td>60</td></tr>
<tr><td>摩托车</td><td></td><td>每辆</td><td>36元至180元</td><td>60</td></tr>
</table>

**二、关于车船税减免规定**

为支持公共交通事业发展,对城市和农村公共交通车船暂免征收车船税。

为支持新农村建设,减轻农民负担,对农村居民拥有并主要在农村地区使用的摩托车、三轮汽车和低速载货汽车暂免征收车船税。

**三、关于申报纳税期限规定**

对购买机动车交通事故责任强制保险的应税车辆,由车船税扣缴义务人在收取保险费时依法代收车船税。机动车车船税扣缴义务人代收的车船税税款及滞纳金应于每月终了后15日内解缴,并向主管地税机关报送纳税申报表。

不需要购买机动车交通事故责任强制保险的应税车辆和船舶,纳税人应在年度终了后15日内,向纳税人所在地主管税务机关自行申报缴纳上一年度应缴的车船税。

**四、关于部门协作规定**

税务机关可以在车船登记管理部门、车船检验机构的办公场所集中办理车船税征收事宜,相关部门应提供工作便利。

各级车船登记管理部门、船舶检验机构和车船税扣缴义务人的行业主管部门应及时向当地税务机关提供车船登记、年检、保险等有关信息,协助税务机关加强车船税的征收管理。

浙江省人民政府

二〇一一年十二月九日